U0156074

2020 年中国航天大会现场

工业和信息化部副部长、国家航天局局长张克俭出席 2020 年中国航天
大会并致辞

中国航天科技集团有限公司党组书记、董事长，中国宇航学会理事长
吴燕生出席 2020 年中国航天大会并致辞

中国航天科技集团有限公司总经理、党组副书记，中国宇航学会
副理事长张忠阳出席 2022 年中国航天大会并致辞

中国航天科技集团有限公司科技委主任、中国科学院院士包为民
出席 2020 年中国航天大会并作主旨报告

中国航天科技集团有限公司研究发展部部长、中国科学院院士王巍
在 2021 年中国航天大会上发布年度宇航领域科学问题和技术难题

中国宇航学会副理事长兼秘书长王一然主持 2021 年中国航天大会

2020 年宇航领域科学问题和技术难题发布现场

2021 年宇航领域科学问题和技术难题发布现场

2022 年宇航领域科学问题和技术难题发布现场

航天科技图书出版基金资助出版

面向未来的宇航科技

2020—2022 年度宇航领域
科学问题和技术难题解读

王 巍 主编

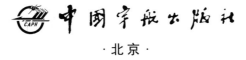

中国宇航出版社

·北京·

版权所有　侵权必究

图书在版编目（ＣＩＰ）数据

面向未来的宇航科技：2020—2022年度宇航领域科学问题和技术难题解读／王巍主编. -- 北京：中国宇航出版社，2023.1

ISBN 978-7-5159-2153-2

Ⅰ．①面… Ⅱ．①王… Ⅲ．①航天学－文集 Ⅳ．①V4-53

中国版本图书馆 CIP 数据核字（2022）第 207785 号

责任编辑　侯丽平		**封面设计**　宇星文化		

出　版
发　行　中国宇航出版社

社　址　北京市阜成路 8 号　**邮　编**　100830			**版　次**　2023 年 1 月第 1 版	
（010）68768548			2023 年 1 月第 1 次印刷	
网　址　www.caphbook.com			**规　格**　710×1000	
经　销　新华书店			**开　本**　1/16	
发行部　（010）68767386　　（010）68371900			**印　张**　31.25　　**彩　插**　8 面	
（010）68767382　　（010）88100613（传真）			**字　数**　375 千字	
零售店　读者服务部			**书　号**　ISBN 978-7-5159-2153-2	
（010）68371105			**定　价**　168.00 元	
承　印　北京中科印刷有限公司				

本书如有印装质量问题，可与发行部联系调换

航天科技图书出版基金简介

航天科技图书出版基金是由中国航天科技集团公司于 2007 年设立的，旨在鼓励航天科技人员著书立说，不断积累和传承航天科技知识，为航天事业提供知识储备和技术支持，繁荣航天科技图书出版工作，促进航天事业又好又快地发展。基金资助项目由航天科技图书出版基金评审委员会审定，由中国宇航出版社出版。

申请出版基金资助的项目包括航天基础理论著作，航天工程技术著作，航天科技工具书，航天型号管理经验与管理思想集萃，世界航天各学科前沿技术发展译著以及有代表性的科研生产、经营管理译著，向社会公众普及航天知识、宣传航天文化的优秀读物等。出版基金每年评审 1~2 次，资助 20~30 项。

欢迎广大作者积极申请航天科技图书出版基金。可以登录中国航天科技国际交流中心网站，点击"通知公告"专栏查询详情并下载基金申请表；也可以通过电话、信函索取申报指南和基金申请表。

网址：http：//www.ccastic.spacechina.com

电话：（010）68767205，68767805

专家审查委员会

主 任　王礼恒

委 员　（按姓氏笔画排序）

于登云　王　赤　王　巍　王一然　王国庆
毛巨川　龙乐豪　包为民　朱　坤　朱广生
刘永才　刘竹生　刘宝镛　杜善义　李　明
李仲平　李艳华　李得天　杨长风　杨立军
杨孟飞　肖龙旭　余梦伦　冷劲松　张　军
张险峰　范本尧　范瑞祥　孟　刚　赵文波
侯　晓　姜　杰　祝学军　徐惠彬　黄瑞松
戚发轫　曾广商　雷勇军　谭永华　翟昱涛

本书编委会

主 任　王　巍

委 员 （按姓氏笔画排序）

于　淼　马小飞　马雪梅　王　赤　王　勇

王小勇　石仲川　田　原　白　鹏　朱安文

刘永健　孙晓洁　李　欣　李华光　李志平

李俊宁　李群智　杨孟飞　杨振荣　吴志敏

何　颖　张　伟　张　崑　郑　重　郑伯龙

胡鹏翔　禹春梅　侯欣宾　姜　军　姚　伟

姚颖方　耿　海　郭鹏飞　康　庆　梁文宁

董士伟　蔡巧言　霍卓玺

序

创新是全面建设社会主义现代化国家的第一动力。习近平总书记在党的二十大报告中提出，要完善科技创新体系，坚持创新在我国现代化建设全局中的核心地位，健全新型举国体制，强化国家战略科技力量，提升国家创新体系整体效能，形成具有全球竞争力的开放创新生态。中国科协积极响应，深入实施创新驱动发展战略，加快实现高水平科技自立自强，开辟发展新领域新赛道，不断塑造发展新动能新优势。

自 2018 年起，中国科协组织开展重大科学问题和工程技术难题的征集与发布活动，面向世界科技前沿、面向经济主战场、面向国家重大需求、面向人民生命健康，征集对未来科技发展具有引领作用的前沿科学问题、工程技术难题和产业技术问题。该项活动在国内外科技界引起强烈反响，全国各大学会、学会联合体和企业科协，国内外科技共同体和科技工作者积极参与。其中，中国宇航学会面向广大航天科技工作者，围绕航天长远发展、核心竞争力提升和国家重大需求，结合国内外前沿、颠覆性重大技术方向和发展态势，从空间科学、空间技术、空间应用等方面，全方位征集能够体现宇航领域科学发展的前沿科学问题以及对航天技术和产业创新具有关键作用的技术难题，积极助推宇航领域科技发展，形成良好的社会影响。

为了展现航天科技工作者的宽广视野，引领航天科技创新趋势和科研方向，激发广大航天爱好者对浩瀚宇宙未知奥秘的探索热情，自 2020 年始，中国宇航学会和中国航天大会组委会委托王巍院士作为发布人，在每年的中国航天大会上发布年度宇航领域科学问题和技术难题，现已成为中国航天大会的重要学术活动和年度宇航领域学术发展的风向标之一，引起了业界的广泛关注。三年来，累计征集 200 余项问题难题，经百余位院士和专家评选，共发布 30 项问题难题，对外展现了我国航天领域在未来十年、二十年甚至更长时间的科技发展过程中亟须攻关的重要问题和技术难点。相关技术得到上级单位的高度关注并助推其科研立项与实施，对于航天前瞻谋划并布局航天前沿科技领域与方向，打造原创技术策源地，推进航天强国建设具有重要意义。

由王巍院士牵头组织相关专家和团队编著的《面向未来的宇航科技：2020—2022 年度宇航领域科学问题和技术难题解读》一书，详细介绍和分析了近三年来在中国航天大会上公开发布的宇航领域科学问题和技术难题。相信该书会给航天科技工作者带来更多的启发和思考，推动航天前沿科学技术发展；也能让广大的航天爱好者和社会公众更加了解航天、认识航天，更加关注航天事业发展。

　　希望该书能够点燃大家的好奇心和创造力，让更多的人投入到科技创新中来。

中国科学院院士

中国科学技术协会副主席

中国航天科技集团有限公司科技委主任

目 录

问题、创新与未来（代引言）

问题是科学技术进步的直接驱动力，推动着科学技术不断向前发展。著名物理学家、科学哲学家阿尔伯特·爱因斯坦（Albert Einstein）[1]曾说过："提出一个问题往往比解决一个问题更重要。"[2]科学技术史研究表明，问题的提出就是创新的入口，问题的深入就是研究的深入。科学技术发展的历史，就是它所研究的问题发展的历史，是问题不断展开和深入的历史[3]。当前，我国正处于科技强国建设的关键时期，我国航天科技工业也正处于由大向强发展的新阶段、新征程，正在由"跟跑""并跑"向"并跑""领跑"转变，抢占航天科技发展制高点的竞争愈发激烈。面向未来，为明确我国航天科技创新主攻方向和突破口，前瞻谋划和布局前沿科技领域与方向，打造原创技术策源地，推进航天强国建设，努力实现关键技术和领域的重大原创性突破，敢闯"无

---

① 阿尔伯特·爱因斯坦（Albert Einstein），1879—1955，物理学家，创立了相对论，发现了光电效应的原理等。

② 爱因斯坦，英费尔德.物理学的进化［M］.上海：上海科技出版社，1962：59.

③ 林定夷.问题与科学研究——问题学之探究［M］.广州：中山大学出版社，2006.

人区"、敢啃"硬骨头"尤为重要。而这些的前提首先是要准确提出制约航天科技创新发展的关键科学问题和技术难题。

一、提出和解决问题是科技创新的真正核心

卡尔·马克思(Karl Marx)有句名言,"问题就是时代的格言"①。每个时代都有属于它自己的挑战和问题。当今世界正面临百年未有之大变局,正处在大变革大调整之中,新一轮科技革命和产业变革正在孕育兴起,世界科技发展呈现出前所未有的系统化、突破性发展态势,世界已经进入以科技创新为主题和主导发展的新时代②。科技创新的灵魂是问题,科技创新的真正核心是准确提出问题、正确解决问题。

(一)坚持问题导向是科技创新的主要方法和途径

需求和兴趣是问题的来源,人类不断提出疑问的"兴趣"也可以看作是人类生存发展的一种广义的需求。坚持问题导向,也即是坚持需求导向,其关键是"提出问题",问题是什么?问题从哪里来?习近平总书记明确指出,"科研选题是科技工作首先需要解决的问题""研究方向的选择要坚持需求导向,从国家急迫需要和长远需求出发,真正解决实际问题""广大科技工作者要切实增强紧迫感和危机感,从国家急迫需要和长远需求出发选择研究方向、确定科研选题,真正做到把论文写在祖国大地上,

---

① 中共中央马克思恩格斯列宁斯大林著作编译局 . 马克思恩格斯全集(第 1 卷)[M].北京:人民出版社,1982:203.

② 陈云伟,曹玲静,陶诚,张志强 . 科技强国面向未来的科技战略布局特点分析 [J].世界科技研究与发展,2020,42(01):5-37.

把科技成果应用在实现社会主义现代化的伟大事业中"①，这些论述就是对"坚持问题导向"重要性的阐释，说明"提出问题"是科技创新的关键环节，并要与社会需求紧密结合。

（二）精准提出问题是科技创新发展新阶段的现实需要

当前国际科技竞争日趋激烈，科技创新范式正在发生重大而深刻的变化，我国科技发展也从过去习惯性的跟随创新转向开拓性的引领创新，从"在追赶和模仿中提出问题"转向"面向未来提出问题"，所面临的挑战将更加严峻，创新的难度前所未有。一旦走到前沿，如果提不准问题，就容易迷失方向，难以确定应该往哪里走、怎么走。因此，需要科技工作者以更宽广的视野、更加自觉的使命担当，科学地研判和预测未来科技发展趋势，审慎地提出科学技术问题，不断向科学技术的深度和广度进军，勇闯创新"无人区"。

（三）提出问题的水准高于同行才可能产生重大原创发现

科技创新一般是从问题开始，其目的是"解决问题"。问题是科技创新的真正灵魂，在科技创新中居于核心位置。科技创新是靠问题驱动的，解决一个问题，就前进一步，然后再产生新的问题，如此迭代进步，表现为从问题到新问题的一系列问题求解的过程。要取得重大原创发现，首先要能提出大的问题，且提出问题的水准要高于同行。习近平总书记指出："我国面临的很多'卡

---

① 人民网. 习近平在科学家座谈会上的讲话，http://cpc.people.com.cn/n1/2020 /0911/c64094-31858756.html，2020-09-11.

脖子'技术问题，根子是基础理论研究跟不上，源头和底层的东西没有搞清楚。"① 因此，要遵循科学发现规律，坚持创新自信，努力学会提出高水平的问题。问题既有大问题，也有小问题，但不能简单地以所涉及规模大小来论问题的价值。事实上，大问题、小问题的科学价值在很多时候是难分高下的，小问题往往可以引出大问题，成为一系列大问题的入口。原始创新要解决的，固然包含若干大问题，但更多的是日常科研工作所面对的具体的小问题，而小问题有时更易下手，更易准备资源和条件，相对而言也更易实现突破。

二、问题的科学价值和意义

（一）何谓"问题"？

对科学技术而言，"问题"是一个十分重要而且基本的范畴。那么，"问题"究竟是什么呢？奥地利著名科学哲学家波普尔（Karl Popper）② 认为，一个问题就是一个困难，而理解问题就在于发现困难和发现困难在哪里③；匈牙利物理化学家、科学哲学家玻兰尼（Michael Polanyi）④ 认为，一个问题就是一个智力上

---

① 人民网. 习近平在科学家座谈会上的讲话，http://cpc.people.com.cn/n1/2020 /0911/c64094-31858756.html，2020-09-11.

② 卡尔·波普尔（Karl Popper），1902—1994，科学哲学家，提出可证伪性是科学的不可缺少的特征。

③ 卡尔·波普尔. 客观知识——一个进化论的研究［M］. 上海：上海译文出版社，1987：192.

④ 迈克尔·玻兰尼（Michael Polanyi），1891—1976，科学哲学家，强调"隐形知识"的重要性。

的愿望①；英国科学哲学家斯蒂芬·爱德斯顿·图尔敏（Stephen Edelston Toulmin）②则把问题定义为解释的理想与目前能力的差距③；日本哲学家岩崎允胤④和物理学家宫原将平⑤则认为，问题是基于一定的科学知识的完成、积累（理论上或经验上的已知事实，即它的各阶段上的确实知识），为解决某种未知而提出的任务⑥。毛泽东同志也曾指出："什么叫问题？问题就是事物的矛盾。哪里有没有解决的矛盾，哪里就有问题。"⑦以上对"问题"的定义或描述，对于我们理解"问题"提供了有益参考。

航天工程往往规模庞大、系统复杂，不仅子系统数量巨大，而且型号研制跨领域、跨专业、跨单位，科研工作链条长，涉及的管理环节与相关参与人员多（航天行业内外多学科、多专业的广泛参与），研制周期长，具有"系统性""复杂性""巨大性""协同性"等典型特征。结合航天科研实践来理解"问题"的定义，宇航领域的"问题"往往既包括科学问题，也包括技术难题，还包括工程问题。以嫦娥四号工程为例，嫦娥四号实现了人类探测

---

① MICHAEL POLANYI .Problem solving［J］.British Journal for the Philosophy of Science，1957，8（30）：89-103.

② 斯蒂芬·爱德斯顿·图尔敏（Stephen Edelston Toulmin），1922—2009，科学哲学家，关注用于伦理陈述的祈使句和价值判断，同时认为伦理学或道德语言的逻辑研究不能简化为主观或客观事实，而是义务或权利的一种独特表达。

③ TOULMIN. Human Understanding，Volume One：The Collective Use and Evolution of Concepts［M］. Princeton，NJ：Princeton University Press，1972：35.

④ 岩崎允胤，1921—2009，日本马克思主义哲学家。

⑤ 宫原将平，1914—1983，物理学家与科学思想家。

⑥ 岩崎允胤，宫原将平.科学认识论［M］.哈尔滨：黑龙江人民出版社，1984：148.

⑦ 毛泽东.毛泽东选集（第3卷）［M］.北京：人民出版社，1991：839.

器首次在月球背面软着陆。"月球背面的环境情况是什么"可以看作是科学问题;"如何实现人类首次月球背面软着陆",以及"如何在月球背面实现实时通信"是技术难题[1];"如何在一定时间周期、一定经费约束条件下高可靠地完成这一工程",则是一个大型工程问题。

宇航领域的科学问题是指在特定知识背景下提出的关于宇航科学实践中需要解决而尚未解决的问题,是对人类宇航领域知识边界有所拓展的问题,它注重的是从无到有、从未知到已知的过程,更强调对未知的探索,比如:太阳系空间或更远至恒星际介质演化的基本物理过程及其变化规律是什么?地球生命是如何诞生的?人类如何实现在地球以外空间长期生存?星系生态环境中的反馈效应及"重子缺失"问题是什么?如何预示小行星撞击地球的威胁?等等。

宇航领域的技术难题是指在宇航领域科研生产实践过程中,影响到宇航产品(型号)性能和成本的某个具体问题,偏重的是采用现有理论和方法达到技术功能的实现,强调的是可行性、实用性,比如:空间准绝对零度超低温热管理技术与 5G/6G 融合的卫星互联网技术,水平起降组合动力运载器一体化设计技术,地

---

[1] 由于受到月球自身的遮挡,着陆在月球背面的探测器无法实现直接与地球的测控通信和数据传输。嫦娥四号工程总体提出了搭建"鹊桥"中继卫星作为"嫦娥四号"探测器与地球之间通信站的方案。轨道专家将"鹊桥"的搭建点选在月球背面一侧的地球和月球的引力平衡点——地月拉格朗日 L2 点;考虑到"鹊桥"与嫦娥四号着陆器、巡视器的距离稳定性、覆盖率、轨道进入和维持、月球遮挡影响等因素,将轨道选在晕轨道上;轨道振幅太大时,轨道的上半部分位置距离月球太远,会导致月球车接收信号困难;轨道振幅太小时,轨道上会出现较多、较长的阴影,导致"鹊桥"低温、发电不足,更会进入月掩,经过计算分析,最终选定 1.3 万千米的振幅。

球同步轨道星地全天时安全通信技术，空间高压大功率发电与电力管理技术，等等。

宇航领域的工程问题是指宇航工程实践中面临或涌现出的各类工程实际问题。工程项目以实现实用功能为导向，往往能很快转化为生产力。综合运用现有的多种理论、方法和技术达到工程的最终目标是工程问题的核心，比如：可重复使用液体火箭发动机的工程化应用，基于核聚变推进系统的空间飞行器的工程化应用，大空域跨速域高超飞行器气动布局设计，等等。

科学问题、技术难题、工程问题三者之间在广义的逻辑上有一定递进性，内容上又有相关的交叉性，但并无高低之分，甚或也难以简单分辨其难易程度。纵观科学技术发展史，关键科学问题的突破往往能指引技术难题和工程问题；同样，在攻克技术难题和工程问题的过程中，也可从"需求侧"抽丝剥茧、凝练提出很多有价值的科学问题。

（二）"问题"为何如此重要？

为什么"问题"能在科学研究或科学发展中起到如此重要的作用，值得我们深思。世界上许多著名科学家都曾经根据他们的切身体会和对科学的深刻理解，对于"问题"在科学研究或科技发展中的作用，发表过许多发人深省的至理名言。为什么提出一个问题往往比解决一个问题更重要？爱因斯坦曾深刻分析说："是因为解决一个问题也许仅是一个数学上的或实验上的技能而已。而提出新的问题，新的可能性，从新的角度去看旧的问题，却需要创造性的想象力，而且标志着科学的真正进步。"① 德国物理学家沃纳·卡尔·海森堡（Werner Karl Heisenberg）② 说："提出正确的问题往往等于解决了问题的大半。"③ 澳大利亚病理学家威廉·伊恩·比德莫尔·贝弗里奇（William Ian Beardmore Beveridge）④ 说："确切地陈述问题有时是向解决问题迈出了一大步。"⑤

问题为何如此重要，也可以从认识论的层次和角度来理解。行是知之始，辩证唯物主义的认识论既唯物又辩证地解决了人类认识的内容、来源和发展过程的问题，它强调认识是人对客观实在的反映，实践是认识的来源和发展的动力，认识的发展是一个不断循环上升的过程。毛泽东同志深刻指出："通过实践而发现真理，又通过实践而证实真理和发展真理……实践、认识，再实践，再认识，这种形式，循环往复以至无穷，而实践和认识之每一循环的内容，都比较地进到了高一级的程度。这就是辩证唯物论的全部认识论。"⑥ 认识的过程包括两次飞跃，第一次飞跃从感性认识上升到理性认识，然后，从理性认识到实践，即用理性认识去指导实践，并接受实践的检验，是认识过程的第二次飞跃，

---

① 爱因斯坦，英费尔德 . 物理学的进化 [M]. 上海：上海科技出版社，1962：59.

② 沃纳·卡尔·海森堡（Werner Karl Heisenberg），1901—1976，物理学家，提出了不确定原理，量子力学的创立者之一。

③ 海森堡 . 物理学与哲学——现代科学中的革命 [M]. 北京：科学出版社，1974：7.

④ 威廉·伊恩·比德莫尔·贝弗里奇（William Ian Beardmore Beveridge），1908—2006，动物病理学家。

⑤ 贝弗里奇 . 科学研究的艺术 [M]. 北京：科学出版社，1979：4.

⑥ 毛泽东 . 毛泽东选集（第 1 卷）[M]. 北京：人民出版社，1991.

完成了实践认识的辩证发展过程。在两次飞跃中，问题都发挥了重要的作用。

宇航领域科研工作是研究、发展、应用宇航科学技术以满足科技创新、国防建设和经济社会发展需要的活动。在这一活动中，科技工作者不断发现宇航领域科研实践过程中出现的问题并对其进行思考，提出问题、催生创新，创造性地产生一系列理论、方法和技术途径，属于认识的范畴，是"从认识到实践"再到"从实践到认识"的循环往复过程的综合，是科学的认识论和实践观在宇航领域科研实践中的集中体现。

"地球是人类的摇篮，但人类不可能永远被束缚在摇篮里。"这是著名俄罗斯火箭技术先驱康斯坦丁·齐奥尔科夫斯基（Konstantin E.Tsiolkovsky）[①] 广为人知的一句名言，其中也折射出人类对探索宇航奥秘的兴趣和需求。正是人类观察、认识和探索宇航奥秘的兴趣和需求，催生了宇航领域的科学问题，不断提出诸如"如何摆脱地球引力的束缚""如何载人登月"这类技术难题和工程问题，并在提出和解决这一系列问题的过程中，不断迭代、升华对宇航科研活动的认识。而从实践到认识的过程中，不断提出科学问题和技术难题，通过对问题进行分析研究、实践探索，形成相应问题的解决方法，获得问题的理性认识，正如钱学森所言："工程技术有特点，就是要改造客观世界并取得实际

---

① 康斯坦丁·齐奥尔科夫斯基（Konstantin E.Tsiolkovsky），1857—1935，提出火箭方程和液体火箭的构想。

成果，这就离不开具体的环境和条件，必须有什么问题解决什么问题。"[①] 然后，再在从实践到认识的过程中，提出新的科学问题和技术难题，比如原国家重点基础研究发展计划（973 项目），就是通过技术难题深入研究，凝练提出基础研究、应用基础研究领域的科学问题，通过解决这些问题来指导新的实践。也如钱学森所言："在工程技术方面，生产实践当中提出了很多问题，有些在实践中提出的问题和经验对于科学的总结和提高是很重要的素材。不强调这方面的问题，不重视这方面的问题是不对的。"[②] 宇航领域科研活动体现出"问题、理论、实践"，再到"新问题、新理论、新实践"之间的反复循环、螺旋式上升的特点和规律，一步一步不断地由浅入深，由片面到更多方面，由低级向高级发展。在这个过程中，科学问题、技术难题乃至工程问题的提出和解决，是从实践到认识，再从认识到实践的关键环节。

三、问题对科技创新的作用

问题对科技创新的作用至少可以理解和归纳为四个方面，即问题是科学发现的重要先导，是科学研究的核心基础，是科技创新过程的关键关节，也是解决技术难题的重要钥匙。

（一）问题是科学发现的重要先导

"一门真正的科学，它所研究的东西越多，就越是暴露出更多的尚未研究的东西"，卡尔·雷门德·波普尔（Karl Raimund Popper）

---

① 钱学森. 论系统工程［M］. 上海：上海交通大学出版社，2007：535.
② 钱学森. 人体科学与现代科技发展纵横观［M］. 北京：人民出版社，1996：42.

认为，"应当把科学设想为从问题到问题的不断进步——从问题到愈来愈深刻的问题""我们的知识愈是进步，我们将愈是清楚地看到我们的极端无知。"[①] 在科学研究中，某种新的事实和现象被观察到了，人们往往试图用某种原有理论来解释这种新事实或新现象，然而当原有理论解释不了或解释不准这种新的事实和现象，甚至与这种事实或现象相悖时，就会使原有理论面临难题或危机。如何用原有理论来消解这个难题，或变革原有理论来解决这个危机，常常引导科研工作者去深化研究并作出重大发现。

以海王星的发现为例。德国天文学家约翰内斯·开普勒（Johannes Kepler）[②] 发现了行星运动三大定律，英国物理学家艾萨克·牛顿（Isaac Newton）[③] 发现的万有引力定律在人类历史上第一次把天上的运动和地上的运动结合统一起来，并与被观测结果证实的开普勒的三大行星运动定律相符。1781 年，英国天文学家弗里德里希·威廉·赫歇尔（Friedrich Wilhelm Herschel）[④] 发现了天王星，不仅增加了当时人们已有认知中太阳系的直径，还给出了一个检验万有引力定律的机会。通过对天王星的观察，发现天王星在轨道移动的速度既可能比理论值快，也可能比理论值慢。不少专家开始怀疑开普勒和牛顿理论的适用性。也有少数理

---

① POPPER K R，纪树立 . 科学革命的合理性［J］. 世界科学译刊，1979（08）：3—12.

② 约翰内斯·开普勒（Johannes Kepler），1571—1630，天文学家，发现行星运动三大定律。

③ 艾萨克·牛顿（Isaac Newton），1643—1727，物理学家，提出万有引力定律、牛顿运动定律，发明了微积分。

④ 弗里德里希·威廉·赫歇尔（Friedrich Wilhelm Herschel），1738—1822，天文学家，发现了天王星。

论家在思考另一种可能的情况：既然可以在比土星更远的地方发现天王星这样质量很大的行星，那么为什么不能在天王星之外还存在着其他的、尚未被发现的大行星呢？1846 年，法国天文学家奥本·尚·约瑟夫·勒维耶（Urbain Jean Joseph Le Verrier）[1]利用有关天王星的观测资料，运用万有引力定律，通过求解方程，计算出对天王星起摄动作用的未知行星的轨道和质量，并且预测了它的位置。勒维耶请求德国天文学家约翰·格弗里恩·伽勒（Johann Gottfried Galle）[2]帮忙观测，伽勒仅用一个半小时就在偏离勒维耶预言位置的不远处观测到了这颗当时星图上没有的海王星。

再以英国微生物学家亚历山大·弗莱明（Alexander Fleming）[3]发现青霉素为例。1928 年，弗莱明偶然发现培养葡萄球菌的器皿里长满了绿霉，就是说培养基被污染了。通常认为这是实验中小小的失败，按要求需要重新处理。但弗莱明发现，在绿霉的周围，培养基清澈明净，而在正常的葡萄球菌的繁殖区应当呈现的原本是一种讨厌的黄色。他感到很奇怪，并进一步提出疑问——"是不是绿霉有某种作用把它周围的葡萄球菌杀死了呢？"带着这个问题，弗莱明进一步深入研究，不到一年就取得了重大成果，并为此获得了诺贝尔生理学或医学奖。

---

① 奥本·尚·约瑟夫·勒维耶（Urbain Jean Joseph Le Verrier），1811—1877，法国天文学家，推测出海王星的位置。

② 约翰·格弗里恩·伽勒（Johann Gottfried Galle），1812—1910，天文学家，发现了海王星。

③ 亚历山大·弗莱明（Alexander Fleming），1881—1955，细菌学家、生物化学家、微生物学家，首先发现了青霉素。

再如，20 世纪 20 年代，在 β 衰变实验中发现电子所带走的能量要小于原子核所释放的能量，也曾使能量守恒定律面临难题或危机，为了解决这个难题或危机，导致奥地利物理学家沃尔夫冈·泡利（Wolfgang Pauli）[①]的中微子假说和后来关于中微子的发现。黑体辐射、光电效应等新的实验事实与经典物理的能量连续理论不相容，使经典物理面临难题或危机，也因此导致了量子论的产生，等等。

（二）问题是科学研究的核心基础

问题不仅是认识过程得以启动的动力和源泉，整个认识过程表现为从问题到新的问题的一系列求解的过程，换言之，问题是科学研究的核心基础。科学发展的历史表明，问题不仅使我们开始进入研究，并且推动研究和指导研究，而所谓"科学研究"，实质上就是对人类所未解的那些问题努力做出解答。然而，科学研究常常并不是因为回答了已经提出的问题而终结问题，而往往是在逻辑和实践上都可能再引出更加深入的问题。问题的深入常常意味着研究的深入。在人的思维活动中，正是问题规定了思维的目的并引导思维过程的方向。科学和知识的增长永远始于问题，终于新的问题[②]，问题推动研究并指导研究，并且不断深化问题，从而又不断启发出新的问题。

---

① 沃尔夫冈·泡利（Wolfgang Pauli），1900—1958，物理学家，提出了泡利不相容原理。

② 卡尔·波普尔. 猜想与反驳——科学知识的增长 [M]. 傅季重，等，译. 上海：上海译文出版社，1985：318.

以维生素的发现为例。荷兰医生克里斯蒂安·艾克曼（Christiaan Eijkman）① 于 1886 年前往东印度殖民地查寻当地流行的脚气病的原因，研究"引起脚气病的细菌"，但持续两年都毫无结果。于是，艾克曼从新的角度提出问题，思考稻米的生长期、品种、出产地、加工方法等因素是否会与脚气病有联系，后来发现，食用精白米的居民中脚气病的发病率最高，而食用糙米的居民却每每能够治愈脚气病，这一发现向问题的解决迈进了一大步。波兰生物化学家卡西米尔·冯克（Kazimierz Funk）② 于 1910 年开始研究脚气病，他沿着艾克曼开辟的道路前进，又从另一个角度提出问题，设想糙米中是否存在着某种营养物质，人们仅仅由于缺少这种物质就会引起脚气病？沿着这个思路，发现有一种重要物质存在于稻米的外层表皮，并于 1912 年发表了重要论文《营养缺乏症疾病的病因学》，且首创新名词"维他命"，用它来称呼他所发现的新物质。这是生命科学史上一项划时代的重要成就，在此之前，人们只知道细菌和毒素能够致病，而现在人们知道，仅仅由于缺少了人体必需的某种营养物质也会致病。从此以后，科学家们致力于研究还有哪些人体所必需的营养物质，并由此引出了一系列新的发现。后来，冯克和艾克曼、英国生物化学家弗雷德里克·哥兰·霍普金斯（Frederick Gowland Hopkins）③ 一起为此获得了诺

---

① 克里斯蒂安·艾克曼（Christiaan Eijkman），1858—1930，病理学家，证明脚气病是由不良饮食引起的，从而发现了维生素。

② 卡西米尔·冯克（Kazimierz Funk），1884—1967，生物化学家，明确阐述了维生素的概念。

③ 弗雷德里克·哥兰·霍普金斯（Frederick Gowland Hopkins），1861—1947，生物化学家，发现了多种维生素和色氨酸。

贝尔生理学或医学奖。正是不断提出问题、解决问题引导了维生素的发现，足以证明问题是科学研究的核心基础。

再如美国太空探索技术公司创始人、美国工程院院士埃隆·里夫·马斯克（Elon Reeve Musk）[①]强调第一性原理的重要性，坚持从基本原理出发去提出和解决根本性、颠覆性的科学技术问题。他得知火箭不可替代的原材料成本只占总成本的 2% 后，提出可重复火箭的概念和快速实现路径，通过用商业部件代替宇航级部件等方法，使 SpaceX 火箭的发射成本降至行业平均水平的 1/5，解决了商业航天发展的成本限制性问题，成为商业航天时代的标志性成果。

（三）问题是科技创新过程的关键关节

问题是科技创新的首要环节，也是创新过程的关键关节。科学技术史已经证明，在科学研究的过程中，问题的提出是否准确常常是科学研究中能否造成突破的重大关键，也是进行科技创新的真正有决定意义的关键一步，因为它常常预先影响和决定了科学研究的成败或科研成果的大小。能否独立地判断和正确地提出问题，甚至可以看作是一个科学工作者研究能力的一个重要标志。正如美国社会学家哈里特·朱克曼（Harriet Zuckerman）[②]总结的："在著名的科学家当中，科学修养的主要标准是能否抓住重要问

---

① 埃隆·里夫·马斯克（Elon Reeve Musk），美国太空探索技术公司（SpaceX）的创始人。

② 哈里特·朱克曼（Harriet Zuckerman），社会学家，从美国诺贝尔奖获得者的研究中发现了多种现象。

题和是否能想出新的解决办法，科学界的大师都是'提出正确问题的榜样'和'创造新的方法以解决选中的问题的榜样'，一个伟大的科学家就是正在进行正确的而且是重要的工作的人。"[①]提出问题的能力，是一种创造性的思维能力。问题的发现与提出，是创新的表现，也是创新的开始。

需要特别强调的是，基础科学（如数学、物理、化学等学科）是近、现代科学技术创新发展的重要基石。其中，物理学是自然科学中最基本的科学，在科学技术发展的历史上具有巨大的推动力，是近代自然科学的带头学科，它不仅影响着自然科学各个领域的发展，而且是高新科技和工程技术发展的重要引擎，在社会、经济、技术、文化等方面都发挥着重要作用。回顾历次科技革命，都可以看到物理学的发展对科技革命的发展起到了非常关键的主导作用。甚至可以说，很难举出人类哪一方面的知识领域是与物理学无关的。

近代自然科学体系是在数学得到广泛应用这一历史背景下逐渐建立起来的[②]，力学、天文学、物理学及工程学等学科的许多近代重要成就的实现离不开数学的应用。德国数学家约翰·卡尔·弗里德里希·高斯[③]认为："数学是科学的女王。"爱因斯

---

① 哈里特·朱克曼.科学界的精英——美国的诺贝尔奖金获得者［M］.周叶谦，冯世则，译.北京：商务印书馆，2000：176-178.

② 钱时惕.近代自然科学体系的建立及其意义——科学发展的人文历程漫话之九［J］.物理通报，2011（11）：122-125.

③ 约翰·卡尔·弗里德里希·高斯（Johann Carl Friedrich Gauss），1777—1855，德国著名数学家、物理学家、天文学家。在代数数论等多个数学领域作出了开创性的重大贡献。

坦认为："纯数学使我们能够发现概念和联系这些概念的规律，这些概念和规律给了我们理解自然现象的钥匙"[1] "在物理学中，通向更深入的基本知识的道路是同最精密的数学方法联系着的。"[2] 马克思也曾指出："一种科学只有在成功地运用数学时，才算达到了真正完善的地步。"[3] 数学思维、数学意识或数学理念，反映了一个民族的现代科学文化素养。西方近代数学的发展可以追溯到牛顿时代，至今已有300多年的学术传统和积累，在培养人才、办学和研究上都有一些很成功的经验。数学是帮助科技工作者解决实际问题和进行科学研究的有力武器。钱学森认为："现代科学技术不管是哪一个部门都离不开数学，离不开数学科学的一门或几门学科。"[4] 数学的一个典型特征是可以形式化，形式化可以带来普遍化，而对普遍化的深入研究又带来了创新[5]。可以说，数学对其他学科领域的原创性成果具有极其重要的推动作用和意义。

1900年，德国数学家大卫·希尔伯特（David Hilbert）[6] 应邀在当年召开的第二届国际数学家大会上作了题为《数学问题》的著名报告。他在这篇报告中指出："只要一门科学分支能提出大量的问题，它就充满生命力；而问题的缺乏则预示着独立

① 吴军. 数学之美［M］. 北京：人民邮电出版社，2012.
② 爱因斯坦. 爱因斯坦文集：第一卷［M］. 许良英，范岱年，编译. 北京：商务印书馆，1976.
③ 保尔·拉法格，等. 回忆马克思恩格斯［M］. 北京：人民出版社，1973.
④ 钱学森. 现代科学的结构——再论科学技术体系学［J］. 哲学研究，1982（03）：19.
⑤ 吕淑琴，陈洪，李雨民. 诺贝尔奖的启示［M］. 北京：科学出版社，2010.
⑥ 大卫·希尔伯特（David Hilbert），1862—1943，数学家，为形成量子力学和广义相对论的数学基础作出了重要的贡献，是证明论、数理逻辑、区分数学与元数学之差别的奠基人之一。

发展的衰亡和终止。"正是着眼于"问题"是科学发展的灵魂，所以他的报告着眼于提出问题。他的这篇报告涵盖当时几乎整个数学领域，从中抽引出了最富有生命力的 23 个问题，即后世所称的著名的"希尔伯特问题"。这些问题，从它们被提出的那天起，始终吸引着全世界数学家的兴趣，推动着数学的发展。即使在今天，这些问题也仍然具有诱人的魅力，因为其中有些问题虽然已经解决，但却又引出了新的问题；有些问题虽然被否定，但却因此打开了一个科学分支的新的研究途径；还有些问题虽尚在研究之中，却也已经结出累累硕果，并且由此揭示出许多更新的问题。

瑞士数学家莱昂哈德·欧拉（Leonhard Euler）① 擅长研究特定的问题，他因 1736 年解决了哥尼斯堡七桥问题而开创了图论与拓扑学，通过解决数学和物理问题推进了微积分的发展，成为了当时欧洲最伟大的数学家。欧拉于 1755 年建立了理想流体的动力学方程组，现称为欧拉方程组。之后，著名力学家克劳德－路易·纳维尔（Claude-Louis Navier）② 于 1821 年，以及英国力学家乔治·加布里埃尔·斯托克斯（Eorge Gabriel Stokes）③ 于 1845 年，分别对不可压缩流体建立了动力学方程组，现称为纳维－斯托克斯方程组，是流体力学的理论核心。该方程组已经

① 莱昂哈德·欧拉（Leonhard Euler），1707—1783，数学家，创立了微分方程和流体力学方程。
② 克劳德－路易·纳维尔（Claude-Louis Navier），1785—1836，和斯托克斯建立了粘性流体运动方程。
③ 乔治·加布里埃尔·斯托克斯（Eorge Gabriel Stokes），1819—1903，提出了颗粒沉降理论和粘滞度定律，发展了流体力学。

渗透到描述流体的方方面面，也在众多实际工程中得到了应用。但意外的是，这个方程组的数学特性——解的存在性和光滑性至今没有得到证明，经过 150 多年的研究，仅在一些简化的特殊情况下，找到不多的准确解。由于纳维－斯托克斯方程组光滑解的存在性问题，至今尚没有在数学上解决，且这个问题又关系到人类的生产、生活、军事和对大自然的认识，所以克莱数学促进会于 2000 年 5 月 24 日在法国巴黎的法兰西学院，将其发布为新千年数学大奖悬赏的 7 个世纪数学难题之一，奖金高达一百万美元。克莱数学促进会发布的 7 个世纪数学难题是：P 与 NP 问题、黎曼假设、庞加莱猜想、霍奇猜想、贝尔什和斯威尔顿猜想、纳维－斯托克斯方程、杨－米尔斯理论[1]。

再以爱因斯坦利用黎曼几何和张量分析这两个强大的数学工具创立广义相对论为例。爱因斯坦于 1905 年开始研究万有引力，1907 年提出等效原理。1911 年，他得出结论，指出光在引力场中会发生弯曲。1913 年，他和马塞尔·格罗斯曼（Marcel Grossmann）[2]将黎曼几何引入新理论的研究。1915 年年底，广义相对论的创建最终完成。这是爱因斯坦对物理学的又一重大贡献，也是他一生科学成就的顶峰。事隔多年之后，爱因斯坦强调了他从广义相对论中学到的经验，他说："这个理论……是高斯、黎曼、克里斯托弗尔、里奇和利瓦伊—斯维塔创立的微分几何学方法的

---

[1] 王振东.诗情画意谈力学［M］.北京：高等教育出版社，2008.

[2] 马塞尔·格罗斯曼（Marcel Grossmann），1878—1936，向爱因斯坦提出张量演算与广义相对论的相关性。

真正的胜利。"①"像引力场方程这样复杂的方程，只有通过发现逻辑上简单的数学条件才能找到，这种数学条件完全地或者几乎完全地决定着这些方程……"②爱因斯坦对数学的强调，充分说明了数学对于物理学的极端重要性。

（四）问题是解决技术难题的重要钥匙

科技创新过程中某一个问题（特别是一个关键问题）的解决，常常可能会引申和展现出一系列新的问题和新的可能性，并吸引许多科学家转移到这些新的问题和新的可能性上来进行研究，"问题"就像解决技术难题的一把钥匙，打开了科学研究的新窗口、新方向、新领域。钱学森指出："技术科学工作中最主要的一点是对所研究问题的认识。认识包括确定问题的要点在哪里，问题中哪些是主要因素和次要因素。"③爱因斯坦则认为："已经解决的问题与尚未解决的问题的结合，可能会暗示新的理念，为我们带来解决问题的曙光。"④"问题"固然表示我们对自然界的"无知"和"不知"，但它同时也是一种知识，是关于"不知"的知识，而且正是它凝聚着许多已知的知识，所以是一种向未知领域进军的知识阶梯。

以 X 射线的发现为例。1895 年，德国物理学家威廉·康拉

① Einstein A. On the General Theory of Relativity［C］//The Collected Papers of Albert Einstein. The Berlin Years：Writings，1914 — 1917. Translated by Alfred Engel. Princeton：Princeton University Press，1997（6）：98-110.

② 爱因斯坦. 爱因斯坦文集：第一卷［M］. 许良英，范岱年，编译. 北京：商务印书馆，1976.

③ 钱学森. 论技术科学［J］. 科学通报，1957.

④ 爱因斯坦，英费尔德. 物理学的进化［M］. 上海：上海科技出版社，1962：253.

德·伦琴（Wilhelm Conrad Röntgen）①观察到放置在阴极射线管附近的涂有亚铂氰化钡的硬纸屏上产生荧光，以及放置在实验室某处的照相底版莫名其妙地被感光。伦琴从照相底版被感光的观察事实中提出了问题，认为这是原来的阴极射线理论所不能解释的。"问题"引导伦琴进入研究，在问题的指引下进一步地精细观察，终于让他抓住机遇而产生了重大发现（发现了 X 射线），X 射线也获得了巨大的应用。X 射线的发现始于实验中的某些现象对于阴极射线理论的反常问题，当初它大体上仍然是属于常规科学所研究的标准课题，但最终却扩大了常规科学的版图，甚至不得不改变原有的认知范畴，进一步打开了一个奇妙的新世界，标志着现代物理学的产生。

雷达的发明也是生动的一例。1935 年，英国物理学家罗伯特·亚历山大·沃森·瓦特（Robert Alexander Watson Watt）②受政府委托，被要求研制一种"死光"。当时所能设想的"死光"，只不过是一种电磁波而已。因为当时人们知道，某些波长很短的电磁辐射能加害于人体。而当时又处在第二次世界大战的前夕，于是人们就对电磁波产生了一些似乎不无根据的设想，企图用它来消灭远处的敌人，甚至用它来击伤和击毁敌人的飞机。根据这项要求，瓦特进行了许多研究，然而都失败了，他发现要想依靠某种电磁波来击毁远处的飞机或击毙机上的飞行员是不可能的。

---

① 威廉·康拉德·伦琴（Wilhelm Conrad Röntgen），1845—1923，物理学家，发现了 X 射线。

② 罗伯特·亚历山大·沃森·瓦特（Robert Alexander Watson Watt），1892—1973，物理学家，研制出第一部雷达。

但是，瓦特并不因此马上丢弃这一课题，他不断提出问题：飞机会不会把我们所发射的无线电波反射回来呢？如果会，那岂不是我们可以及早地知道敌人来袭的飞机吗？就这样，沿着这个问题的思路，他发明了世界上第一台雷达装置，这种装置在第二次世界大战中发挥了重大的威力。

四、建设航天强国面临的重大科学技术问题

强大的科技实力是实现航天强国的核心条件。航天强国的一个突出标志就是航天原创能力突出、科技创新能力领先，能够率先提出和实践航天领域的新问题、新概念、新原理、新方法、新技术、新标准，并在若干重要领域引领世界航天科技的发展，具备自主的创新发展能力和聚焦前沿的科学探索研究能力。在当前建设航天强国的关键时期，面临许多对科学发展具有导向作用、对技术和产业创新具有关键作用的前沿科学问题和工程技术难题，需要不断凝炼提出和解决。

航天运输系统技术水平代表着一个国家自主进出空间的能力，体现着一个国家进入和发展空间技术的能力。随着航天发射任务不断增长，航天运输系统正面临着许多新的问题，比如：如何满足航天运输系统的低成本和重复使用的技术要求，加快快速发射、低成本、智能化、高可靠、多任务适应性的航天运输系统的发展？如何进一步提升火箭发动机的推力、比冲、推重比等主要指标，掌握关键动力技术，支撑完成如载人登陆小行星、载人登火、月球基地建设等标志性工程？如何完善支撑航天运输系统发展的先

进设计、制造和试验等保障能力，以及基础材料和加工工业基础？如何使我国航天运输系统整体能力显著提升，以满足国家自由进出空间、高效进入和利用空间的战略要求？其背后蕴含着一系列亟待攻关的关键技术和难题。

我国在空间基础设施方面，无论其技术水平、系统能力还是应用能力，与世界航天强国相比都存在差距，如体系不完备、技术性能不强、服务能力不足、应用滞后等。面向航天强国建设的战略目标，许多问题亟待解决，比如：如何实现空间基础设施体系化、集成化、协调共享发展，以满足长期持续稳定、自主可控的战略要求？如何进一步提升遥感卫星的分辨率、定量化指标，通信卫星的网络化、容量等指标，以及导航卫星的定位精度、服务范围等指标？如何实现陆、海、空、天等多空间信息网络深度融合，建立天地一体化的空间基础设施？如何进一步提升具备全球覆盖和服务的能力？如何提高空间基础设施智能化水平，引领国际空间技术发展？等等。

空间科学与深空探测是当今世界上极具挑战性、创新性与带动性的航天活动之一。一般而言，它不仅是单纯的科学或技术活动，而且是承载着多重使命的创新探索行动。科学上，它直面宇宙和生命起源这一类最基本、最前沿的问题；技术上，它引领着多专业、多学科的前沿或尖端技术的发展。在国际竞争日趋激烈的严峻形势下，深空探测领域也存在大量科学问题和技术难题。比如：如何推动空间探索向更深更遥远的宇宙迈进，不断拓展人类活动疆域，维护我国空间权益的需求，促进人类新知识的发现，引领新技术的发展并获取新的战略资源？如何实现空间探测与研究向更强（多任务、多功能）、更高（灵敏度）、更精（分辨率）、更准（标定能力）、更宽（观测范围 / 谱段）、更微小、更轻型和更节省资源的方向发展？如何攻克高精度天文自主导航、超大时延探测器自主管理、超远距离高可靠通信、长寿命生命循环 / 保障系统与地外驻留平台等深空探测领域重大前沿问题，突破未来深空探测关键技术？等等。

载人航天活动的目的在于突破地球大气的屏障和克服地球引力，把人类的活动范围从陆地、海洋和大气层扩展到太空，更广泛、更深入、更系统全面地认识整个宇宙，并充分利用太空和载人航天器的特殊环境进行各种研究和试验活动，开发太空极其丰富的资源。载人航天领域也存在大量科学问题和技术难题，比如：如何解决有较大规模的、长期有人照料的空间应用问题？如何实现空间生命科学与生物技术、微重力流体物理与燃烧科学、空间材料科学、微重力基础物理、空间天文与天体物理学、空间环境与空间物理、空间地球科学及应用、空间新应用技术等方向的前沿探索？如何与无人月球探测相衔接，开展载人月球探测，在认识月球、利用月球和月面生存三个方面获取原创研究成果？如何开展人机联合作业，实现对月球长期、就位和组网探测？如何利用月球特殊环境，开展对天文目标、空间天气以及地球宏观科学现象的长期连续观测？如何开展原位资源探测和开发利用研究，进而探索人在月球环境下的生存能力、生存方式和生命科学问题？等等。

在轨维护与服务包括空间在轨加注、在轨维护和在轨救援等，是需求牵引和技术推动相结合的产物，涉及一系列关键技术，目前的技术积累在深度与广度方面均有相当差距，急需开展有针对性的攻关研究，比如：如何开展对高、中、低轨目标飞行的自主操控，为在轨卫星提供例行在轨补给等示范应用？如何实现全轨道快速机动与轨道间重复往返飞行，提供目标辅助轨道机动、货物运输、在轨检测维护与补给服务？如何开展空间目标识别、跟踪与测量技术研究，保障飞行器在轨安全可靠运行？如何通过空间机器人进行无人自主在轨服务，满足空间航天器在复杂的空间环境中更加持久、稳定地在轨运行的技术需求？等等。

上述需求和问题都是当前宇航领域重点关注的部分学科前沿和关键技术方向。围绕这些领域的需求，提出应该优先解决的重大科学问题、技术难题和工程问题，对于看清世界航天发展态势、明确创新突破口，前瞻谋划和布局前沿科技领域与方向，引领航天科技实现跨越式发展具有重要意义，还可以对支撑航天事业发展规划和决策提供重要的参考，并为航天科技工作者开展具体科研工作提供引导。

五、面向航天未来，问题贯穿于创新全过程

我国航天事业经过 60 多年发展，在几代航天工作者的不懈奋斗下，科技创新不断取得重大突破，创造了以两弹一星、载人航天、空间站建设、月球探测、火星探测、北斗导航、高分

辨率对地观测系统、新一代运载火箭为代表的辉煌成就，为我国经济发展、科技创新和社会进步作出了重要贡献。面向未来，需要进一步深入挖掘更多重点基础和前沿问题，关注关键共性技术、前沿引领技术、颠覆性技术领域的问题和难题，提出对航天科技发展具有引领作用的前沿科学问题和亟待攻克的关键技术难题，既包括基础研究和应用研究领域的关键点，也包括反映国家重大战略需求、服务国民经济主战场、对整个技术领域和产业模式具有关键作用的创新前沿。这里从科学技术问题的角度出发，对未来航天科技创新提几点思考和建议。

一是做好深厚的专业技术和知识储备。能够主动提出问题，一个重要的基础就是要拥有发现问题与提出问题的知识和经验储备。"巧妇难为无米之炊"，如果头脑中没有相应的知识经验、前沿技术信息以及应特别重视的物理学、数学等基础学科功底，就不可能发现和提出高质量的、核心的、关键性的问题。问题是深化学习的动力引擎，是深化思考的驱动器，提出问题才能促进钻研，从而促进相关专业领域能力的提升，强化原创性科技创新需要的核心素养。

二是加强多学科的交叉融合。海森堡说过："在人类思想史上，重大成果的发现常常发生在两条不同的思维路线的交叉点上。"① 创新既需要从本专业出发，也需要从其他专业学科或者学科中的不同分支、不同角度去提出和解决问题。航天工程研制跨领域、

---

① 海森堡.物理学与哲学［M］.北京：科学出版社，1974.

跨系统，是航天内外部多学科、多专业技术的广泛融合，呈现出典型的多层次、多阶段、跨学科、跨专业等特点。多学科交叉融合，更有利于碰撞出新的思想火花，从而实现"非对称超越，无边界创造"。学科和专业是以研究问题的角度划分的，而研究和解决某个具体问题时，往往需要综合运用多个学科的知识。多学科交叉融合不仅可以解决复杂问题，还可能产生新的问题，形成新的科学前沿和重大的科学突破。

三是倡导技术民主和质疑精神。疑是思之始、学之端。学习前人的知识，固然是科研的必要条件，但如果不从所接受的前人知识中引出新的问题，那仅仅是在已有的知识体系中吮吸知识，还没达到自然地引导人们探索未知，也没做到引导人们进入新问题的研究。小疑则小进，大疑则大进。优秀的科技工作者往往十分重视提出问题的重要性，把是否善于提出问题看作是科研训练方面的一种最重要的能力素养。美籍意大利物理学家恩里克·费米（Enrico Fermi）[1]曾经强调："作为一个学生要会解答习题，但是作为一个研究工作者则要会提出问题。"[2]作为航天系统工程运行的一个重要概念和方法，非拥护性评审机制鼓励并要求从各种角度和维度[3]，用否定性的问题进行提问和质询，从不支持的角度进行思考，尽量挖掘出系统可能存在的问题和隐患，建设性的、认真深入的非拥护性评审是十分有效和必要的，值得大力提倡和推广。

---

① 恩里克·费米（Enrico Fermi），1901—1954，物理学家，建立了人类第一台可控核反应堆。

② 杨振宁，陈光.回忆我的导师 E·费米［J］.世界科学，1981（03）：60-61.

③ 栾恩杰.航天系统工程运行［M］.中国宇航出版社，2010.

　　四是发扬穷根究底、精益求精的科学作风。针对问题和现象，要深究造成问题的原因是什么，找到问题背后的深层次根源，要有"打破砂锅问到底"的执着精神。航天技术"归零 5 条"是中国航天人面对重大发射失利，系统总结航天质量管理经验，根据航天型号研制特点，针对质量问题，从技术上形成的"定位准确、机理清楚、问题复现、措施有效、举一反三"的 5 条要求和规范，其中蕴含着深刻的问题意识和穷根究底的严谨学风。"定位准确"是确定研究问题的范畴和对象，首先要找到问题发生在哪个环节、哪个部位；"机理清楚"是找到问题发生的根本原因和演进机制；"问题复现"是通过试验等验证方法，复现质量问题发生的现象，验证定位和机理分析的正确与准确性；"措施有效"是采取针对性的有效纠正措施，确保质量问题得到根本解决；"举一反三"就是把发生的质量问题反馈给本项目、本型号、本单位和其他型号、单位，使具有类似机理设计的产品都能避免同类问题的发生。航天技术"归零 5 条"以强烈的科学技术问题意识为底蕴，构建了梳理问题、深挖问题、弄清问题、解决问题、防范问题的一个环环相扣的有机过程，成为解决航天质量问题的最有效的方法之一，越来越广泛地应用于其他各个技术领域。另外，由"归零 5 条"延伸考虑，在科研工作中有必要区分真问题和伪问题。"伪问题"往往是因问题而产生的现象，不是真问题；而真问题是"会下金蛋的鹅"，蕴含着丰富的科学问题，也可能蕴含着解决技术问题和工程问题的答案。

美国科学促进会前首席执行官拉什·D.霍尔特在《科学：无尽的前沿》这部美国现代科学政策的开山之作中提出："从本质上讲，科学是一种提出问题的方式，它能使我们获得关于事物本质的最可靠知识。这是它最根本的贡献。"[①] 当今时代，世界处于百年未有之大变局，正如习近平总书记在 2018 年两院院士大会上深刻指出的："进入 21 世纪以来，全球科技创新进入空前密集活跃的时期，新一轮科技革命和产业变革正在重构全球创新版图、重塑全球经济结构。科学技术从来没有像今天这样深刻影响着国家前途命运，从来没有像今天这样深刻影响着人民生活福祉。中国要强盛、要复兴，就一定要大力发展科学技术，努力成为世界主要科学中心和创新高地。形势逼人，挑战逼人，使命逼人。"[②] 面对这一形势，更需要宇航领域科技工作者们不断地发现问题、提出问题、解决问题，实现真正意义上的创新，为把我国早日建成航天强国、科技强国作出应有的贡献。

王　巍

中国科学院院士

中国航天科技集团有限公司研究发展部部长

---

① 范内瓦·布什，拉什·D.霍尔特.科学：无尽的前沿［M］.崔传刚，译.北京：中信出版社，2021.

② 人民日报.习近平在中国科学院第十九次院士大会、中国工程院第十四次院士大会上的讲话［OB/EL］，http://jhsjk.people.cn/article/30019426. 2018−05−18.

第一篇

2020 年宇航领域科学问题和技术难题解读

一　外日球层与星际空间的环境特性及其相互作用

随着航天技术的不断发展，探索星际空间成为国际前沿热点。虽然美国旅行者号探测器经过任务拓展已飞抵日球层边际，但缺乏尘埃、中性原子和拾起离子等要素的就位探测，太阳系天体如何形成和演化、日球层和邻近层星际介质如何相互作用等众多重大科学问题仍悬而未决。

目前，中、美及欧洲等相关国家都在积极开展太阳系边际探测的任务论证，积极克服能源推进、极寒探测、极远通信、极强辐射、高精度、长寿命等技术难点，发展全日球三维数值模式以获得整体认识，从而开拓人类的疆域和视野，倡导国际和平利用空间和能源。

我国正处在建设航天强国的关键时期，"飞得远、探得广"是航天能力的重要体现。作为标志性工程之一，启动太阳系边际探测不仅能为构建日球层和星际空间知识体系作出原创贡献，也对我国深空探测可持续发展具有重要战略意义。

如何认识外日球层和星际空间的特性及其相互作用

1 开启太阳系边际探测，感知地球家园的深空环境

1.1 日球层的形成和结构

太阳上层大气向外不断喷发的等离子体流（太阳风），速度每秒高达几百千米。日球层是主要受太阳风及太阳磁场控制的区域，形象地说，就是太阳风在银河系星际空间内"吹"出来的一个巨大的磁化等离子体泡，其边缘距离太阳约 80~150 AU（AU 为天文单位，即地球到太阳的平均距离，1 AU ≈ 1.5 亿 km）。日球层之外是广袤无垠的恒星际空间，充满了等离子体、中性原子、尘埃等星际介质。太阳风与恒星际介质"两军对垒"形成了日球层边界，构成了地球家园在日球层的第一道"城墙"。图 1 是日球层的数值模拟结果，以太阳为中心，由里到外的两个间断依次为终止激波（Termination Shock，TS）和日球层顶（HelioPause，HP），其间为内日球层鞘区（Inner HelioSheath，IHS）。外面是否存在日球弓激波（Bow Shock，BS）还是一个谜，这主要取决于介质的性质。

尽管日球层这个巨大的屏障为地球家园阻挡高能宇宙线等侵袭，但仍存在一些"漏网之鱼"，如中性原子、尘埃等。这些来自星际空间的中性原子可以不受太阳磁场的屏蔽而自由进入日球层空间，与

太阳风带电粒子发生电荷交换等过程后形成拾起离子（Pick Up Ion，PUI），并被行星际磁场捕获从而跟着太阳风一起往外运动。随日心距的增大，星际中性原子密度不断上升，拾起离子也愈发重要，它能引起太阳风在外日球层的减速、等离子体的加热等能量耦合过程，影响日球层边际动力学结构的物理特性。

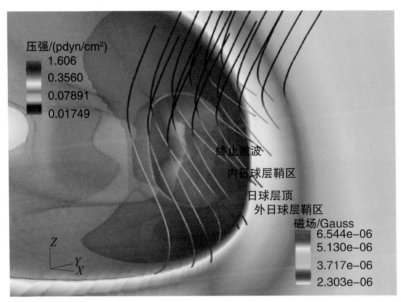

图 1　星际磁场包络的日球层模拟图（日球层弓激波未显示；太阳在图中心）

1.2　太阳系边际的定义

太阳系包括太阳、8 大行星、近 500 个卫星和至少 120 万个小行星，还有矮行星、彗星以及行星际介质等。太阳作为唯一的恒星，其质量大约占整个太阳系的 99.86%，处于绝对的中心位置，包括 8 大行星在内的其他所有天体都围绕它旋转。太阳系的边际在哪里？这个问题的答案不唯一，完全取决于选择的定义方式。比较常见的定义方式有以下三种。

1.2.1　以行星轨道为界

自 17 世纪哥白尼提出日心说以后，人们逐渐意识到地球等行星围绕太阳运行。在很长一段时间内，土星是人们能观测到的最远的行星（约为 9.5 AU），也代表着太阳系的边界。18 世纪，天文学家赫歇尔发现了太阳系的第 7 大行星——天王星（约为 19.2 AU），从而首次将太阳系的范围扩大了 1 倍。随后，海王星、冥王星先后被发现，太阳系边界延伸到了冥王星的轨道处。到了 2006 年，国际天文学联合会根据新的"行星"定义，将冥王星"踢出"行星家族。迄今为止，海王星是离太阳最远的行星，它运行在距离太阳 30.1 AU 的轨道上（图 2）。

图 2　太阳系示意图（NASA）

然而，充满好奇心和探索精神的科学家不满足于太阳系只有 8 大行星，还在不断寻找太阳系的第 9 大行星。2016 年，美国科学家根据 6 颗柯伊伯带天体（Kuiper Belt Objective，KBO）运行轨道的异常，推测出太阳系可能存在第 9 大行星。如果这一推测能得到后续观测的证实，太阳系的边界将再次予以改变。按照这种定义，人类眼中的太阳系边界是随着认知水平的提高而变化的。

1.2.2　以日球层顶为界

现如今，随着空间技术的发展，人类对太阳系的认识不再局限于望远镜和理论推算。1957 年，苏联首先发射了人类第一颗人造卫星斯普特尼克一号，虽然这颗卫星不具有科研意义，但是给苏联的国防带来极大的益处。1958 年，美国成功发射了自己的第一颗人造科学卫星探索者一号并取得了发现地球辐射带的科学成果，并以研究组负责人的名字将其命名为范艾伦辐射带。1965 年，我国科学家钱学森、赵九章等人提议的人造地球卫星计划得到党中央的批准，我国第一颗人造卫星东方红一号于 1970 年在酒泉基地成功发射，标志着中国继苏、美、法、日之后成为具备独立发射人造卫星能力的国家。从此，空间探测器成为人类探索太阳系和地球家园的一种全新的有效手段。

2013 年秋季，世界各大媒体争相发布重大新闻："旅行者 1 号飞出了太阳系"。这里太阳系的含义指的是日球层顶以内的空间。美国科学家在《天体物理学报》发表的论文中提出了太阳系边际的概念（edge of the solar system）。如果定义太阳系尺度为太阳风所到达的区域（即日球层），那么终止激波以远的包括内日球层鞘区、日球层顶、外日球层鞘区等在内的太阳系边缘区域都属于太阳系边际。2018 年 12 月，美国国家航空航天局（NASA）正式宣布 1977 年 8 月发射的旅行者 2 号探测器在 119 AU 处飞越日球层顶，进入星际空间。在人类探索浩瀚宇宙的征程中，这是人造航天器第 2 次进入星际空间，而历史的创造者正是旅行者 2 号的"孪生兄弟"——旅行者 1 号,它已于 2012 年 8 月率先进入星际空间,树立了人类航天史新的里程碑,由此开启了星际探测的新篇章。图 3 显示了旅行者 1 号和 2 号在日球层顶之外的大致位置,远远超过冥王星的轨道(冥王星轨道最远约为 49 AU)。

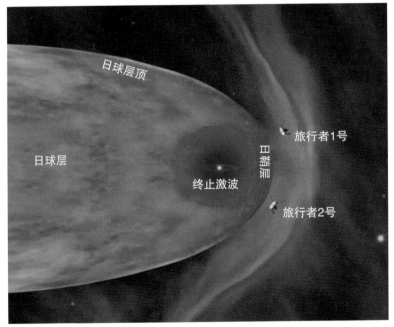

图 3　旅行者 1 号和 2 号进入星际空间示意图(NASA/JPL–Caltech)

1.2.3　以太阳引力范围为界

天文学家更多的是根据太阳的万有引力来定义太阳系边界,即如果一个天体主要受到太阳引力作用而围绕太阳运动,那么它就属于太阳系天体。按照这个标准,太阳系 8 大行星、日球层以及遥远的小行星与彗星都在太阳系范围之内。科学家推测距离太阳 5 万 ~10 万 AU 处可能存在一个长周期彗星的"大仓库"——奥尔特云(Oort Cloud,

OC），它在外围包裹着太阳系（图 4）。根据万有引力定律，可把受太阳引力束缚的天体做日心圆周运动的最远边缘定义为太阳系边界。如果奥尔特云真实存在，它的外边缘无疑就是太阳系的边际了。

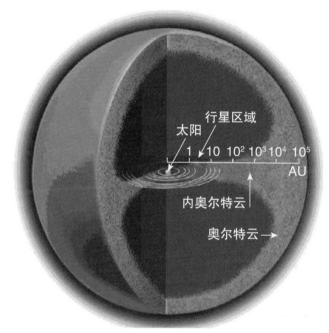

图 4　奥尔特云示意图（University of Groningen）

1.3　我国计划发射航天器去太阳系边际

人类对太阳系的认识还存在许多不解之谜，距离太阳 80~150 AU 的太阳系边际是极其遥远、极其寒冷、极其黑暗、神秘未知的地方，同时对太阳系内的天体也留着很多探测空白。国际上还没有一个专门的外日球层和星际空间就位探测计划得以实施。人类对于日球层边界的性质以及太阳风与星际介质的相互作用规律还所知甚少。

2 揭秘外日球层和星际空间特性及相互作用的关键所在

2.1 国际现状和发展趋势

自 1957 年人类开启空间探测新纪元以来，大量航天器进入太空，极大地拓展了人类对空间的认知。然而，国际上对于日球层的卫星探测存在非常严重的"内外失衡"现象（图 5），绝大多数卫星计划都是集中对内日球层开展，而对外日球层乃至更远的星际空间还缺乏有效的探测。1977 年发射的旅行者号探测器在完成其行星探索任务后，踏上了星际探索的征程。旅行者 1 号和 2 号的运行方向分别是 34°N 和 26°S，都没有穿越太阳风与星际介质相互作用最显著（即迎着星际风方向）的日球层鼻尖区。顺着星际风方向的日球层尾区至今仍是探测的空白地带。在科学探测方面，缺乏对太阳系边际和星际空间的关键空间环境参数的探测，如太阳风拾起离子、星际磁场、宇宙尘埃和星际中性成分等。2006 年，新视野号（New Horizons）发射升空，旨在对冥王星系和柯伊伯带天体进行探测，如有剩余能源将于 2038 年飞临日球层边缘。然而这些计划都不是专门针对太阳系边际的探测计划，其轨道设计、载荷配置都有很大的局限性。

2014 年，美国发布的《2014—2033 年日球物理路线图》着重强调外日球层和星际空间探测的重大意义，其四大高优先级探测任务之一就是探测日球层边界和太阳风等离子体，以期了解外日球层和星际介质相互作用的全局过程，并将理解日球空间结构以及太阳大气与星际介质的相互作用列为五大科学挑战之一。

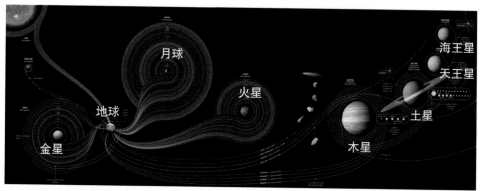

图 5　国际空间科学卫星在太阳系"内外失衡"（National Geographic）

近年来，关于日球层边缘/星际空间的探测又掀起了新一轮的热潮，并受到人们的高度关注。美国的旅行者 2 号于 2018 年飞出日球层进入星际空间；2025 年地球轨道卫星 IMAP 将开展太阳系边际区的遥感探测；新视野号可能于 2038 年飞临太阳系边际。此外，国内外科研院所和航天机构都在积极开展新一轮外日球层/星际空间探测的概念研究。2010 年，欧空局（ESA）支持了一个 17 国联合的星际日球层顶探针/日球层边界探索计划的概念研究；2011—2019 年，NASA 持续支持了星际探针计划的概念研究。

2.2　新时代中国空间科学的发展契机

继 1970 年成功发射东方红一号卫星之后，中国在月球与深空探测方面取得了重大进展。探月工程在 2020 年完成了"绕、落、回"三步走的目标，天问一号作为中国第一个行星探测任务，标志着中国航天器走出地月系统，进入到行星际空间。

2015 年，中国科学院空间科学战略性先导科技专项启动了"星际快车"探测计划的初步方案研究；2017 年，中国工程院也部署了重点咨询研究项目支持相关课题的研究，中国国家航天局也启动了太阳系边际探测计划的前期预先研究项目。

2020 年 12 月 17 日，习近平总书记在祝贺嫦娥五号任务取得圆满成功的贺电中指出，"人类探索太空的步伐永无止境"，并对中国航天提出更高的要求："希望你们大力弘扬追逐梦想、勇于探索、协同攻坚、合作共赢的探月精神，一步一个脚印开启星际探测新征程。"

站在历史新的起点，中国正在论证太阳系边际探测工程问题，中国航天器将从日球层鼻尖和尾部两个方向冲出行星际空间（图 6），勇闯"无人区"，迈向星际空间，这将是中国建设航天强国的标志性工程之一。

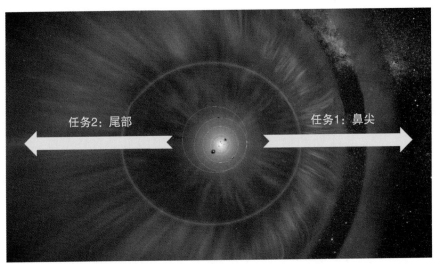

图 6　中国太阳系边际探测任务示意图（NASA/IBEX/Adler Planetarium）

2.3　关键科学突破点

太阳系边际探测任务有望在以下 4 个方面取得原创性的重大科学突破。

2.3.1　无人区探索

日球层鼻尖和尾部都是人类航天器从未涉足的区域，人类对地球家园的深空环境还知之甚少。太阳风和星际介质"两军对垒"形成的日球层顶，是保护人类地球家园及太阳系其他成员免遭银河宇宙射线潜在危害的第一道"防线"，这道防线的物理特征还有待探查。进入星际空间后，人类航天器将首次同步开展星际介质的场和粒子观测，精确获取邻近星际介质的特性和分布特征。

2.3.2　日球层全貌

人们对太阳风在日球层的传播和演化、太阳风和星际风的相互作用、异常宇宙线的产生机制等众多科学问题还没有统一认识。日球层三维大尺度结构是"泡状"还是"水滴形"、太阳系边际是如何运动和动态演化以及日球弓激波是否真实存在等一系列问题都有待人们去解密。

2.3.3　大行星掠影

无论是前往日球层的鼻尖还是尾部，都需要借助太阳系大行星的引力"弹弓效应"，如木星、海王星等。因此，可以"边走边看"，探访太阳系内的大行星，通过近距离的飞掠和遥感观测，了解其全貌，深入理解太阳风与行星系统的相互作用。此外，太阳系是否存在"第9 大行星"的难题也有望取得突破。

2.3.4　太阳系考古

行星际尘云更能代表太阳星云的初始丰度和同位素特征，提供生命诞生的秘密和太阳系形成的最初线索。一般认为，半人马小行星、矮行星等柯伊伯带小天体由太阳系形成初期非常原始的物质组成。木星、冰巨星保留了太阳系形成初期的气体，包含了原恒星云的状态条件和由行星形成的位置信息。边际探测器飞掠冰巨星，能让人类对知之甚少的冰卫星系统和柯伊伯带天体可能存在的地下海洋水世界及生命起源提供宝贵的探索机会（图 7）。

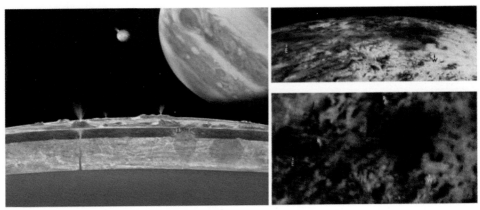

图 7　太阳系边际探测器飞掠的木星系（NASA/JPL–Caltech）和海王星系地下海洋示意图（Soderblom 等, Science, 1990）

2.4　关键技术突破点

太阳系边际探测任务可以实现对太阳系天体和行星际尘云的全谱探测，将为人类徐徐展开一幅太阳系形成和演化的画卷。当然，实现太阳系边际探测也绝非易事，超远距离、多探测目标、极端恶劣环境对航天技术提出了非常高的要求。为实现上述 4 个方面的科学探测任务，需突破六大关键技术，包括行星际轨道设计与优化技术、新型能源与推进技术、超远距离深空测控通信技术、深空高精度自主控制、高可靠长寿命技术及新型科学载荷技术等。

其次，太阳系边际是一个外日球层与星际空间相互作用的高度动态区域，单靠有限的探测器就位探测难免"管中窥豹，难见全貌"，还需要发展高精度的全日球三维数值模拟技术予以辅助研究，这能使探测任务的投入回报率倍增。

3　未来发展与展望

人们对于外日球层空间的了解还非常有限，日球层外的星际空间更是人类从未探索过的崭新领域，蕴含着非常重大的科学价值。了解外日球层以及恒星际空间的环境特性、揭示太阳风与星际介质的相互作用规律与机理，对于认识人类太阳系家园至关重要。

"飞得远、探得广"是我国航天能力的重要体现，而外日球层／星际空间探测则提供了一个非常好的契机，并可牵引带动新型高效能源与推进、超远距离深空测控通信、深空自主探测、新型高可靠长寿命科学载荷等尖端空间技术的跨越式可持续发展，从而大幅提升我国空间科学、空间技术和空间应用的水平，为人类拓展活动疆域和开展恒星际探索奠定基础。

作者：王赤，李晖，杨忠炜，郭孝城
单位：中国科学院国家空间科学中心

二　可重复使用空天飞机热防护材料及寿命预测

　　随着对太空的不断开发和利用，人类迫切需要发展具备空天往返、快速响应、重复使用的新型航天运输系统。空天飞机能够在大气层内外空间灵活飞行，快速往返于地面与太空，两次飞行之间只需加注推进剂并进行简单维护，具备机动灵活、多任务模式、适应范围广的特点，是实现"进出空间"的关键载体。发展可重复使用空天飞机对提升我国的太空能力具有十分重要的意义。

　　热防护材料是确保空天飞机从太空安全返回地面时最重要的安全屏障，是必须突破的关键技术。空天飞机使用的热防护材料，要求其既具备耐高温、密度低、强度好、可靠性高的优异性能，还要能可重复使用，且维护方便。因此，研发高性能的新型热防护材料，发展热防护材料寿命预测的科学理论与方法并实现材料可靠服役，对于保障空天飞机安全具有十分重要的意义。

热防护材料：空天飞机的安全屏障

空天飞机能够像传统飞机一样水平起飞、入轨、返回和水平降落在跑道上，能够在大气层内外空间灵活飞行，两次飞行之间只需加注推进剂并进行简单的维护。实现低成本、快速进出空间的目标，一直是人类追求的梦想。

空天飞机从太空高速返回再入大气层时，由于与空气剧烈摩擦而产生气动加热现象，特别是以高超声速返回再入大气层时，气动加热会使其表面达到极高的温度。空天飞机的机头和机翼前缘部位的最高温度可超过 1600 ℃，机身迎风面最高温度可超过 1200 ℃，背风面温度超过 600 ℃（图 1）。同时，空天飞机在起飞上升和再入大气层时还要经受气动力、振动、噪声等的作用。热防护材料要承受气动加热和外力载荷的共同作用。在上述极端苛刻的载荷作用下，热防护材料既要保持优异的性能，不能出现性能失效和损伤破坏，又需要在空天飞机落地后经过简单保养维护，具备重复使用的能力，且具有一定的重复使用次数，其技术难度是相当大的。2003 年 2 月 1 日，哥伦比亚号（Columbia）航天飞机在返回过程中空中解体，导致 7 名航天员丧生，造成了重大航天灾难。其原因就是哥伦比亚号的热防护材料损坏，气动加热使失去保护的机体温度升高，超出机体材料耐温极限，机体破坏最终导致机毁人亡。可见，热防护材料对保障空天飞机安全飞行具有极端重要性。

图1　航天飞机再入大气层示意图

1　先进热防护材料助力空天飞机研发

从1981年4月12日，哥伦比亚号航天飞机首飞取得成功，到2011年7月21日，亚特兰蒂斯号（Atlantis）最后一次飞行谢幕，航天飞机共飞行135次，总计将355名航天员和1750 t货物送上太空，飞行成功率为98.5%。航天飞机是世界上第一型可部分重复使用的航天运输系统，在人类航天史上具有里程碑作用。航天飞机的热防护材料研制过程历经10年，首次研制并成功应用了以抗氧化碳/碳、隔热瓦、隔热毡等为代表的先进热防护材料，被视为航天飞机取得的最重要的成就之一，具有跨时代的意义，是先进材料技术支撑新型航天器取得成功的最具体、最有力的体现（图2）。航天飞机热防护材料的突破，不仅带动了该领域技术的快速发展，也奠定了包括NASP、X–33、X–34、X–43A、X–37B、Dream Chaser、Starship等从20世纪90年代到目前美国几乎所有飞行器热防护材料的技术基础。

碳/碳复合材料
（含涂层）
可重复使用
高温隔热瓦
可重复使用
低温隔热瓦
可重复使用高
级柔性隔热毡
可重复使用
柔性隔热毡

（a）航天飞机不同部位使用的热防护材料

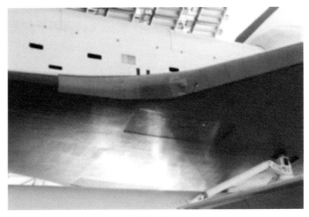

（b）头锥

（c）翼前缘

（d）陶瓷瓦

（e）航天飞机迎风面安装的陶瓷瓦

（f）隔热毡

图 2　航天飞机热防护材料

自航天飞机首飞之后，20 世纪 80 年代末至 90 年代末，NASA 启动了国家空天飞机 NASP 和 X-33 计划。NASP 计划研制一型水平起降、单级入轨的空天飞机，并实现完全重复使用。X-33 是一型垂直起飞、单级入轨的重复使用飞行器。在热防护材料方面，NASP 选用了航天飞机采用的抗氧化碳 / 碳作为大面积热防护材料。X-33 主要采用了三大类热防护材料，背风面采用了航天飞机的隔热毡，迎风面大面积部位首次采用了镍基高温合金"盖板式"热防护结构，在气动加热最为严酷的头锥和翼前缘部位采用了抗氧化碳 / 碳材料（图 3）。其中，高温合金"盖板式"热防护结构旨在克服航天飞机陶瓷瓦应用中抗冲击性能弱、维护时间长等缺点。由于技术难度太大，NASP 和 X-33 计划分别于 1994 年和 2001 年终止，但 X-33 首创的"盖板式"热防护结构对后续飞行器热防护系统的设计产生了积极的影响。

2010 年 4 月 22 日，美国 X-37B 飞行器成功首飞，验证了自由进出太空的关键技术与能力。X-37B 具有与航天飞机轨道器相似的有翼体方案，机身长度约为航天飞机的四分之一，起飞质量接近 5 t，有效载荷能力约为 250 kg。X-37B 热防护材料的最大创新是：头锥和翼前缘首次采用了由 NASA 艾姆斯研究中心最新发明的韧化纤维增强整体式抗氧化热防护材料（图 4）。该材料具有三个显著的特点：一是使用温度可达 1700 ℃以上，高于航天飞机时代的抗氧化碳 / 碳材料，而且可重复使用；二是密度低、质量小，整体密度仅为 0.4 g/cm^3，是抗氧化碳 / 碳材料的四分之一；三是制造周期短、成本低，制造周期是抗氧化碳 / 碳材料六分之一至三分之一，成本为其十分之一。此外，X-37B 迎风面大面积使用的隔热瓦和背风面使用的隔热毡与航天飞机一脉相承，但隔热瓦的可靠性提高了约 10 倍，隔热毡的使用温度由 800 ℃提高至 1200 ℃。截至目前，X–37B 已经经过数次重复飞行，单次最长在轨时间达到 908 天，足见其热防护材料的可靠性。

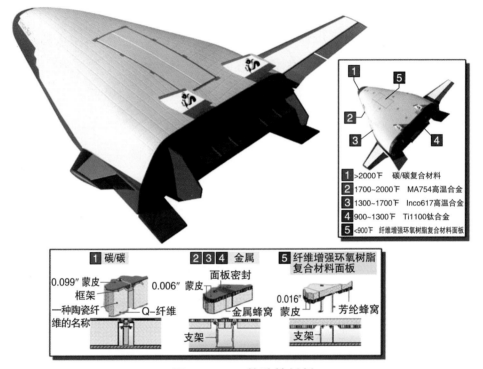

图 3　X–33 热防护材料

2013 年，美国国防部高级研究计划局（Defense Advanced Research Projects Agency，DARPA）启动了 XS–1 重复使用空天飞机计划（2020 年年初主承包商波音公司退出，项目终止），旨在验证快速响应、廉价进入太空的核心技术，预期目标是实现以 $Ma=10$ 的速度飞行、10 天实现 10 次飞行、1.4~2.3 t 载荷 /500 万美元的性能指标。虽然对 XS–1 的热防护材料方案至今没有详细报道，但 DARPA 在报告中明确指出 XS–1 的目标之一就是发展可靠的热防护材料与结构（图 5）。

（a）X-37B返回地面　　　　　　　　　　　　（b）X-37B发射前

（c）韧化纤维增强整体式抗氧化热防护材料

图4　X-37B及其热防护材料

　　2015年2月11日，欧洲IXV验证飞行器飞行试验取得成功（图6）。IXV是欧空局发展的用于验证未来空天往返的技术验证机，主要目的之一就是验证先进热防护材料和系统的性能。IXV飞行器采用了多种热防护材料，头锥、迎风面、体襟翼等采用C/SiC陶瓷基复合材料，背风面采用了与航天飞机类似的隔热毡，侧面采用了表面防护的柔性隔热材料和高温合金热防护材料。其中，由法国研制的迎风面C/SiC热防护材料尺寸大、结构复杂，体现出很高的制造工艺水平，也是陶瓷基复合材料"盖板式"热防护结构的首次应用。通过飞行试验，IXV验证了不同热防护材料的适用性，并为后续材料性能改进提供了方向，也为欧洲未来可重复使用飞行器的发展积累了重要试验数据。

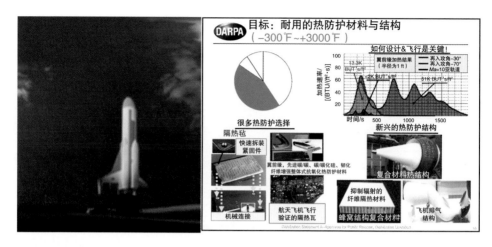

图 5　XS-1 效果图及其考虑选用的热防护材料

图 6　欧洲 IXV 验证飞行器示意图

　　纵观近年来世界范围内典型空天飞机的发展历程，热防护材料一直被视为空天飞机安全、高效、可靠飞行的基本保障。无论是第一代部分重复使用的航天飞机、单级入轨完全重复使用的 X-33，还是当前已多次飞行的 X-37B，先进的热防护材料都是空天飞机研制过程中的核心技术。热防护材料技术的进步有力地促进了空天飞机的发展。

2　空天飞机发展带动热防护材料技术进步

人类认识和开发太空、太空旅游的商业化和航班化、洲际快速运输等需求将有力促进空天飞机的研制。先进热防护材料是确保空天飞机成为现实的基础，空天飞机对热防护材料的耐温性、轻量化、强度、可靠性、重复使用性能及易维护性能提出了极高的要求。空天飞机的热防护材料应具有以下特征：耐高温、密度低、强度高、可靠性高、可重复使用和维护方便。只有具备这些特征，才能提升空天飞机的综合性能，降低维护成本，提高可靠性和经济性。可见，集耐高温、重复使用、高可靠性、方便维护等性能于一体的先进热防护材料及结构是未来空天飞机研制首要突破和掌握的关键技术。

2.1　热防护材料性能的进一步提升

得益于过去十几年来热防护材料性能的提升和新型热防护材料的成功研发，才使空天飞机热防护方案具有更多的选择性和设计性，可见高性能热防护材料对空天飞机设计具有直接的影响。主要体现在以下几方面：

1）耐高温：热防护材料不仅能够经受空天飞机再入大气层时的严酷气动热，而且在经受一定次数的重复加热后仍能维持热防护功能，所以热防护材料耐温越高越好。

2）轻量化：轻量化是航天飞行器永恒的追求。热防护材料的轻量化可降低结构质量，提高有效载荷。X-37B采用的韧化纤维增强整体式抗氧化热防护材料密度比航天飞机使用的抗氧化碳/碳下降了75%，体现了对材料轻量化的极致追求。

3）强度高：空天飞机热防护材料需要承受复杂的力载荷，不仅要求材料在室温至高温范围均具有高强度，而且要求其重复服役一定次数后，仍能保持一定强度。

4）可靠性高：热防护材料只有在热／力／化学复杂载荷服役环境中具有高可靠性，才能有效确保空天飞机多次飞行安全。重复使用的空天飞机对热防护材料可靠性的要求比单次使用的航天器对热防护材料可靠性的要求明显更高。自从航天飞机热防护材料服役后，美国持续发展新型热防护材料，提高材料耐温性和可靠性，为性能先进的航天飞行器研制提供材料技术支撑（图 7）。

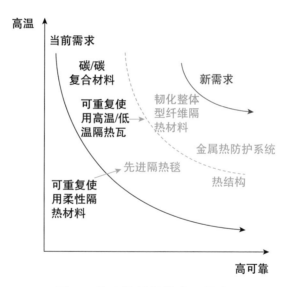

图 7　热防护材料的发展需求

2.2　热防护材料重复使用性能与可维护性能的进步

可重复使用是空天飞机的重要特征，热防护材料的可重复使用性能与可维护性能影响着飞行器的可靠性和经济性，这也是空天飞机研制必须考虑的关键问题。航天飞机退役很重要的原因就是费用太高，且地面维护费时费力（图 8）。对于航天飞机热防护材料来说，每次飞行后，热防护材料的检测、更换等维护时间长、过程复杂，不能满足未来空天飞机降低维护/维修成本的要求。针对空天飞机热防护材料，提高可维护性是材料研制与应用必须解决的难题。然而，空天飞机热防护材料维护是一项复杂的工作，远比飞机的维护过程复杂，涉及具有不同特点的多类热防护材料的检测、损伤判断与评定、维修方法、质量标准、检测判定等诸多方面。此外，热防护材料的可维护性是通过在设计阶段建立检测和维护方案来实现的，现阶段尚没有建立成熟的方法、标准和流程。

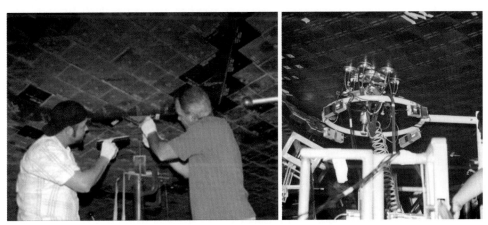

图 8　航天飞机隔热瓦的检测与维修

2.3　热防护材料健康监测与寿命预测

热防护材料对空天飞机的安全至关重要。对热防护材料在复杂热力载荷服役环境中的健康检测和寿命预测，明确材料投入使用到结束使用期间发生的变化，成为提高热防护材料安全的重要环节。对于热防护材料来说，首先，由于载荷环境的复杂性、失效模式的多样性、环境影响以及缺乏相应的标准分析方法，导致材料的失效模式和失效机制不清晰，影响了人们对热防护材料服役性能的判断和认知。其次，热防护材料高温原位表征技术、快速无损检测、热防护材料健康监测等技术仍处于起步阶段，人们缺乏对材料服役过程中损伤的有效检测，难以给出材料寿命预测或寿命终止的确切判据。再次，热防护材料可重复使用标准仍为空白。国内外可重复使用的材料标准、测试标准等不能满足空天飞机服役需求。虽然美国在哥伦比亚号航天飞机失事后，开展了一些热防护材料损伤研究，但与未来空天飞机热防护材料服役要求相差较远，仍需大量理论仿真、地面试验、飞行试验结果的积累和研究，提高对热防护材料重复使用性能和可靠性的认识，建立面向空天飞机复杂热力载荷服役环境的热防护材料寿命预测理论和方法。

3 未来发展与展望

热防护材料技术是决定空天飞机先进性、可靠性和经济性的关键技术之一。从国外发展路径来看，热防护材料技术的研发和进步从未停止，特别是随着未来空天飞机对热防护材料性能的要求进一步提高，加快热防护材料技术的自主创新尤为重要。另外，空天飞机在复杂热力载荷服役环境的热防护材料寿命预测理论和方法研究仍处于空白状态，需要理论创新、技术创新和方法创新，提高对热防护材料重复使用性能和可靠性的认识。同时，应系统开展热防护材料的可重复使用性能地面与飞行试验，尽快获得较为全面的性能数据，建立我国的空天飞机热防护材料理论和技术体系，实现技术引领。

作者：李俊宁

单位：航天材料及工艺研究所

三 核动力航天器及工程应用

核动力航天器是以核能为主要能量来源的航天器，其将核能转换为所需的热能、电能以及推进动能，是支撑人类航天活动从近地轨道走向深空、超大功率载荷从概念走向现实的关键，被认为是"改变游戏规则"的战略前沿高技术。核动力航天器主要应用于两方面任务：

一是深空探测任务，其可克服无或弱太阳光强环境导致的电功率获取困难，实现全太阳系到达、探测的能力；二是大功率载荷任务，其可突破太阳能技术体制的供电能力上限，拓展高功率、高价值载荷应用效能，强化"利用空间能力"。

由于空间核电源的应用，导致航天器在辐射防护、结构机构、电源管理等方面与传统太阳能航天器有较大不同。此外，还需额外考虑空间核安全保障，确保地球生物圈的辐射安全。因此，核动力航天器在关键技术攻关与在轨验证、空间核安全体系建设、型谱化工程应用等方面还面临重大挑战。

发展核动力航天器 提升航天能力 拓展航天应用范围

1 核动力航天器是开展深空探测任务的重要选择

深空探测是探索宇宙和生命起源的重要手段，在扩展人类活动范围的同时，引领航天技术的发展。能源是深空探测任务首先需要解决的问题，在深空任务环境中传统太阳能技术的使用受到了各种限制：一是由距离因素导致的太阳光强衰减，如木星附近的太阳光照强度降低到地球附近的 5% 以下，单位面积太阳能发电功率极低；二是由星表环境因素导致的，如月球夜晚、木卫冰下海洋、火星表面沙尘等。基于核反应实现航天器能源自给是开展深空探测任务的重要选择，其不受太阳光照和星表环境等因素影响，且能量密度高，能够满足未来大型空间应用对大功率能源的需求。除此之外，空间核推进的高比冲特点则使其在行星际转移、载人深空任务等领域有较大的优势。

目前，人类已发射众多的无人深空探测器，由于其功率需求在百瓦级，采用较低功率的同位素核电源即可满足使用要求。载人深空探测对电源的功率需求更大，月球以远的载人深空飞行，为了缩短飞行时间和减小起飞质量，需要使用兆瓦级的电推进作为飞行动力，核动力航天器具有不可替代的技术优势。

2 核动力航天器是应用核能作为主要能源的航天器

核动力航天器是指以核能为主要能量来源，通过能量转换技术将核热能转换为热能、电能以及推进动能完成航天任务的航天器。按照核能的产生方式，核动力航天器可以分为同位素航天器、核裂变航天器和核聚变航天器（图1）。

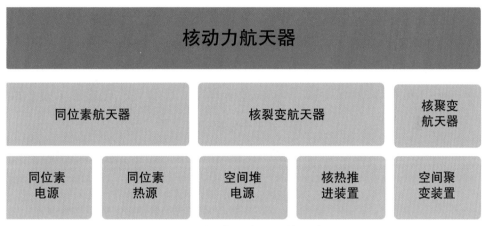

图1　核动力航天器的分类

同位素航天器主要应用同位素热源、电源，是最早在轨应用的核动力航天器，历史上在轨使用的同位素电源主要指同位素温差电源（Radioisotope Thermoelectric Generators，RTG），其利用温差材料的塞贝克效应（Seebeck Effect）将同位素衰变热能转换为电能供航天器使用，适用于几瓦至几百瓦功率量级。使用同位素热源（Radioisotope Heat Unit，RHU）主要为深空探测极低温环境中的星载设备提供温度环境保证。

使用核裂变反应堆产生电能或推进动能的航天器称为核裂变航天器。空间堆电源通过热电转换技术将核热能转换为电能，目前已成功发射的空间堆电源都采用温差或热离子静态转换技术，功率等级约为十千瓦级；百千瓦以上更高功率等级，一般采用斯特林、布雷顿和磁流体等动态转换技术。核热推进装置通过加热推进工质将核热能转换为推进动能，其推力 100 kN 级，比冲数倍于传统的化学推进。

目前空间聚变技术尚未突破，核聚变航天器仍处于探索中。

3   核动力航天器的全球进展及趋势

核动力航天器的发展自 20 世纪 50 年代至今，可分为三个时期：初创时期（20 世纪 50 年代至 80 年代初）、"星球大战计划"时期（20 世纪 80 年代初至 20 世纪末）和新世纪时期（21 世纪初至今）（表 1）。

表 1   三个发展时期

	时间周期	代表任务
初创时期	20 世纪 50 年代至 80 年代初	同位素：旅行者号、阿波罗系列 空间堆：SHAPSHOT、COSMOS 系列
"星球大战计划"时期	20 世纪 80 年代初至 20 世纪末	同位素：伽利略号、卡西尼号 空间堆：SP-100、COSMOS 系列
新世纪时期	21 世纪初至今	同位素：好奇号、毅力号 空间堆：Kilopower、TEM

初创时期，核动力航天器技术发展从萌芽至初步成熟。美、苏（俄）均发射了同位素（电源）和空间堆电源航天器，其中同位素电源成为目前深空探测领域任务的可选能源形式。

"星球大战计划"时期，美国为了发展空间反导反卫能力，以天基定向能应用为背景研究大功率空间堆电源。1991 年，苏联解体，美国成为世界上唯一的超级大国，由于缺乏战略对手，逐渐降低了对核动力航天器的支持力度。

进入 21 世纪以来，大规模空间开发转为以地月资源应用为主，空间对抗形势日益严峻，核动力航天器的发展成为大国关注重点。2018 年，美国完成了 Kilopower 空间堆电源地面涉核试验；2019—2021 年，美国政府陆续发布多份文件 ①，从国家顶层明确了空间核动力的战略目标，凸显了其对核动力航天器工程应用的高度重视。俄罗斯从 2009 年起，以基于核电推进的深空探测与高低轨之间的货物运输为任务背景，持续支持兆瓦级核动力航天器研究。中国于 2013 年成功发射嫦娥三号，成为了继美俄之后世界上第三个成功应用核动力航天器的国家。

3.1　同位素航天器

1961 年 6 月 29 日，美国实现了世界上首个核动力航天器子午仪 4A 军用导航卫星成功在轨运行。该卫星使用 RTG 为晶振提供稳定的电源，电功率为 2.6 W，随后的多颗子午仪卫星相继也使用了 RTG。

1965 年 9 月，苏联 Orion-1 和 Orion-2 军事导航卫星使用 RTG，输出功率约为 20 W；在 Lunokhod-1 和 Lunokhod-2 上使用 RHU 为仪器舱加温，热功率为 900 W。

从 20 世纪 60 年代至今，同位素航天器一直用于执行深空探测任务，飞行范围已达到月球、火星、木星、土星、天王星、海王星、冥王星以及太阳系边缘，其中 1977 年发射的旅行者 1/2 号最远飞行距离已达 140 AU（图 2）。

美国阿波罗 11 号在其早期阿波罗科学试验包中使用了 2 个 RHU。1969—1972 年发射的阿波罗 12~17 号飞船上均使用了 RTG（图 3），用于为阿波罗月球表面试验包提供约 50W 的功率。试验包在月面由航天员展开，部署完成后将核燃料插入发电装置中。

---

① 《关于发射载有空间核系统航天器的国家安全总统备忘录》（2019）、《国家航天政策指令：空间核电源与核推进国家战略》（2021）。

图 2　旅行者号

图 3　阿波罗载人登月任务中的 RTG（月面应用）

20 世纪 80 年代，美国研制了通用热源同位素电源（GPHS-RTG），每个 GPHS-RTG 电功率约为 300W。其中通用热源 GPHS 技术定型并沿用至今，后续陆续在伽利略、尤利西斯、卡西尼 – 惠更斯等深空探测器，以及火星探路者、好奇号和毅力号星表巡视器上成功应用。

中国嫦娥三号 / 四号着陆器和巡视器均应用了 RHU，用于着陆器和巡视器在月夜温度的维持（图 4）。嫦娥四号着陆器额外携带了一个约 120 W 热功率的温差同位素电源，成为中国第一颗使用 RTG 的航天器。

3.2　核裂变航天器

目前，全世界范围内在 1965—1988 年共成功发射了 36 颗空间堆电源核动力航天器（表 2），最大输出功率 5 kW，最长运行时间 342 天。1988 年后，未再发射使用空间堆电源的核动力航天器。

表 2　空间堆电源核动力航天器

	SNAP–10A	BUK	TOPAZ
国家	美国	苏联	苏联
首发时间	1965 年	1970 年	1987 年
末次发时间	1965 年	1988 年	1987 年
发射次数	1	33	2
任务类别	试验验证	军事侦察	军事侦察
输出功率	500 W	3 kW	5 kW
在轨寿命	43 天	3 小时至 134 天不等	342 天

1965 年 4 月 3 日，世界上首个使用核反应堆的航天器 SNAPSHOT 由美国发射并成功在轨运行。该航天器电源全部来自 SNAP–10A 反应堆（图 5），设计寿命为 1 年，电功率为 500 W。在轨运行 43 天后，SNAP–10A 反应堆由于航天器供配电系统的高压故障序列执行错误而被停堆。这也是美国唯一一个在轨运行的核动力航天器。

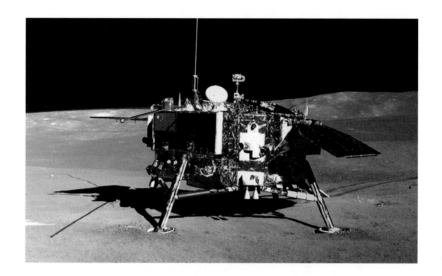

图 4　嫦娥四号着陆器和巡视器

图 5　美国 SNAP-10A 空间堆电源

1970—1988 年，苏联共成功发射了 35 颗使用核反应堆电源系统的 COSMOS 系列卫星，用于雷达型海洋侦察（图 6）。其中 33 颗使用 BUK 型空间堆电源，采用温差发电技术，输出电功率约为 3 kW，最长寿命 135 天；2 颗使用 TOPAZ 型空间堆电源，采用热离子发电技术，输出电功率约为 5kW，效率为 5.5%，最长寿命 342 天。

2002 年，美国国家航空航天局（NASA）开始实施太空核能倡议计划，重点研究大功率空间核反应堆电源及核电推进技术。2004 年启动木星冰卫星轨道器（Jupiter Icy Moon Orbiter，JIMO）探测任务。2006 年，美国重点开展为星表基地供电的星表裂变堆电源（Fission Surface Power，FSP）计划和千瓦级电源（Kilopower）计划（图 7 和图 8）。2018 年 3 月，完成了 10 kW 级 Kilopower 核电源系统样机地面测试工作，计划 2027 年以月球基地为应用背景开展飞行试验。俄罗斯于 2009 年开启了兆瓦级核动力飞船研发计划，目前已完成兆瓦级空间核反应堆电源初步设计、反应堆燃料元件入堆考验以及反应堆本体技术试验工作，计划 2030 年开展在轨飞行演示验证。

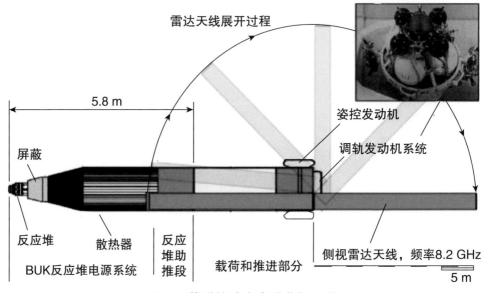

图 6　苏联核动力海洋监视卫星

应用核热推进装置的核动力航天器还未实现在轨应用。美国于 1962 年启动了"核火箭发动机研究"（NERVA）计划，建造和试验了 20 余台核热推进试验反应堆，实现热功率 4000 MW，最大比冲 850 s，最大推力 890 kN。苏联在 1970—1988 年，共进行了 30 余次的原理样机试验，研制的 RD-0410 核热推进装置，比冲 900 s，推力 350 kN。

图 7　美国基于 Kilopower 的月球 / 火星科研站设计

图 8　美国基于 Kilopower 的深空探测器

总体而言，针对地月空间资源开发和深空探测任务，核动力航天器的发展需求迫切。同位素航天器将进入可持续发展时期，RTG 和 RHU 已经过多次飞行验证，技术成熟度高、安全性好，RTG 可以为深空探测任务提供可靠的小功率电源。10 kW 级空间堆电源有望近期实现应用；面向载人火星探测、太空拖船、轨道快速转移和空间安全等任务的迫切需求，MW 级以上大功率核动力航天器、核热推进核动力航天器将成为研发的主要方向。

4 核动力航天器的核安全问题引起高度关注

空间核安全是核动力航天器在轨应用的先决条件。美国与苏联在核动力航天器工程应用中均有失败的案例，尤其是 1978 年苏联的核动力卫星 COSMOS 954 再入大气，带有放射性的残骸碎片散落在加拿大，在引发了较大的政治风波的同时也引起了人们对空间核安全的高度关注。为此联合国外空委科技小组成立了核动力源工作组，促进了空间核安全相关框架性文件的制定与空间核安全技术的发展。

在美国和苏联 / 俄罗斯空间核安全经验的基础上，联合国外空委于 1992 年和 2009 年发布了《关于在外层空间使用核动力源的原则》和《外层空间核动力源应用安全框架》两份指导性文件。两份文件均明确，空间核安全的根本目标是保护地球生物圈中的人与环境，使其免受空间核动力源的应用在有关发射、运行和寿终阶段可能带来的危害。我国通过嫦娥三号、四号两次任务的实施，初步建立了我国的空间核动力源安全管理机制。

由于面临不同的安全性问题，同位素与空间堆的安全性策略有所不同。常用的放射性同位素 238Pu 除辐射危害以外，还有极强的化学毒性，为确保其在火箭发射失败或再入大气过程中不发生扩散，应要求包壳能够在极端的热环境、气动环境、高速撞击条件下保持完整，保证放射性材料密封在包壳内不发生泄漏。空间堆安全要求在入轨前正常及故障工况条件下（再入大气、运载发射失败等）不可出现反应堆意外临界情况，空间堆在足够高的轨道才可启动，在任务结束后，需要有可靠的停堆手段，并最终放置于足够高的轨道[①]。

5　大功率核动力航天器应用需攻关众多关键突破点

由于反应堆电源的使用，核动力航天器在研发过程中急需突破新的关键技术难点，主要体现在以下几个方面：

5.1　大功率高效率空间核电源技术

高功率质量比是深空探测等任务对空间核电源的迫切需求，高效率的热电转换技术是重要的技术解决途径。

高效率可大量节省核燃料和发电及推力器工质，还可同步减少废热，降低堆散热面积以及对质量的需求。目前 RTG 电功率质量比从子午仪的约 2.6 W/kg 提升至 GPHS–RTG 的约 5.1 W/kg；核反应堆电源的热电转换效率从 SNAP–10A 的约 1.6% 提升至 Kilopower 的约 21.5%，热电转换方式也同样从静态转换方式逐渐向动态转换方式以及电磁转换方式发展。提高功率质量比已经成为空间核动力装置发展的主要趋势，提高热电转换效率则是实现功率质量比提高的核心。

---

① 根据1992年12月14日联合国大会第47届会议通过的《关于在外层空间使用核动力源的原则》，足够高的轨道是指："The sufficiently high orbit is one in which the orbital lifetime is long enough to allow for a sufficient decay of the fission products to approximately the activity of the actinides."

5.2 大负载大跨度可伸展桁架结构技术

在使用空间堆电源的核动力航天器中，核辐射屏蔽和热辐射都要求核电源与航天器本体拉开一定距离，形成哑铃型结构，这就迫切需要发展大负载大跨度可伸展桁架结构（图 9）。

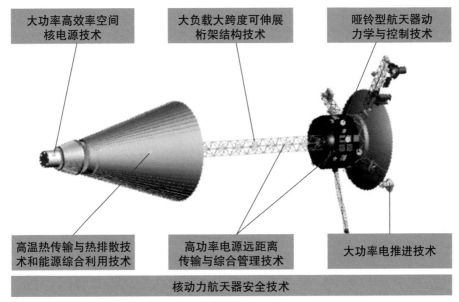

图 9　中国核动力深空探测器概念图

5.3 哑铃型航天器动力学与控制技术

针对核动力航天器哑铃型结构在两个方向上惯量和惯性积较大的特点，迫切需要开展哑铃型航天器动力学与控制技术研究。

5.4 高功率电源远距离传输与综合管理技术

空间堆电源输出电能需通过十几米甚至上百米的桁架杆传输到航天器主体系统，具有输出功率高、功率动态变化范围大、传输距离远的特点，空间堆电源的电源控制与调节等技术也有别于传统的太阳能电源，为保证安全供电和反应堆平稳运行，需要开展高功率电源综合管理与远距离传输技术攻关。

5.5　高温热传输与热排散技术和能源综合利用技术

空间热排散仅有热辐射一种方式。在热控材料选定的情况下，需要排散的废热量越大，所需的散热面积也就越大，不利于对航天器体积和质量的控制。一方面要提高空间核动力装置的发电效率，减少散热量，另一方面也要提高散热系统的散热能力，开展对高温热传输与热排散技术和能源综合利用技术的研究。

5.6　大功率电推进技术

大功率电推进将工质电离加速并高速喷出产生推力，具有高效能、高速度增量、极高比冲（可达 10000 s）、长寿命等特点，可以大幅缩短任务周期、提高有效载荷比。

5.7　核动力航天器安全技术

核动力航天器安全技术包括安全设计和可靠性预计，以及空间核动力安全管理、测试和保障技术，同时涉及航天器设计、生产、试验和在轨管理、在轨弃置过程。

在可靠性设计方面，核动力航天器需要增加涉核部分的可靠性设计，在冗余度和冗余方式上会有新的要求。电子设备的可靠性设计方案还需要增加抗核辐射环境设计。相关可靠性分析设计中都应考虑核安全。

6　未来发展与展望

　　核动力航天器技术是人类开展近地区域精细化探测与利用、迈向更远深空探索的使能型技术。为更有效地实现地月空间的空间资源开发，大功率的"核动力航天器＋空间电推进"技术组合可形成具有更高性能、更低运行成本及更长工作寿命的空间运输系统。此外，核动力航天器也是超大功率载荷在轨应用、行星际空间探测、太阳系全域到达、地外天体长驻基地建设等任务最具技术竞争力的选择，相关技术的突破，将对现有航天事业发展态势产生颠覆性影响，满足探索宇宙和生命起源的需要，促进人类文明的发展。

作者：朱安文，郝晓龙，田岱，庞涪川，孙韶蕾

单位：北京空间飞行器总体设计部

四　面向空间超大型天线结构的在轨增材制造技术

空间天线是航天飞行器的"千里眼"和"顺风耳"，未来空间天线技术发展的一个重要趋势是向大型化方向发展，以满足人类对高性能遥感、天文观测、空间太阳能发电、深空探测等领域的应用需求。

目前，空间大型天线等结构受限于火箭运载包络，主要采用可收拢展开的结构形式，地面收拢后通过火箭运输到空间进行在轨展开，对于百米级甚至千米级的天线，采用目前的构建模式是难以实现的。借助在轨增材制造技术将空间超大型天线的制造过程设置在空间轨道完成，运载火箭只需携带在轨建造天线结构的原材料，无须携带大型的上行结构，则可摆脱建造空间超大型天线遇到的天地运载技术约束，这将有效解决未来空间超大型天线等大型航天装备建设的难题，为空间超大型结构的在轨建设和维护提供有效手段，对推动天文观测、空间太阳能电站等领域技术发展与应用具有重要作用。

增材制造技术为建设空间超大型天线提供新途径

1 空间天线向大型化和高通量发展

空间天线是卫星等航天器收发电磁信号的重要载荷，被称为航天器的"眼睛"和"耳朵"，在移动通信、对地观测、数据中继、微波遥感等领域发挥着至关重要的作用。为了获取地面、深空等微小发射功率的信号，提高信息传输的容量，实现遥感的高分辨率，各类航天器对信号收发能力的要求不断提高，空间天线结构尺寸趋于大型化。天线口径面积越大，天线方向性系数越大，相同损耗情况下，天线的增益就越大，对空间信号的收发能力就越强，从而提高航天器与地面系统的通信传输能力、遥感目标感知能力及对地观测分辨率。大型空间天线的研制涉及多个专业领域，研制难度大，其研制水平目前已经成为衡量各国航天技术水平的标志之一。

在通信和导航领域，移动通信卫星向移动用户提供广覆盖、高质量的话音、短消息和数据服务，依赖于大型星载天线的收发能力。20 世纪 90 年代以来，国际上陆续建成了以美国 GPS、俄罗斯 GLONASS 和欧洲 Galileo 为代表的全球卫星导航系统。2020 年 7 月，我国北斗全球卫星导航系统正式开通，大大提高了危、急、险、灾情况下我国移动通信服务水平。由我国自主研发的北斗全球卫星导航系统高性能构架天线（图 1）为移动信号的传播提供了稳定可靠的收发能力，是实现天地一体化通信保障体系不可或缺的一部分。

在深空探测领域，大型空间天线还为我国探月工程的实施提供了稳定的地月通信。嫦娥四号是人类历史上首次在月球背面着陆的探测器，鹊桥中继卫星是探测器的中继卫星，在嫦娥四号探测器与地面的通信中发挥了桥梁作用。深空探测中难度最大的就是确保远距离数据通信链路的可靠建立，这也是世界各国都在致力于解决的深空探测关键技术。鹊桥中继卫星上架设了一副人类深空探测历史上携带的最大口径的通信天线（图 2），为月背与地面搭建了一条高速通信桥梁，将宝贵的科学数据从太空实时送达地球。

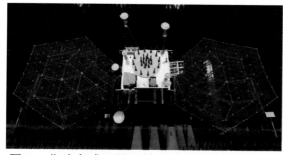 

图 1　北斗全球卫星导航系统高性能构架天线　　图 2　鹊桥中继卫星伞状天线

在国防通信领域，高性能大型天线是军用宽带通信卫星的关键载荷，对系统通信容量的高低有着举足轻重的作用。大型天线能够显著提高信号侦察和分析的能力，可对全球范围通信、雷达、测控、数据链等电子信号实施侦察定位，及时掌握全球电子信号的分布态势及其变化，实现大范围海空目标的及时发现和跟踪。

2 空间大型天线发展历程

2.1 单体自展开式大型天线

受当前天地运载能力的限制，空间天线主要以可展开天线为主，采用"地面收拢—运载发射—在轨展开"的工作模式，包括网状可展开天线、固面可展开天线、充气可展开天线和半刚性可展开天线四种类型。火箭发射时，天线收拢为体积很小的状态，航天器入轨后展开进入工作状态，期间要经历火箭发射过程的振动载荷，还要确保在几百摄氏度温差、真空、空间辐照等太空极端环境下能够可靠展开和正常工作。其中，网状可展开天线是目前国内外研究和应用的主流，由展开结构与机构、网面张拉结构、柔性金属网等部分组成。展开结构与机构实现天线收拢和展开功能，网面张拉结构为柔性金属网提供支撑，柔性金属网则作为天线反射电磁波的主体材料（图 3）。

大型天线是指反射器口径大于或等于 4 m 的天线，需要设计复杂的柔性工作面结构，通常将 20 m 以上的可展开天线称为超大型可展开天线，50 m 以上的称之为极大型可展开天线。由于系统组成复杂、展开可靠性要求高、专业涉及面广，随着天线口径尺寸的增大，其技术难度和复杂度急剧增加。当天线口径增大到一定程度后，单体自展开式天线的设计和研制难度会急剧增加，展开风险也会加大。

2.2 在轨组装天线

采用单体自展开方式的天线结构，可满足一定口径空间天线的需求，但是对于空间科学观测、太阳能电站和大型军事系统等空间任务，往往需要天线口径达到百米级，甚至是千米级。单一模块形式天线已无法满足这种需求，结合空间站和在轨维护技术的快速发展，使得进行在轨建造空间天线的研究变得非常必要和可行。

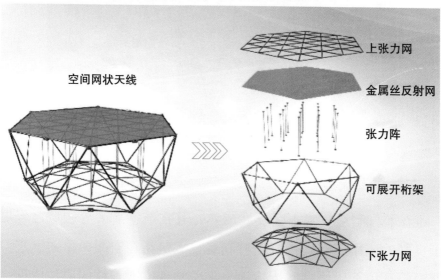

图 3　网状可展开天线及其构成

对于口径百米量级的天线，通过分批次可展开天线模块，进行有人或者机械臂参与的在轨组装是较为可行的方案。在轨组装天线由多个模块单元组装而成，每个模块的结构近似，可组装成不同口径大小的天线，在天线模块设计完成后，天线的口径只依赖于模块数量的多少（图 4）。

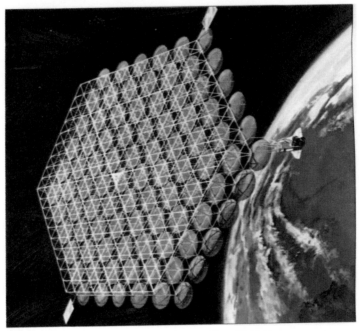

图 4　空间组装式天线总体结构

2.3　在轨建造天线

随着增材制造技术不断发展成熟，其在航空航天等领域已经展现出了良好的应用前景。在轨增材制造技术是指在空间微重力、真空、高低温等环境下以增材制造技术为手段实现空间构件的原位成形，该技术工艺简单、材料利用率高、制造速度快，非常适用于受成本约束显著、加工需求多样的系统产品的制造。

在轨增材制造技术已成为实现大型空间天线在轨制造的首选方案，将在轨增材制造技术应用于大型天线的在轨制造不仅能解决整流罩容积限制天线自身质量及体积的问题，天线也不再需要承受火箭发射时振动载荷带来的环境应力，避免了发射过程中的风险，其结构也可以大大简化，同时能够摆脱就地制造的尺寸约束，天线尺度可达百米甚至千米级别。

国际航天强国均针对空间大型结构在轨增材制造技术开展了相关研究探索。美国国家航空航天局（NASA）采用太空蛛网增材制造机器人（SpiderFab）技术为外太空大型结构在轨制造提供了解决方案，SpiderFab技术使飞船能够在飞行轨道上借助增材制造技术和机器人，在太空建造大型结构，例如，大型空间天线、太阳能电池板、花朵型遮星板、传感器桅杆、轨道侧支索等（图5）。

图5　SpiderFab技术应用于舱外太空制造系统项目的设计图

欧洲空间局（ESA）采用增材制造技术制备的第一个卫星结构件已于2011年进入太空，2016年，ESA向国际空间站输送了一台空间在轨3D打印机，用于太空环境下的初步测试（图6）。

图 6　ESA 第一台空间在轨 3D 打印机

中国航天科技集团有限公司与西安交通大学围绕 3D 打印装备、原材料等的空间适用性开展了系统研究，并针对空间在轨 3D 打印技术，开展了微重力对 3D 打印工艺影响效应的地面试验。2020 年 5 月 7 日，长征 5B 号运载火箭搭载着中国航天科技集团有限公司和西安交通大学研制的"复合材料空间在轨 3D 打印系统"，实现了我国首次太空 3D 打印，这也是全球首次使用连续纤维增强复合材料的空间在轨 3D 打印（图 7）。

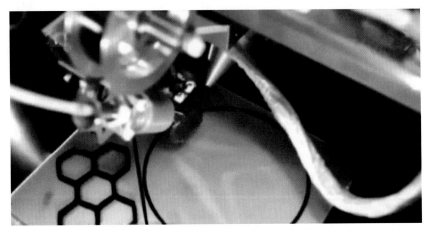

图 7　我国首次空间在轨 3D 打印

3　实现空间超大型天线结构在轨制造的问题与挑战

3.1　空间在轨建造机器人技术

超大型空间天线的在轨建造任务繁重，难度系数高。NASA 曾提出由航天员辅助在轨建造空间超大型天线的方案，实践证明空间极端环境下的在轨建造是对航天员身体素质的极端考验，由航天员主导完成百米甚至千米量级天线的在轨建造远远超出航天员的身体负荷，是难以实现的。未来由空间在轨建造机器人主导，航天员辅助完成复杂精密的关键动作，是建造空间超大型天线的可行方案。

机械臂是当前在轨建造中使用最多的机器人装备，德国、日本、加拿大、美国、俄罗斯、中国都已开展并进行了相关技术研究，机器人的主要形式经历了从单机械臂到双机械臂到目前多机械臂的发展过程（图 8），任务形式也从在轨捕获、在轨维修，发展到在轨组装和在轨制造。

图 8　国际空间站"加拿大臂"

2021 年 4 月我国自主研制的空间机械臂随着天和核心舱一起进入太空预定轨道。我国载人航天空间站配备核心舱和实验舱机械臂两套机器人系统，其中，核心舱机械臂是空间站组装、建造以及航天员舱外操作的重要装备（图 9）。

图 9　中国载人航天空间站机械臂

3.2　在轨长周期高精度测量技术

为确保天线在轨可靠稳定，传统的可展开天线在发射前需要进行多次的测量与分析。对于在轨建造的空间超大型天线，面临着空间高低温、高真空等恶劣环境的考验，如何实现空间超大型天线在轨建造过程的高精度测量是提高天线反射面几何精度和保证天线在轨可靠工作的关键问题。考虑到在轨建造环境和空间超大型天线的尺度，不适宜采用接触式测量的方法，参考宇航领域的测量手段，摄影测量系统具有在轨测量的显著优势。摄影测量是从相机获取被测目标的光学图像信息出发，经过图像处理计算得到被测目标三维空间坐标的一门技术。工业摄影测量系统通常由至少两台高分辨率相机对被测物同时拍摄照片，经过计算机数字图像处理、影像匹配、三角测量平差等一系列数据处理后得到被测物的空间三维坐标。工业摄影测量技术具有高精度、非接触、快速高效、环境适应能力强等特点，目前已在国内外航空航天领域的研制与生产中广泛应用。

3.3　天地一致性等效原理与地面试验技术

太空中的失重环境与地面环境相比有很大不同，航天员在太空中很难控制行动，许多在地面认为合理的设计，在空间中未必合理。因此，对于在轨建造的空间结构，为了确保在轨建造的成功实施，必须在设计阶段通过地面模拟试验对结构的合理性和在轨建造可行性进行验证。

目前空间结构天地一体化验证的试验技术主要有 3 种：机动实验室、交会对接模拟器以及中性浮力水池（图 10）。机动实验室由一个 5 自由度的遥控操控装置构成，整个遥控操控装置安放在一个暗室内，在装置的周围采用光照模拟太空环境。遥控操控装置的操作对象放置在一个空气轴承上，通过控制器根据模拟参数对操作对象进行操纵，可以用来进行大尺寸空间结构的建造与模拟实验。交会对接模拟器与机动实验室的操作类似，操作者通过计算机对大型空间结构进行控制，试验应用的是大型空间结构的缩比模型，通过计算机可以随时改变控制系统的性能。中性浮力水池是当前实现微重力模拟的主要手段，水池中应包括水下声音和视觉管理系统，还包括数据采集与记录、水下照明以及用于保证高逼真度要求的特殊水下气动和电动设备。中性浮力模拟试验提供了一种有效并且真实的模拟试验手段，可以为模拟空间建造提供具体的试验方案。当前天地等效试验主要面向的是小尺度空间结构的试验平台，对于百米级的空间天线、空间太阳能电站等结构，还需要研究专用的天地一致性等效原理地面试验技术。

图 10　航天员在浮力水池中模拟安装航天器模块单元

3.4 空间在轨增材制造技术

　　空间在轨增材制造技术是指在空间环境下，利用在轨飞行器自身携带的设备，由计算机控制将材料按照 CAD 数据逐层累积制造空间零部件的一体化成型技术，相对于传统材料的去除技术，是一种"自下而上"材料累积的制造方法。虽然当前地面环境下的增材制造技术已经逐渐发展成熟，并在航空航天等领域有所应用，但与地面环境不同，空间在轨增材制造技术面临空间高真空、高低温、微重力、强辐射等环境的影响，这对原材料、成型工艺、在轨制造装备等方面都提出了新的要求，需要进一步的探索和创新，以更好地适用于在轨增材制造技术。

4　未来发展与展望

随着我国在轨任务需求的增长和规模的扩大，在可以预见的未来会有更多且更大的空间系统在轨运行，如空间超大型天线、大口径空间望远镜、空间太阳能电站等。结合在轨增材制造技术，开展以空间超大型天线等为代表的大型空间结构在轨直接制造技术新模式的预先研究，实现大型空间结构以紧凑和耐用的胚胎状态发射升空，在太空中部署打印，并采用自动化装配技术形成庞大的大型空间结构，可以支撑未来我国大型遥感卫星、大型空间望远镜、空间太阳能电站、大型天基基础设施等重大太空计划实施，同时，还可以有效支撑我国空间站、空间停泊基地等千米级尺度巨型空间结构的建设。

作者：马小飞，林坤阳，李洋

单位：中国空间技术研究院西安分院

五　空间碎片清除中的核心技术

　　空间碎片是指人类在太空活动中产生的废弃物及其衍生物，是空间环境的主要污染源。轨道上日益增多的空间碎片必将影响和威胁人类对空间资源的可持续利用，空间碎片是当前及未来航天任务必须面对的重要问题。

　　面对当前空间碎片密度快速上升、碰撞风险日益加剧的趋势，现有的钝化、系留等减缓措施效果有限，主动清除是空间碎片环境治理的必然选择。对于低轨碎片，使其降轨再入和销毁；对于高轨碎片，使其升轨进入弃置轨道。由于空间碎片具有结构与形状各异、尺寸及质量大小不一、运动不规则等特性，对其施加稳定的作用力，具有相当的难度。目前，国内外针对空间碎片清除，发展了多种技术手段，主要包括激光推移、充气增阻、电动力缆绳增阻、机械臂抓捕、柔性绳网抓捕等，但上述手段距离真正工程应用尚有一段距离，还需要解决相应的关键难点问题。

发展主动清除技术　有效应对空间碎片环境急剧恶化新挑战

1　空间碎片环境及其危害

联合国和平利用外层空间委员会（United Nations Committee on the Peaceful Uses of Outer Space，COPUOS）和机构间空间碎片协调委员会（Inter-Agency Space Debris Coordination Committee，IADC）对空间碎片的定义是：地球轨道上的或再入大气层的无功能人造物体，包括其残块和组件。

由于利用空间对经济社会、国家安全、科技进步等方面的显著推动作用，越来越多的国家参与发展航天事业。迄今，已有 10 余个国家和机构有能力进行航天发射活动，超过 60 个国家和实体在从事航天器运营活动，这些活动产生了数量众多的太空垃圾，形成了唯一一个人为的外层空间环境——空间碎片环境，图 1 给出了空间碎片的演化过程。

空间碎片主要来源包括：1）遗弃的航天器和运载火箭残骸。自 1957 年以来，全世界共进行了 6220 余次航天发射，将 13320 余个航天器送入地球轨道，目前仍在轨的航天器数量约 8580 个，其中仍有效服役的航天器约 6000 个，剩余航天器则因丧失功能变成了轨道垃圾。2）航天器爆炸和碰撞解体碎片。经欧洲空间局（ESA）估计，迄今为止，导致碎片产生的解体、爆炸、撞击或其他异常事件超过 630 次，产生的碎片数量占碎片总量的 50% 以上。3）在轨操作产生碎片。如"一箭多星"发射时的卫星支架、航天员的生活垃圾和丢失的工具包、相机及望远镜镜头盖等。图 2 给出了空间碎片来源和比例。

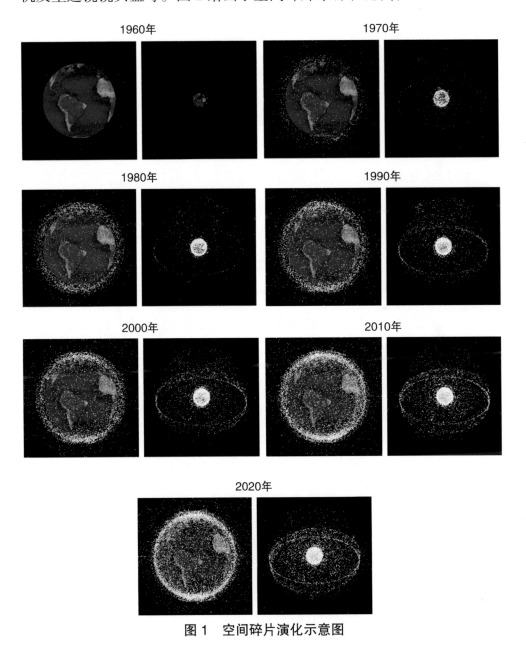

图 1 空间碎片演化示意图

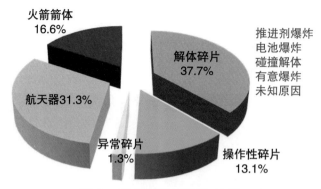

图 2　空间碎片来源和比例

据 ESA 统计数据，截止到 2022 年 7 月 11 日，近地空间物体总质量超过了 10000 t，尺度在 10 cm 以上的空间物体数量已达 36500 余个；尺度在 1~10 cm 的碎片数量约为 100 万个；尺度在 1~10 mm 的碎片数量约为 1.3 亿个，1 mm 以下的碎片数量数以百亿计。

据统计，在 2000 km 高度以下的低地球轨道（LEO）、约 20000 km 高度的中地球轨道（MEO）和约 36000 km 高度的地球同步轨道（GSO）区域有 3 个明显数量峰值，这正是人类航天活动的密集区。其分布特性如图 3 所示。

其中，LEO 区域的空间碎片在轨道高度 800km 附近有最大的分布密度，如图 4 所示。

在人类使用最频繁的 LEO 上，碎片运行速度为 7.9 km/s（第一宇宙速度），它们与航天器发生超高速撞击，其相对撞击速度范围在 0~15 km/s，平均撞击速度为 10 km/s。空间碎片撞击产生的极高压强超过航天器材料屈服强度的数十到数百倍，会穿透航天器表面，并形成大面积的高速碎片云，破坏内部的器件和系统。小于 1 mm 的碎片可对卫星外部设备和蜂窝板中的预埋件（如电缆、数据线、热控管路等）造成直接损伤；厘米级碎片可引起卫星部组件、分系统甚至整星功能

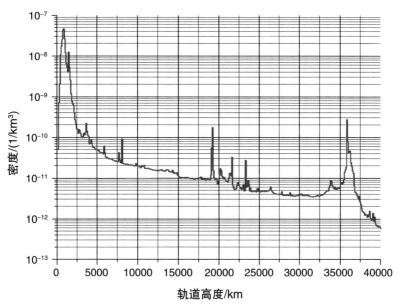

图 3 空间碎片分布特性

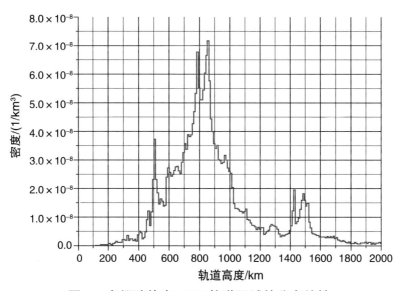

图 4 空间碎片在 LEO 轨道区域的分布特性

损失或失效；分米级碎片可引起卫星部组件、分系统、整星功能损失，乃至卫星爆炸、解体、彻底失效；米级以上碎片将导致卫星爆炸、解体、彻底失效。

2 空间碎片主动清除势在必行

2.1 空间碎片数量急剧增长

近年来，空间碎片数量激增，空间环境加速恶化。据统计，从2005—2015 年，厘米级空间碎片实际年增长率达 15%。根据美国空间碎片研究之父 Kessler 的研究结果，按照目前的碎片增长速度估算，70 年后在 LEO 区域碎片密度将达到发生碎片链式撞击效应（Kessler 灾难）的临界值，如图 5 所示。

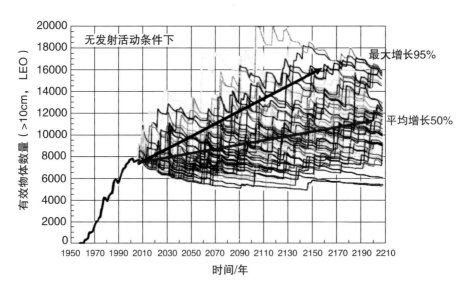

图 5　无发射条件下 LEO 区域 10cm 以上碎片数量增长预测

2.2　微纳卫星及巨型星座的发展大大加速了空间碎片环境的恶化

近年来 SpaceX、OneWeb、亚马逊等公司都提出了巨型星座计划。这些计划包括几百到几万颗星不等，SpaceX 的"星链计划"以其"一箭 60 星"的部署速度轰动全球，计划完成后可能形成一个由 4.2 万颗星组成的庞大网络，截至目前已发射 3162 颗，将对空间环境造成完全超出预期的影响。据有关部门分析，"星链"计划实施以来，我国低轨典型卫星发射窗口被压缩 30%。随着"星链"等巨型星座的快速实施，Kessler 灾难可能提前发生。

2.3　碰撞风险不断攀升

据 ESA 估算，引起失效或丧失部分功能的碰撞次数从 2015 年的每年 2 次将增长到 2075 年的每年 10 次，2100 年内每年的碰撞次数增长 12% 以上，如图 6 所示。我国在轨卫星碰撞红色预警（碰撞概率大于 10^{-4} 且交会距离小于 1 km）次数 5 年来上升了 1 倍。2021 年 7 月 1 日、10 月 21 日，我国空间站为了避免与星链 −1095 和星链 −2305 的碰撞风险，采取了两次紧急轨道机动。

2.4　主动清除势在必行

为有效遏制空间碎片环境不断恶化的现状，IADC 于 2002 年发布了《空间碎片减缓指南》，并要求各国采取钝化、系留、垃圾轨道和重复利用等四种任务后处置（Post-Mission Disposal，PMD）减缓措施。然而，现有碎片减缓措施只能在一定程度上减缓增长速度，不能扭转空间碎片总量继续增长的整体趋势。

空间碎片之间的相互碰撞已成为未来碎片数量增长的主要因素，因此，只有采取主动清除措施，清除影响比较大的现有在轨碎片，以阻止新碎片的产生，才能从根本上遏制空间碎片的增长趋势，进而改善空间碎片环境（图 7）。

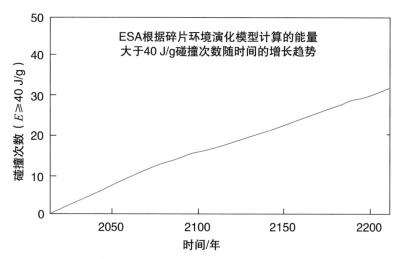

图 6　引起失效或丧失部分功能的碰撞次数增长预测

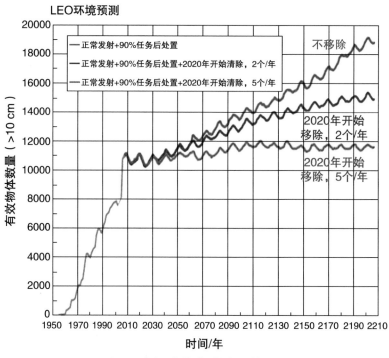

图 7　空间碎片主动清除效果图

3 空间碎片清除技术及难点

空间碎片具有以下特点：1）结构与形状各异（不规则）；2）尺寸、质量大小不一（尺寸从微米量级到米级，质量从毫克量级到吨级）；3）运动状态不确定（自旋、章动）。要实现空间碎片清除任务，必须首先突破相关的核心技术。

目前，国内外针对空间碎片清除，发展了多种技术手段，主要包括推移离轨、增阻离轨和抓捕离轨三类，如图 8 所示。

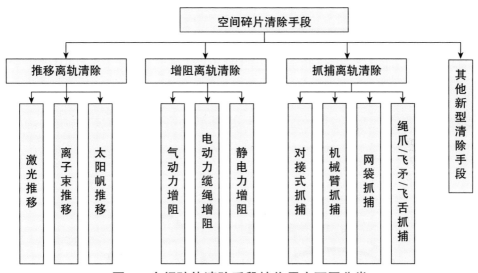

图 8 空间碎片清除手段按作用力不同分类

推移离轨利用激光、离子束、太阳辐射等能量束作用于空间碎片时的力现象，在碎片运动过程中施加特定力的作用，使其离开原来的轨道，达到清除的目的，主要包括激光推移、离子束推移和太阳帆推移等。增阻离轨通过增加碎片的飞行阻力，降低碎片轨道高度，进而缩短碎片轨道寿命，使其在规定的时间内离轨再入大气，主要包括气动力增阻离轨（如泡沫膨胀增阻离轨、充气装置增阻离轨）、电动力缆绳增阻离轨、静电力增阻离轨等。抓捕清除通过任务飞行器与空间碎片直接物理接触的方式来清除碎片，主要包括以机械臂为代表的刚性抓捕手段和以绳网为代表的柔性抓捕手段。

从清除对象、清除时效性及技术成熟度等方面对各种空间碎片清除手段进行比较分析可知，当前可行的清除手段主要包括激光推移、气动力增阻、电动力缆绳增阻、机械臂抓捕、柔性绳网抓捕等。但上述清除手段要真正应用于工程，还需要解决相应的关键难点问题。

3.1 激光清除

激光清除一般分为烧毁和激光推移两种方法。烧毁是利用激光的高能特性，通过大功率连续激光照射碎片，使其温度短时间内急剧升高，直至熔化和气化，以达到碎片清除的目的；激光推移则是采用高能脉冲激光束照射碎片表面，产生类似于火箭推进的"热物质射流"，从而改变其轨道。由于直接烧毁碎片要求能量过大，激光推移清除方式更具工程可行性（图 9）。激光清除适用于厘米级小碎片。

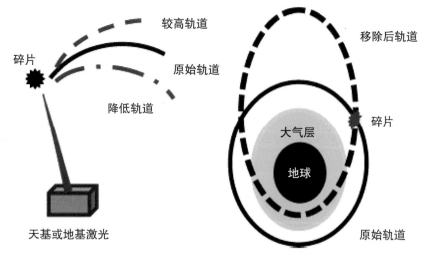

图 9　激光推移离轨原理示意图

其需要解决的关键难点问题主要如下：

1）高功率激光器技术。要求其具有高光束质量、大功率、高稳定性等特点。天基清除还必须考虑系统的体积、质量、功耗及空间环境适应性等。

2）捕获跟踪瞄准技术。需要能够稳定捕获、跟踪、瞄准并将激光束精确地发送到数百千米之外的空间碎片上，要求捕获跟踪控制精度达到微弧度甚至更小。

3）激光与物质作用效能分析。激光与物质作用效能的高低取决于激光与碎片作用的冲量耦合系数，如何选取最优的参数配置，是一项非常复杂且重要的工作。

3.2　气动增阻清除

气动增阻清除法依赖于碎片所受的大气阻力。空间碎片依靠自身受到的大气阻力进行自然陨落的时间极长，但若在其表面附着充气或其他机构展开的球或帆，极大增强其面质比，则可以显著增加碎片受到的大气阻力，使其快速再入大气销毁（图10）。气动增阻清除适用于LEO碎片清除。

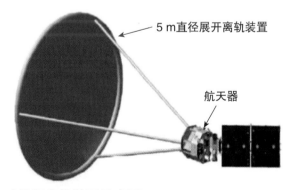

5 m直径展开离轨装置

航天器

图10　气动增阻离轨装置示意图

其需要解决的关键难点问题主要如下：

1）柔性展开材料技术。要求其具有轻质、柔性、耐高温、抗辐射、气密性好和易刚化等特点。

2）大柔性结构折叠 / 展开技术。旨在尽可能地减小柔性展开式结构在发射过程中所占用的体积，另一方面则是保证柔性展开式结构在空间稳定可靠地展开，包括结构包装的方式和展开方式的选择等。

3.3 电动力缆绳增阻清除

将导电缆绳附着在空间碎片上，以轨道速度在地磁场中运动，导电缆绳快速切割磁力线产生洛伦兹力，而洛伦兹力的方向与运动速度方向相反，从而使碎片降轨，最终再入大气层销毁（图 11）。电动力缆绳增阻清除适用于 LEO 碎片清除。

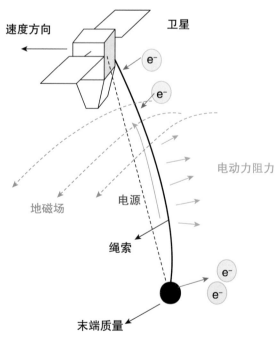

图 11　电动力缆绳增阻离轨示意图

其需要解决的关键难点问题主要如下：

1）缆绳材料的选择与空间耐受性分析。主要取决于材料是否有相对较低的电阻率和较小的密度，实际应用中还要考虑成本、强度、熔点以及空间环境适应性等问题。

2）缆绳展开机构技术。需要设计一种弹射机构，使初始处于卷绕状态的缆绳以一定的速度完全展开，并确保展开过程的有序与可靠。

3）空间环境电荷收集技术。电动力缆绳的电荷收集能力，尤其是在带电粒子浓度较低区域运行时的电荷收集能力，直接影响着系统的离轨效率。

3.4　机械臂抓捕清除

机械臂通过末端执行机构，抓捕碎片的特定部位（如喷管、对接环、连接螺栓等），进而拖动碎片离轨（图 12）。由于抓持机构的专用特征，导致其可抓捕的碎片类型受限。机械臂抓捕清除按机械臂数量可分为单机械臂抓捕和多机械臂抓捕两类。

图 12　机械臂抓捕清除示意图

其需要解决的关键难点问题主要如下：

1）空间碎片目标特性测量建模技术。对空间碎片实施超近距离接触式操作，首先必须解决目标特性测量和运动状态确定问题，获取碎片的大小、整体特征等信息，并进一步确定其旋转角速度、转轴指向、章动幅度等运动参数。

2）强适应性末端抓捕机构技术。设计专用的碎片抓捕末端执行机构，可适用于不规则形状物体抓捕、发动机喉管捕获、对接框捕获等。

3）空间碎片主动消旋技术。对于大质量/惯量的空间碎片，当旋转/翻滚速度很快时，直接抓捕会产生较大的力和力矩冲击，需要在短时间内迁移的动量/能量非常大，甚至可能造成操作机构和任务平台损毁，因此必须首先对空间碎片进行主动消旋。

3.5 柔性绳网抓捕清除

柔性绳网是一种针对空间碎片清除的新型手段（图 13）。在与空间碎片保持一定飞行距离的情况下，展开一张由柔性绳编织的大网，以空间覆盖的方式进行抓捕，可提高空间碎片抓捕的安全性和可靠性；抓捕目标后，通过软绳拖动目标离轨，实现清除。由于不需要考虑特定的抓捕位置，可适用于不同形状、尺寸的碎片抓捕。

其需要解决的关键难点问题主要如下：

1）柔性绳网动力学技术。空间绳网系统具有极度柔软、极易出现变形、松弛与缠绕的特点，属于典型的非线性动力学系统，是动力学仿真的一个难题，目前国内外多采用弹簧–集中质量法或有限段等简化动力学模型，需要研究高精度、高效率绳网动力学建模方法。

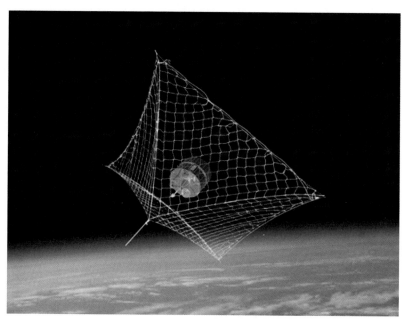

图 13　柔性绳网抓捕清除示意图

2）大型柔性绳网收贮与防缠绕技术。与地面网体不同，空间绳网在设计上有着轻质、高强度、高展收比和高易展性要求，需要选择空间环境适应性强的材料，研究合理的绳网编制工艺与打结方式，设计可靠的折叠封贮方案，避免绳网压缩后的网目之间出现纠缠与穿透现象，确保发射展开过程无缠绕。

3）绳系组合体轨道机动与控制技术。柔性绳网抓捕碎片后，通过连接两者的系绳构成了单边约束的多体系统，其运动规律较为复杂，需要建立柔性复杂组合体的姿态和轨道动力学模型，充分考虑拖曳过程中组合体章动、绳系系统的面内外摆动、组合体姿态运动与轨道运动的强耦合以及碎片自身运动的干扰等问题。

4 未来发展与展望

综合多种空间碎片清除手段的技术特点、研究现状和后续发展前景，对我国空间碎片清除未来发展提出如下建议。

4.1 大力开展抓捕离轨/激光推移离轨等空间碎片清除技术研究，研制空间碎片清除航天器

在空间碎片清除技术中，柔性绳网清除技术适用于全轨道大、中型空间碎片清除，清除周期短、应用效能高，且已完成关键技术攻关，是空间碎片清除的首选手段。机械臂清除技术适用于全轨道不同尺寸碎片目标，且技术发展成熟，易于工程实现，其空间碎片清除工程化应用可以大力推动在轨精细操作技术发展，从而进一步提高在轨服务技术能力，是空间碎片清除的优选手段。激光推移离轨技术尚处于关键技术研究阶段，技术成熟度相对较低，但其在轨应用效费比高，是极具潜力的碎片清除手段。

4.2 发展航天器自主离轨通用化产品，通过气动力、电磁力等离轨手段使航天器在寿命末期自主变轨清除

IADC 于 2002 年发布的《空间碎片减缓指南》中，明确规定 LEO 区域航天器在轨寿命不得超过 25 年，25 年后必须主动进入大气层烧毁。未来型号研制增加自主离轨设计将是大势所趋。

在自主离轨技术中，气动增阻及电动力缆绳增阻技术适用于低轨大型碎片清除，部分技术已完成在轨验证，技术成熟度较高，1 kg 的气动载荷即可使质量 120 kg、轨道高度 600 km 的卫星在 1 年内降轨再入，效费比较高，是后续低轨卫星寿末自主离轨的优选手段。

4.3　三步走的发展策略

第一步，突破机械臂抓捕与柔性绳网抓捕核心关键技术，完成针对高轨废弃卫星的清除试验。

第二步，突破天基激光推移和气动增阻 / 电动力缆绳增阻离轨技术，开展危险碎片清除试验，具备对厘米级碎片清除能力和航天器自主离轨能力。

第三步，构建较为完善的高低轨碎片清除系统，发展多种碎片清除技术手段，形成业务化碎片清除能力。

作者：刘永健，刘华伟，刘育强，高振良，谭春林

单位：中国空间技术研究院总体设计部

六 基于深度强化学习的空间操控技术

空间机器人在陌生、恶劣的太空环境下完成各种空间操作，需要具备更强的自主能力。自主学习是使其能够根据环境或任务的变化不断调整自己，有效应对复杂多变的非结构化环境和各种突发性事件的重要途径。近年来，深度强化学习技术的迅猛发展为设计类人的、具备自主学习能力的机器人提供了一条可行的技术渠道。

沿着这条渠道发展下去，将大大改变空间操作领域的发展模式。由原有的在设计阶段通过人工编程实现空间机器人各项功能，转变为赋予其通用的学习能力，令其在各种环境下自主训练以习得具体技能。通过天地数据共享，构建地面训练为主、空间适应为辅的"天地联合一体化"的"学习－训练"体系，依托该体系，单个航天器以及航天器集群将具备更加强大的自主和协同能力，对未来在轨服务和深空探测具有深远影响。

更加智能的空间机器人离我们已经不远

1 空间操作是人类空间活动的重要内容

空间操作是指航天器为完成空间规定动作或任务而从事的在轨活动，包括在轨服务、空间拦截、空间规避等，是一种任务主导的在轨活动。航天器在轨服务是众多空间操作中最具有研究价值的方向之一，它是指在空间通过人、机器人或两者协同完成涉及延长各种航天器寿命、提升执行任务能力、降低费用和风险的一类空间操作。在轨服务涉及许多与任务相关的操作，其种类庞杂，对在轨服务的任务进行分析和划分，可将在轨服务分为在轨装配、在轨维护和后勤支持三类。在轨装配包括航天器级的组装、零部件组装和在轨制造等几个层级，对于大型机构的在轨应用具有重要意义；在轨维护包括预防性维护、纠正性维护和升级性维护等，对于在轨排故和模块的增加与更换很重要；后勤支持包括消耗品的更换、气液加注、轨道清理、轨道转移和在轨发射等，为空间系统正常运行和能力扩展所需的后勤和补给提供支持和保障。发展在轨服务与维护系统，对于提高空间资产使用效益，缓解日益拥挤的太空轨道压力，保障空间飞行器在轨安全可靠运行意义重大（图 1）。

图 1　典型在轨服务示意图

2　空间操作亟须智能化操控技术

在过去的 50 多年里，围绕在轨服务操作，世界各航天大国陆续进行了一系列探索性尝试，表 1 梳理了从 1997 年到 2011 年以来国外重要的在轨操作演示验证项目。

表 1　世界主要航天大国在轨操作演示验证项目

任务	发射日期 / 年	目标	目标合作情况	测量设备
ETS–7（日本）	1997	已验证自主交会对接	√ 有合作：抓捕机构，差分 GPS，反射器	差分 GPS、激光雷达、可见光相机
XSS–10（美国）	2003	已验证自主绕飞与成像	× 无合作：未执行抓捕	可见光相机

续表

任务	发射日期/年	目标	目标合作情况	测量设备
XSS-11 （美国） 	2005	实时验证交会与超近距离操作	× 无 合 作：未执行抓捕	激光雷达和可见光相机
DART （美国） 	2005	设想验证超近距离操作、但因与目标相撞而失利	× 无 合 作：差分 GPS，反射器	差分 GPS 和 AVGS
MiTEx （美国） 	2006	验证静止轨道自主交会伴飞	× 无 合 作：未执行抓捕	可见光相机
Orbital Express （美国） 	2007	验证超近距离自主操作、抓捕和在轨服务	√ 有 合 作：抓捕机构，差分 GPS，反射器	远距离：可见光、红外相机和激光测距仪。近距离：AVGS
ATV （欧盟） 	2007	为空间站提供自主供给服务	√ 有 合 作：抓捕机构，差分 GPS，反射器	差分 GPS、可见光相机和差分 GPS
HTV （日本） 	2007	为空间站提供自主供给服务	√ 有 合 作：抓捕机构，差分 GPS，反射器	差分 GPS 和激光雷达

续表

任务	发射日期 / 年	目标	目标合作情况	测量设备
OLEV （欧盟） 	2008	为静止轨道卫星延长寿命提供交会和抓捕服务	√ 有 合 作： 抓捕机构	可见光相机和激光测距仪
TECSAS （欧盟） 	2009	验证超近距离自主操作、抓捕和在轨服务	√ 有 合 作： 抓捕机构	
SUMO （美国） 	2011	验证 GEO 卫星轨道修正的自主交会、抓捕	× 无 合 作： 完全自主抓捕	主动激光双目立体测量相机

　　随着航天技术的发展和对航天任务需求的提升，在轨服务对多任务和机器人自主能力的要求也不断提高。近年来，国外代表性的计划项目有凤凰（Phoenix）计划，蜘蛛制造（SpiderFab）计划，建筑师（Archinaut）计划，地球同步轨道卫星机器人服务（Robotic Servicing of Geosynchronous Satellites，RSGS）项目，机器人组装模块化空间望远镜（Robotically Assembled Modular Space Telescope，RAMST）计划等。在 Phoenix 计划中，在"非事先设计"的场景下采用遥操作模式，在"事先设计"的场景下采用自主操作模式，由操作员给出进行或停止指令，机器人严格按照时序自主完成任务；在 SpiderFab 计划中，采用遥操作和全自主模式控制一个 7 自由度的机械臂完成装配任务；在 Archinaut

计划中，验证了无航天员出舱活动情况下的国际空间站自主制造组装技术；在 RSGS 项目中，服务航天器上的灵巧机械臂 FREND 将在 3 个自主层级下开展在轨检查、维修、故障重定位和升级等多项任务；在 RAMST 计划中，将采用地球轨道人员监控和全自主两种模式，控制机器人完成桁架模块、镜片模块等在轨装配任务。

从上述已经完成的在轨验证项目和即将开展的研究计划可以看出，空间操作的发展具备以下特点：1）任务难度不断加大；2）操作环境变得更加开放和不确定；3）机器人自主性要求逐步提高。最终我们需要机器人在一个完全非结构化的环境，面对一个高动态目标，实施一系列复杂的精细化操作任务。然而，目前传统的机器人技术建立在确定性环境和精确模型的假设之上，无法满足上述要求。因此，必须发展新的技术，使空间机器人具备与不确定的环境进行主动交互的能力，能够基于不完全和不确定的知识进行感知、决策、规划和控制。而将人工智能与空间操作相结合，赋予机器人自主学习能力是使其灵活应对复杂多变环境的重要手段。

3 深度强化学习为机器人提供了新的发展契机

20 世纪中期，得益于优化理论和最优控制的发展，动态规划为学习控制设定了早期的研究框架。学习控制已成为控制、优化与机器学习的综合交叉。而基于学习的机器人操作技术，是学习控制方法在机器人领域的重要应用，主要包括：迭代学习、懒惰学习、强化学习等。其中，强化学习与人类行为、决策具有一定的相似性：主体与环境形成闭环的交互，通过反复试验和优化，学习并输出最优动作序列的策略，使累积奖励最大化。强化学习基本原理如图 2 所示。

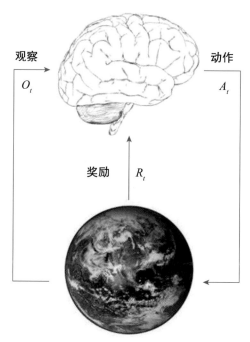

图 2　强化学习基本原理

　　自 2015 年以来，随着深度学习的出现，深度强化学习将深度学习和强化学习结合起来，实现了把自然环境高维信息直接用于控制的目标，机器人实现从感知到控制（端到端）一体化学习，具备了构建复杂智能体的潜力。近几年来，涌现了 DQN（Deep Q-Network）、DDPG（Deep Deterministic Policy Gradient）、TRPO（Trust Region Policy Optimization）、PPO（Proximal Policy Optimization）、SQL（Soft Q Learning）等基于价值和策略梯度的各种方法，以及以 MAML（Model-Agnostic Meta-Learning）为代表的元学习和 GAIL（Generative Adversarial Imitation Learning）为代表的模仿学习等一系列重大进展。

　　除了在 Atari 视频游戏中达到人类水平、在围棋对弈中击败顶级人类选手外，深度强化学习技术也大大推动了机器人技术的发展，使得训练一个像人一样的机器人成为可能。X. B. Peng 等通过模仿学习（直接模仿 Youtube 视频人物的动作），训练智能体学会了翻跟斗、前空翻、鲤鱼打挺等高难度动作（图 3）。

图 3　DEEPMIMIC 效果图

在空间操作领域，解永春、王勇等以深度强化学习为技术框架，研发了具备"自主学习、自主感知、自主规划"能力的空间机器人自主控制系统和"虚拟环境训练—物理环境部署"的一体化学习训练平台，使机器人对非合作目标、动态不确定环境具备由"图像"到"动作"（端到端）的感知 – 决策 – 控制一体化实时响应能力，并通过在轨推进剂补加地面试验系统进行技术验证，如图 4 所示。

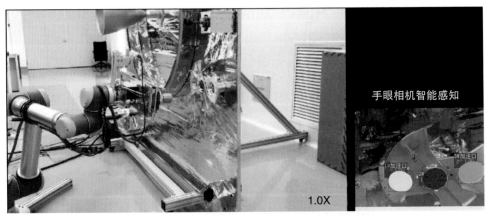

图 4　在轨加注端到端操作地面演示试验

对于更加复杂的操作策略，M. Andrychowicz 等利用 PPO 算法，实现了多指灵巧手翻转立方块（图 5）。系统由姿态估计网络和策略网络构成，前者利用三个视角下的 RGB 图像，预测立方块姿态；后者利用预测姿态和灵巧手的关节测量信息，输出关节控制电压。尽管这项工作并未引入人工示教，但最终结果呈现出诸多类人特性，如利用重力操控以及多指协调等。

图 5　多指灵巧手自主训练

为了实现像人一样强大的迁移学习能力，研究者们提出了元学习的概念。元学习也被称为学习如何学习，是一门系统地观察机器学习方法在多种学习任务上的性能差异，学习这些经验（元数据）并快速适应新任务的科学。C. Finn 等提出的 MAML 是这类方法的代表性工作，其核心思想是先在原任务集上学习好参数初始化，面对不同的新任务，做相应的优化更新。

为了解决更加复杂的、长序列的操作任务，研究者采用分层强化学习的方法，首先把复杂的操作过程分解成基本操作技能或动作基元，然后训练上层策略把这些操作技能有序地组织起来。DeepMind 公司最新的研究成果展现了如何从零开始训练机器人，完成从站立、行走、奔跑、运球、射门到 2 对 2 协同比赛的整个过程（图 6），体现了深度强化学习的巨大威力。整个过程分为三个阶段：

1）通过模仿学习训练机器人的基本技能；

2）通过强化学习训练机器人的复杂技能；

3）通过 PBT 博弈对抗训练机器人协同与对抗。

①动作捕捉　　②跟随　　③运球　　④踢球　　⑤射门　　⑥2V2足球比赛

图 6　机器人足球比赛训练示意图

4　基于深度强化学习的空间操作技术面临巨大挑战

为机器人提供一个虚拟环境，让机器人像人一样自主学习各种技能，看起来所有问题都迎刃而解。但是，由于自身存在的固有缺陷，深度强化学习技术目前只能应用于训练场景与实际任务场景差别不大的情况，特别是考虑到天地环境差异，距离大规模在轨应用还需要克服以下难题。

4.1　迁移学习问题

迁移学习是深度强化学习的一个核心问题，本质上是泛化性的问题。主要包括相同任务不同环境间的迁移和具有一定共同特征的任务间的迁移。目标是解决如何把一个训练场景下学会的策略推广应用到其他场景下相同的任务或相似任务中，以最大限度地提高学习的有效性，是最终实现有效应对空间各种复杂变化的环境和突发事件的关键。现有方法可归纳为两类：学习不变表示，学习虚拟与真实之间的映射。域随机化（Domain Randomization，DR）属于第一类，是通过在源域中增加一些随机因素，缩短源域和目标域之间的差异的一类方法，本质上是通过增加随机因素，让训练时的环境分布覆盖真实环境分布。另一类相近的方法是域适应化（Domain Adaptation，DA），它在源域和目标域都引入了随机因素。图 7 阐述了系统辨识、DR、DA 之间的概念关系。

现阶段大部分的研究侧重于随机化图像特性，如网络输入是全局相机的 RGB 图像，网络输出是感兴趣物体的（x, y, z）坐标。随机化因素包括相机位置、照明条件、对象位置和非真实纹理等（图 8）。对于机器人操作，还要考虑更多问题，如动力学偏差、感知信号（RGB图像、力触测量、关节测量）偏差，机械臂各关节的刚度、阻尼、控制 PID 参数偏差等。

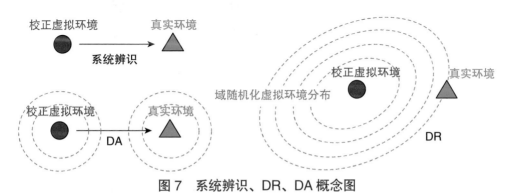

图 7　系统辨识、DR、DA 概念图

通过考虑上述因素的偏差并利用随机化进行增广，能够较好解决由环境差异引起的性能下降问题，但也增大了策略梯度优化中梯度估计的方差，导致优化收敛变慢，因此需要平衡设计各因素变动方差的大小。

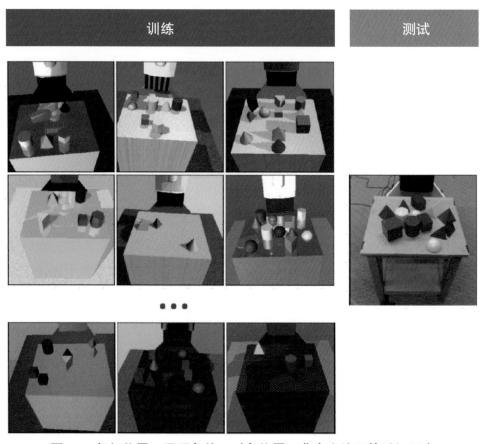

图 8　相机位置、照明条件、对象位置、非真实纹理等随机因素

第二类方法直接学习虚拟与真实之间的映射，建立两者之间的联系。James 等提出随机化规范适应网络（Randomized-to-Canonical Adaptation Network，RCAN）。这个想法本质是利用一个生成器将原始的相机图像"翻译"为规范型。训练时，利用一个图像条件生成对抗网络（GAN），将随机模拟环境图像转换为规范型，原理如图 9 所示。

测试时，GAN 生成器同样能够将真实世界的图像转换为规范型，因此保证训练的策略网络能够在不同环境下无缝切换。

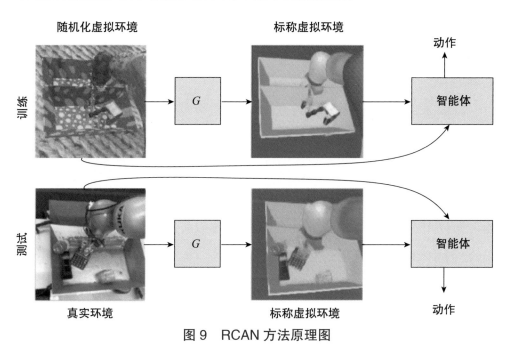

图 9 RCAN 方法原理图

上述方法虽然在一定程度上解决了网络的迁移问题，但是都存在较大的局限性，无法具有像人类一样举一反三的能力，仍然会存在机器人通过学习能够抓一个圆形的杯子却无法成功抓取一个方形杯子的窘境，大大阻碍深度强化学习在实际中的大规模应用。

4.2 闭环系统的稳定性和鲁棒性问题

空间操作面向各种动态不确定系统，对空间精细操作控制算法的稳定性提出了极高要求。不同于传统的控制方法，基于学习的机器人操作技术把学习纳入整个闭环回路中，并通过深度神经网络表达控制策略。从处理信息（前者是低维信息，后者是高维信息）、策略表达

（前者具备简单的解析表达，后者有规模庞大的神经网络）和控制流程（前者单纯闭环控制，后者包括复杂的学习过程）等方面，基于学习的机器人操作是一个更加复杂的非线性不确定系统，其稳定性判别目前尚没有成熟的理论方法，需要拓展非线性不确定系统稳定性研究的新领域。

目前采用深度强化学习的方法训练机器人进行空间操作主要在虚拟仿真环境下进行，然后再迁移到真实环境下，但虚拟环境、空间真实环境无论是视觉感知、系统动力学还是接触受力都存在巨大差异。那么，训练的感知网络和策略网络是否在空间真实环境下依然能够具备较好的稳定性和鲁棒性，是否保持与虚拟环境相同的控制精度，都是在空间操作实际应用时必须考虑的问题。但是，目前尚没有理论方法提供完备的证明和定量性的度量和分析。而基于学习的空间精细操作控制算法对环境及任务的适应性是其成功应用的关键，需要开展相关鲁棒性理论和方法研究。

4.3　小样本数据问题

小样本数据问题本质上也是迁移问题，深度神经网络要具备优良的性能需要大量高质量的数据。然而，空间操作任务数量少、天地数据传输成本大，导致真实的数据量（如真实场景图片）非常有限，且地面很难模拟出真实的太空环境。因此，如何在小样本条件下训练高质量的感知和操作策略网络是一个挑战。

5　未来发展与展望

目前的人工智能技术还处于弱人工智能时代，上述难题的破解有赖于人工智能理论的进一步发展。近几年来，图神经网络、对比学习、多模态大模型、通才型智能体等新技术依然不断涌现，深度神经网络与符号逻辑的融合趋势日益明显，这些都继续推动着人工智能技术的快速发展。相信不久的将来类人的空间机器人将能够代替人类成为开拓空间领域的中坚力量。

作者：王勇，解永春，李林峰，陈奥

单位：北京控制工程研究所

七 水平起降运载器与组合动力一体化设计技术

　　重复使用航天运输系统目前有传统运载火箭构型重复使用、升力式火箭重复使用、组合动力重复使用三种典型技术途径。水平起降运载器，以组合动力发动机为主动力，可从机场水平起飞，将载荷投送入轨后，水平着陆返回，维护加注装配后，可再次发射执行任务。水平起降运载器能够廉价、快速、安全可靠地进出空间，是未来航班化航天运输的重要途径。

　　世界上有关航天大国投入了大量资源，进行水平起降运载器的研发，目前尚未成功。这主要源于技术上的挑战，使其难以实现航天运输重复使用要求的低结构系数，以及满足全剖面性能需求的组合动力发动机，导致总体性能难以满足需求，而解决问题的关键就在于运载器与动力的一体化设计。一体化设计可使运载器各系统更加协调，干重大幅减少，组合循环动力高效运行，综合性能大幅提升，最终满足任务目标对总体设计的高要求。

抓住一体化设计金钥匙　促进水平起降航天运输

1　水平起降运载器是航天运输的重要发展方向

1.1　运载器介绍

运载器是航天运输系统的关键组成部分，其发展水平代表了一个国家进出空间、利用空间的能力。运载器可分为一次性和可重复使用两种。可重复使用运载器按飞行方式可分为垂直起飞垂直降落（Vertical Take off Vertical Landing，VTVL）、垂直起飞水平降落（Vertical Take off Horizontal Landing，VTHL）和水平起飞水平降落（Horizontal Take off Horizontal Landing，HTHL）3 种。

一次性运载器主要以火箭为代表。基于一次性火箭，发展 VTVL 重复使用运载器，典型的例子是美国的猎鹰 9 火箭，垂直起飞，投送载荷后降落，依靠动力反推减速，最后垂直着陆（图 1）。

VTHL 重复使用运载器的代表是航天飞机、冒险星。在发射场垂直起飞，投送载荷入轨后滑翔下降，最后水平着陆（图 2）。

HTHL 重复使用运载器的典型代表是云霄塔、X-30。从机场水平起飞后，依靠动力加速、气动升力爬升，随着高度的增加大气变得稀薄，转而仅依靠动力加速爬升，载荷投送后滑翔水平着陆（图 3）。

图 1　猎鹰 9 火箭（左）和回收的一级（右）

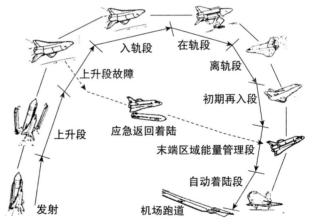

图 2　航天飞机（左）和其飞行剖面（右）

1.2　动力形式

一次性火箭、VTVL 运载器、VTHL 运载器采用火箭动力。HTHL 运载器，在大气稠密区采用吸气式动力、高空采用火箭动力，即组合动力。

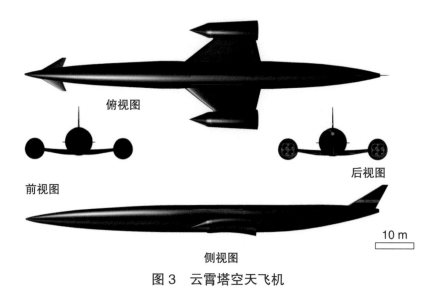

俯视图

前视图

后视图

10 m

侧视图

图 3　云霄塔空天飞机

火箭动力自带燃料和氧化剂，能在全区域工作，但性能却不是全域最优的，比如在稠密的大气层，涡轮动力的比冲是火箭动力的数倍。组合动力通过融合多种动力模式，匹配各阶段条件实现全域高性能运行——在低空采用吸气模式，充分利用空气中的氧气，提升比冲性能；高空则转为火箭模式（图 4）。

1.3　对比分析

火箭垂直发射时，其动力能量要克服气动阻力和重力，转化为动能和重力势能。水平起飞在稠密大气层后，依靠气动升力克服重力，发动机所有能量均可用于克服气动阻力进行加速，转化为动能。从能量转化的角度，水平起飞升力式爬升对能量的利用效率更高（图 5）。

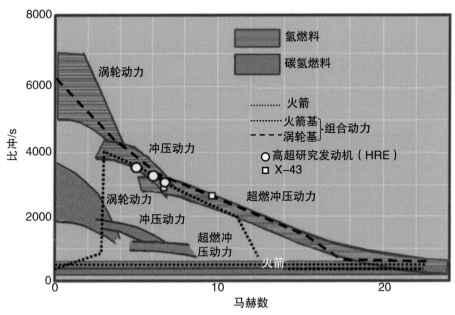

图 4　动力比冲性能

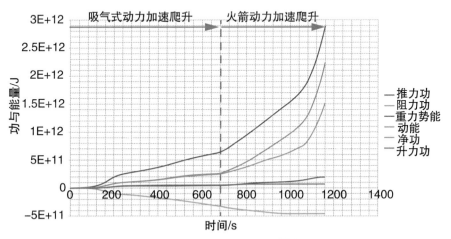

图 5　入轨飞行功与能量转化图

水平起降采用机场，因其发射场数量多、分布广，运行更加便捷灵活，发射频率也可大幅提升。广阔分布的机场使发射窗口选择更多（图6）。以近地轨道为例，水平起降 2000 km 机动范围，可将发射窗口由3个拓宽到7个，发射窗口时间也可以由分钟级拓展到小时级。

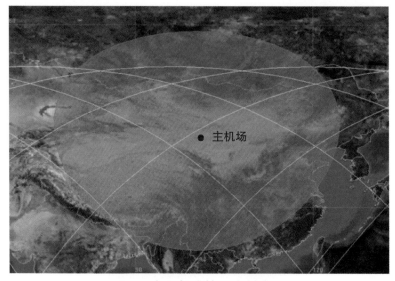

图 6　水平起降转场发射窗口

水平起降运载器可达到与飞机相近的操作性，以提升发射安全性和灵活性，如按需中止，则可返回着陆。水平起降过载更低，力学环境缓和，人员乘坐更加舒适，载荷运输更加安全，还可以避免火箭溅落带来的安全风险与航区限制。从空间返回在机场水平着陆，可安全便捷地从空间运送载荷到地面。

可见，水平起降运载器可大幅降低成本、拓宽发射窗口，更加便捷灵活、安全可靠、环保舒适，是未来航班化航天运输的理想选择。然而水平起降运载器也面临着很大的技术挑战，在其研究的道路上充满了坎坷。

2　水平起降运载器研制面临着技术难题

水平起降运载器由于其独特的应用优势，引起了各航天大国的强烈兴趣。美国早在1990年，就提出了国家空天飞机计划（NASP）（图7），开展水平起降单级入轨运载器研究。然而关键技术还不成熟，面临着动力、材料、飞发一体设计等全面攻关的困境，其动力性能、材料性能、结构系数无法满足要求。最终在1995年取消了计划，投资额33亿美元的项目以失败告终。

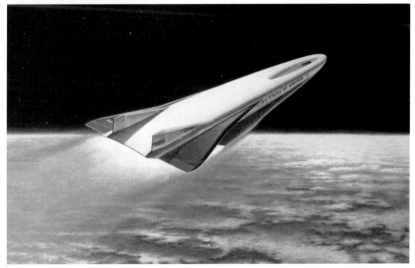

图7　空天飞机

霍托尔是英国政府研发的单级入轨运载器，其目的是大幅降低航天运输发射成本（图8）。起飞质量约240 t，低轨运载能力为7 t。研制费用需求为40亿英镑，由于投入资金有限，技术难度过大，导致项目未能得以持续推进。

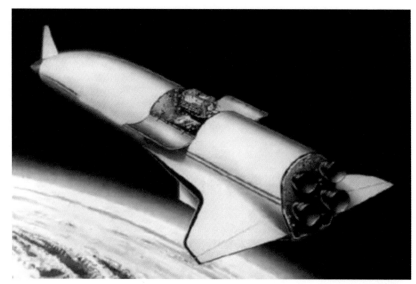

图 8　霍托尔空天飞机

德国提出了两级入轨桑格尔水平起降运载器（图 9），起飞质量 356 t，其中一级 295 t，采用吸气式动力，二级采用火箭动力，200 km 轨道载荷能力为 7.5 t。但由于技术的障碍和资金的限制，使得研发工作停止。

图 9　桑格尔空天飞机

俄罗斯提出了水平起降运载器系统，由三级构成：水平起降可重复使用一级、一次性使用火箭二级、升力式轨道飞行器三级。后来因资金不足变更了计划。

20 世纪八九十年代兴起的水平起降运载器研制高潮在世纪末悄然落幕，经历了广泛的研究后，人们认识到技术上的难度，转而开展组合动力、气动力热、高效防热等单项技术的逐步攻关。

从水平起降运载器的发展历程可见，虽然其有着诱人的应用前景，但其挑战也远超传统运载器。值得注意的是，所有计划都认识到一体化设计是成功的关键。那么为什么要进行一体化设计，它又难在哪里呢？

3　一体化设计是解决难题的关键

3.1　总体参数分析

由火箭方程可知，运载器设计的关键是结构系数和动力性能，这两方面直接决定了运载效率。

$$dV=gI_{sp}\ln(m_0/m_1)=gI_{sp}\ln(MR)$$

式中　dV——火箭速度增量；

　　　g——重力加速度；

　　　I_{sp}——发动机比冲；

　　　m_0——初始质量；

　　　m_1——最后质量；

　　　MR——质量比。

动力比冲、起飞质量一定时，结构系数越低，运载器带的死重也就越少,可带的有效载荷就会越多。类似的,动力比冲性能越高,所需携带的推进剂量就越少,可带的载荷也就越多。表 1 列出了基于火箭动力的传统运载器和基于组合动力的水平起降典型运载器的总体参数。

表 1　典型运载器总体参数

参数	单位	火箭	水平起降两级入轨	水平起降单级入轨
起飞质量	t	160	210	210
入轨载荷	t	2.4	3.5	1
结构系数		0.1	0.22（一级）	0.11
			0.23（一级）	
发动机推重比		80	12（一级）	12
			80（一级）	
吸气模态平均比冲	s	—	1440	1440
火箭模态比冲	s	350	350	350
升阻比要求		—	4~8	4~8
起飞推重比		1.25	0.71	0.71

3.2　动力性能分析

火箭动力的比冲性能明显低于吸气式组合动力,原因是火箭动力消耗的是自带燃料和氧化剂,而吸气式动力氧化剂全部来自空气,组合动力提升了比冲,减少了自带氧化剂的负担,支撑了运载效率的提升。

火箭发动机推重比较高,一般可达 60~80,而组合动力发动机,推重比目前只能达到 3~5。同等推力组合动力发动机的质量比火箭发动机大得多。水平起降运载器发动机的质量占比要比火箭大得多。因此组合动力发动机需进行模式融合、流道、供应、控制等一体化设计,在实现高性能组合循环的同时,实现发动机的高效轻质集成,从而降低结构系数,提升运载效率。

3.3　结构系数分析

火箭结构系数可达 0.1 以下，而水平起降运载器增加了机翼、起落架、发动机、防热等质量，结构系数会明显增加，结构系数取 0.2 左右，可以达到与火箭相当的运载效率。而这一要求，以目前的技术并不容易实现。

飞机结构系数一般在 0.4 以上，运载器的飞行空域和速域要远超一般飞机，力热环境更为严酷，需要增加热防护系统。一般热防护结构的质量占比约 10% 以上，起落架占比为 3%~6%，冷结构占比为 20%以上，再考虑发动机、反作用控制系统、各种单机设备后，很难将结构系数控制在 0.2 左右。

因此，必须突破各系统解耦设计传统，进行一体化设计，通过多系统的协调融合，实现具备承力、防热、热管理、能源管理、推进剂管理、进排气调节、姿态调节等综合功能的高效能结构，最大程度降低干重。

3.4　气动性能分析

火箭主要依靠发动机推力加速爬升，对气动升力与升阻比没有要求。水平起降运载器水平起飞、加速爬升、下降返回、水平着陆各段都主要依靠气动力完成，对升力、阻力、升阻比、稳定性、操纵性、进排气、气动载荷、气动热等各方面有着苛刻的要求，其对气动设计的要求覆盖了几乎整个速域和空域。兼顾气动、动力、控制、结构、防热等各方面需求的布局优化设计至今仍是一个难题。

3.5　小结

为了实现飞行器动力性能、结构效率、气动性能的全面提升，获得闭环的总体方案，水平起降运载器与组合动力的一体化设计是必然的选择。这种一体化设计思路，相比传统解耦设计方式，要求更高、难度更大。

4 一体化设计的技术要素

4.1 总体要求

一体化设计从总体理论分析来看，是为了满足动力性能、结构系数、气动性能的要求；而对运载器设计而言，涉及顶层任务需求、飞行性能需求、环境条件约束等多方面的具体考虑。

从任务需求考虑，水平起降运载器执行航班化航天运输任务，需要从机场水平起降，飞行速度从 0 到入轨速度，飞行高度从地面到轨道高度，并且能够重复使用、快速维护、低成本运营。

从飞行性能角度考虑，水平起降运载器应具有能实现要求的飞行包线。主要包含机场水平起飞、跨声速减阻、高升阻比加速爬升、返回段大攻角减速、机场水平着陆。飞行剖面具有大空域、全速域、大攻角范围的特点。需考虑宽域气动 / 动力 / 质量匹配、进排气 / 动压 / 姿态匹配、增压输送 / 过载 / 稳定性匹配、力热环境等多重约束条件，各部分性能匹配要求高，约束耦合关系强，对飞行器气动布局、进排气、发动机、增压输送、轨迹优化、制导控制、力热环境等各专业提出了一体化设计要求。

4.2 布局一体化设计

飞行器布局设计需综合考虑飞行器起飞阶段的升力需求、跨声速阶段的阻力限制、超声速飞行阶段的高升阻比需求、亚跨超声速流量

匹配稳定 / 低阻力 / 低总压损失的进气需求、低阻力高推力的排气需求、高速飞行的气动热限制、内部装填空间需求。机体与发动机简单组合形式的布局，难以满足全程增升减阻、减缓气动热、机体动力高效集成的要求，需综合考虑气动力热、进排气进行一体化气动布局设计。

一体化的飞行器布局中，发动机进气道、排气喷管都不再独立于机体，而是成为机体的一部分，形成更为紧凑的构型，利于增升减阻、提高结构效率，但同时也带来了气动、动力、姿控等多专业耦合设计的挑战。

进气道不再采用传统的轴对称进气道，而是采用机身随形的准二元进气道，其压缩面通常设计为前机身的一部分。这样该部件不但影响发动机的进气性能，也同时影响整个飞行器的气动性能和操稳特性；通过调节进气道形状调整进气流量，还要充分考虑到进气道变形带来的整体气动特性和操稳特性影响。同样，飞行器调整飞行姿态（如飞行攻角），也会对进气流量有明显的影响，因此需同步调节进气道进行流量匹配。这样气动外形与进气道的设计就无法解耦，需进行一体化设计。

喷管不再采用轴对称构型，而是采用单边膨胀构型，其膨胀面通常是后机身的一部分。喷管直接影响推力的大小和方向，也会影响升阻特性和操稳特性。喷管也需随着飞行条件的变化进行调节，以满足发动机排气与环境压力匹配的需求，这也同时影响了气动和操稳特性。因此喷管也要与布局进行一体化设计。

布局一体化设计需同时考虑外部流场、内部流场，气动物理复杂多变，包含可压缩流、不可压缩流、燃烧化学反应、真实气体效应、气动弹性效应、换热复杂边界条件等，统一考虑建模分析难度极大，还需进行拆分、假设与简化，但又缺乏相应的试验数据进行验证，相关技术还有待进一步攻关突破。

4.3 飞行控制一体化设计

布局的一体化设计带来了飞行控制的一体化需求，需综合考虑气动舵面、RCS 系统、进气系统、排气系统、推进剂供应系统，统一协调控制。控制变量的数量与控制模型的复杂度远超传统火箭、航天器或空天飞机，呈现出高度的非线性。不但需要考虑宽域飞行带来的气动、动力变化，还需考虑动力模态切换过程中的气动/动力突变、推进剂晃动、风场扰动、气动弹性、发动机喘振等诸多影响因素，控制系统需要具有宽域飞行的自适应能力，具备抑制强干扰、包容大偏差的强鲁棒性特征，满足多模态、全空域条件下的全程姿态平稳与可靠运行需求。如何协调控制各系统，实现稳定可靠的飞行，其难度也是前所未有的。

4.4 多系统结构一体化设计

在传统设计中，一般先对热防护系统、结构系统、燃油系统、动力系统等进行界面划分，然后各专业开展解耦设计。这种方式大大降低了设计难度，提高了设计效率，但在飞行器质量控制、空间利用方面却难以实现高效优化，导致结构系数较大，装填效率较低，直接影响总体性能。如果将多系统进行结构一体化设计，综合考虑全器力热环境、各系统功能需求，进行统一设计，可以大幅降低结构质量，增大装填空间。这种多系统多功能一体化的结构设计是一种全新的理念，传统的专业分工、设计方法都难以满足其要求，需要进行攻关探索。

4.5　全器热管理一体化设计

水平起降运载器在高速飞行过程中，会产生和利用大量的热量，涉及飞行器防热、结构、动力、电气、热控、能源等多个系统，因此对热管理的一体化设计也必须重视。热源一般包含气动加热、发动机燃烧放热、设备工作放热等；热沉一般包含推进剂、冷热结构、热控相变材料等。运载器通常利用推进剂进行再生冷却，在为飞行器降温的同时还能提升动力的工作效率。热电转换的新技术，可以将有害热量转化为电能，为设备供电，随着技术成熟度的提升将来也有望实现工程应用。

热管理一体化要以"热"流动分配为纽带，紧密联系热防护系统、热管理系统和能源推进系统，实现飞行器防热、热控、能源管理一体化。通过构建开发一种满足飞行器内外热量合理分配和推进剂能量高效利用的新型"热"一体化利用系统，实现对飞行器上热量的统一调配，达到降低飞行器热防护材料的耐温要求，有效控制舱内仪器设备的运行温度，高效预热推进系统中低温燃料以提升燃烧效率，大幅提高运载器整体性能的目的。这也需多系统紧耦合设计，是一种新的设计理念。

4.6　小结

一体化设计需从飞行器任务需求出发，进行多系统集成、技术集成、过程集成和管理集成。通过一体化设计，实现资源的共享与互补，降低干重，提高运行的协调性，进而提升总体性能。这对与飞行器设计相关的各专业都是一种挑战，不仅需打破专业的界线，还需发展设计模型、设计方法，相对于传统的设计思路，无疑是一种革新，需要多系统多专业深度融合。

5 未来发展与展望

水平起降运载器是未来航天运输系统的重要组成部分，也是支撑航班化航天运输的重要手段。先进轻质高效材料、高能量高热沉推进剂等单项技术的不断进步将提升运载器的总体性能，推动水平起降运载器的发展。然而，即便如此，一体化设计技术也是高效能水平起降运载器研制的必由之路，且一体化设计也应考虑到单项技术的发展趋势，并牵引带动各单项技术的发展。

水平起降运载器与组合动力一体化设计除了专业上的深度融合，还应高度重视多学科优化、基于模型的系统方程、机器学习、数据挖掘等理论、方法与工具的运用。一体化设计必然带来更高维度和更强非线性的设计问题，建模、求解、优化设计的难度将大幅提升，需要结合一体化设计需求，发展更为先进的设计理论、方法和工具。

经过数十年的发展，一体化设计技术有了长足进步，然而距离运载器的系统高度融合研制需求还有相当的差距，相信随着科技的发展进步，一体化设计技术必将突破瓶颈，实现高效能水平起降运载器的研制，支撑航班化航天运输的早日实现。

作者：李华光，荣华，张静，张涛，郑宏涛
单位：中国运载火箭技术研究院空天业务部

八 超大型空间光学装置在轨组装与维护技术

空间光学装置是从空间观测地球和宇宙的重要手段，其发展显著拓展了人类观测世界的深度、广度和精细度。空间光学装置更高分辨率、更高灵敏度的特性，要求空间光学装置具有更大的口径、更长的寿命以及更好的可扩展性。在此之前，大口径空间光学装置采用整体镜或折叠展开的方式发射入轨，由于受到运载火箭能力的限制，整体发射的空间光学装置已难以实现超大口径，采用在轨组装技术实现超大型空间光学装置部署和维护成为后续发展的主要方向。

在轨组装技术可以解决传统技术途径存在制造难、装调难、发射难、维护难、升级难等问题，可大幅提升高分辨率对地观测、空间天文和宇宙探索观测的效率和灵敏度。同时，该技术牵引的系统模块化设计、基于机械臂和空间机器人的精细操作、空间系统性能测试等相关技术可有力促进空间飞行器维护与服务系统技术发展。

在轨组装和维护超大型空间光学装置开启空间光学遥感新篇章

1 空间光学遥感迈向更高分辨率和更高灵敏度

随着高分辨率遥感和高灵敏度探测的需求不断提出，针对更大口径的空间光学装置的需求也越发迫切。通常，大口径空间光学装置主要由大口径反射式镜头、支撑结构和探测器组成。镜头的口径直接关系到空间光学装置的探测能力，口径越大，收集光信息的能力越强（图1）。

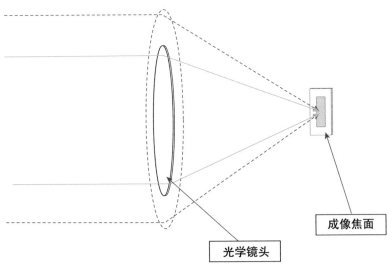

图 1　空间光学装置的原理图

　　因此，大口径空间光学装置在空间天文观测领域内不断追求的目标是看得"更远、更清楚"，这个目标也一直推动着大型空间望远镜技术不断取得发展和进步、创新和突破（图 2）。

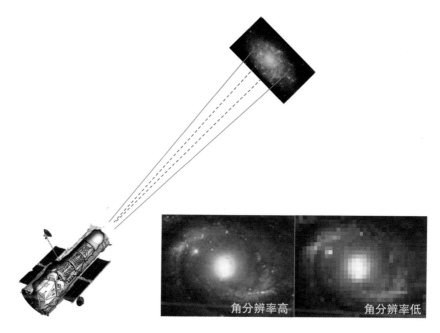

图 2　望远镜角分辨率越高，越容易分辨宇宙中的恒星

　　为了探究星系起源与演化，探寻类地行星生命特征，探测宇宙中的暗物质，需要望远镜不断增大口径和集光能力，提升角分辨率，增强探测灵敏度。

　　不仅天文精细观测对大口径望远镜需求十分迫切，对地高分辨率持续观测对大口径望远镜需求也很强烈。在静止轨道部署大口径空间望远镜可实现高分辨率全天时对地观测（图 3），可极大提升我国应急与减灾响应速度和灾情评估，并且对于国土资源调查和城市建设规划也具有重要意义。

图 3　灾情实时监测分析／灾后分钟级快速响应

2　超大型空间光学装置进入在轨组装和维护时代

由于受到大型光学元件加工能力、系统地面装调能力、火箭运载能力的限制，一般认为超过 4 m 口径的空间光学装置很难整体制造、整体发射。因此，必须研究新的超大型空间光学装置的研制技术途径（图 4）。

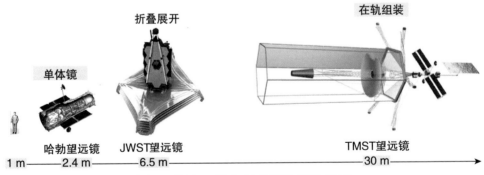

图 4　超大口径空间光学装置的发展

通过对整体式与分块式空间光学装置的直观对比（图 5），最大的不同就是整体式空间光学装置各部件的制造、整体装配和系统的测试都是在地面完成，而分块式空间光学装置为了实现"化整为零"的目的，各部件都需要采用模块化设计，同时依靠机械臂在轨完成组装，完成装配后依靠空间环境有限条件完成系统调整与测试。

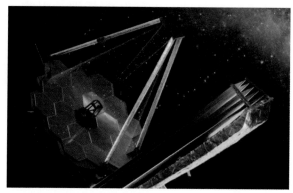

图5　整体式与分块式空间光学装置对比

分块光学成像体制将大型空间光学遥感载荷中研制难度最大、占用运载资源最多的主镜模块采用分块镜拼接的方式实现，通过模块化设计将系统"化整为零"，可突破空间光学装置整体制造和整体发射的限制，依靠空间在轨组装技术，使大型空间光学装置研制和在轨运行成为可能。

对于大口径空间光学装置，发展热点主要聚焦在折叠展开和在轨组装。折叠展开技术通过主镜折叠压缩发射包络，是目前大口径空间光学装置较为可行的实现途径，美国的詹姆斯·韦伯空间望远镜（James Webb Space Telescope，JWST）即采用此技术途径，但存在着机构复杂、质量大、在轨维护困难等难题，虽然通过折叠的方式压缩了空间光学装置的体积，但仍受制于运载能力，口径一般不超过8 m，难以满足更大口径的空间光学装置的需求。通过在轨组装的方式完成分块光学系统的组装和部署，理论上可以完全突破运载能力的限制，实现任意口径的空间光学载荷部署，但需要大型高精度机械臂等在轨操控系统的支持。随着空间技术的发展，大型机械臂、空间站、大型卫星平台等相关空间操控系统取得了长足的进步，为在轨组装超大型空间光学装置打下了良好的基础。因此，发展大型空间光学装置在轨组装与维护技术已具有现实可行性。

3　在轨组装和维护空间光学装置方兴未艾

"在轨组装"的概念始于 20 世纪末，是一项面向未来超大口径空间光学装置的系统级技术，是国际光学工程界的前沿研究领域。美国通过近年来开展的一系列研究与在轨验证，不断提升在轨组装技术的成熟度，已经走在了世界的前沿（图 6）。从 20 世纪 90 年代起，美国利用多次对哈勃望远镜的在轨维修，验证了在轨维护的相关技术；在 2012—2016 年，多次在国际空间站进行机械臂的在轨组装任务；在 2016—2021 年，研制了大型分块展开式空间望远镜——詹姆斯·韦伯望远镜，并于 2021 年年底成功发射升空，从目前回传图像可知其在轨表现优异。

美国在 1990 年 4 月成功发射哈勃望远镜（图 7），初步验证了在轨组装技术，使望远镜功能、性能与可靠性得到了显著提升，使其科学探测能力不断提升，标志着在轨组装技术进入实战阶段。

此后，美国大力发展在轨组装技术，美国国家航空航天局（NASA）于 2000 年开展了在轨装配望远镜的实验研究。戈达德航天飞行中心于 2004 年提出了 10~30 m 口径的可扩展的天基天文台项目，命名为 TMST（Thirty Meter Space Telescope）。TMST 望远镜（图 8）由机器人在轨进行组装与构建，航天员也可以进行监测或进行干预，镜头通过多个波前相机和激光束测量完成在轨装调。

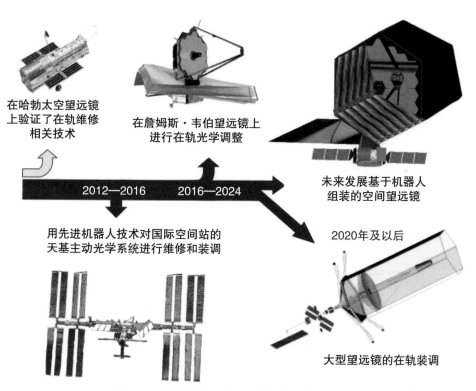

在哈勃太空望远镜上验证了在轨维修相关技术

在詹姆斯·韦伯望远镜上进行在轨光学调整

未来发展基于机器人组装的空间望远镜

2012—2016　2016—2024

用先进机器人技术对国际空间站的天基主动光学系统进行维修和装调

2020年及以后

大型望远镜的在轨装调

图 6　美国在轨组装光学设施发展路线图

图 7　在轨维护哈勃望远镜

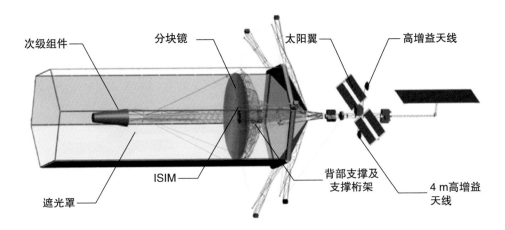

次级组件　　分块镜　　太阳翼　　高增益天线

ISIM　　背部支撑及支撑桁架　　4 m高增益天线

遮光罩

图 8　TMST 望远镜构型

NASA 于 2012 年启动了面向下一代在轨装配式望远镜的"基于国际空间站的组装式光学测试平台"项目（Optical Tested and Integration on ISS Experiment，OpTIIX），计划研制一台口径为 1.45 m 的望远镜，利用空间站机械臂进行在轨装配（图 9 和图 10）。

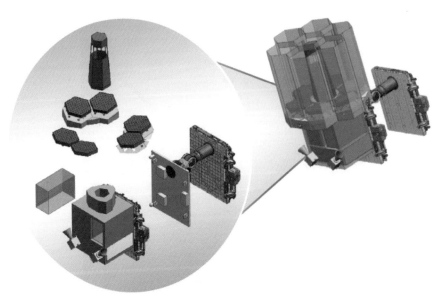

图 9　NASA 开展的 1.45 m 口径在轨组装望远镜试验项目 OpTIIX

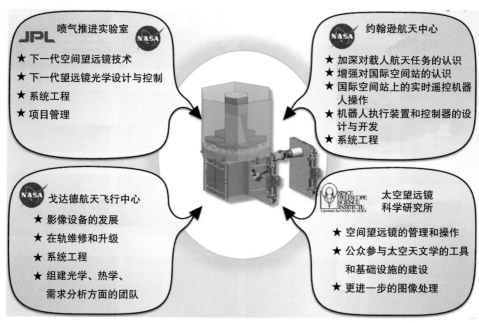

图 10　OpTIIX 望远镜涉及的研究机构及关键技术

NASA 于 2020 年 5 月宣布在轨服务、装配和制造任务（On-Orbit Servicing, Assembly & Manufacturing mission 1, OSAM-1）进入全面硬件生产和测试阶段，利用 5 m 轻型机械臂完成一个口径 3 m 的通信天线和 10 m 横梁的在轨组装和测试，实现对地 Ka 波段通信（图 11）。

同时，国外其他航天机构也开展了一系列在轨组装与维护空间光学装置的研究（图 12）。

国内稍晚于国际主流航天机构也开展了在轨组装的研究。在分块光学系统理论研究方面，系统研究了分块镜光学系统设计和调控，研究了多种构型和填充率的分块光学镜，并应用于"郭守敬天文望远镜"项目。在工程实现方面，研究了多种构型的空间光学装置，研制了核心的分块镜子镜模块。在组装操控方面，研制了大型空间机械臂，研究了基于机械臂协同组装的系统操控策略、测量引导关键算法等；

OSAM-1计划

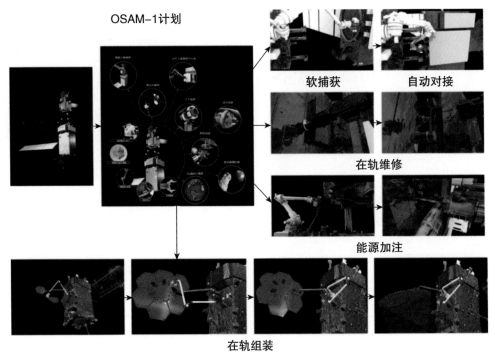

软捕获　自动对接

在轨维修

能源加注

在轨组装

图 11　OSAM-1 计划

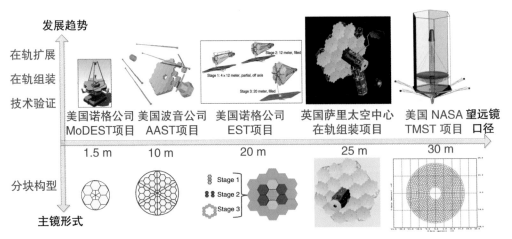

图 12　国外在轨组装典型项目

开展了 2.5 m 分块望远镜的地面组装试验，利用 2 台工业机械臂协同自主完成地面 18 块分块镜的组装试验，验证了机械臂组装任务的可行性。

4　在轨组装与维护空间光学装置总体构想

超大口径空间望远镜系统在地面分解成若干模块，通过分批发射入轨，在轨采用无人/自主机械臂进行连接、替换、构建、组合或重组，最终实现大型空间光学装置的构建，具有结构效率高、扩展性强、可逐步升级等特性（图 13）。

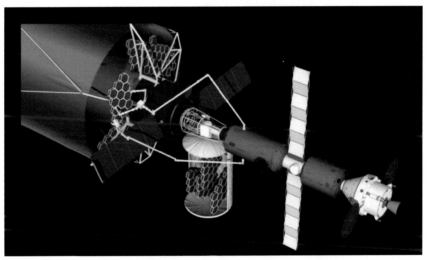

图 13　超大型在轨组装光学装置示意图

超大型光学装置在轨组装运行一般分为四个阶段：发射运载阶段、在轨组装阶段、在轨检测与调整阶段、常态监视与维护阶段（图 14）。在发射运载阶段，超大型空间光学装置采用模块化设计，将装置化整为零，通过运载火箭发射入轨；进入在轨组装阶段后，先将组装平台和环境进行在轨构建，如机械臂、太阳能帆板及光机结构在轨展开，然后通过机械臂将模块化的光学装置进行在轨组装；在完成在轨组装后，通过在轨检测系统对光学装置进行检测与调整，校正系统误差使得"破镜重圆"，最终实现光学成像；最后的常态监视与维护阶段是对在轨运行的超大型光学装置进行定期检测与维护，确保其在轨运行的稳定性。

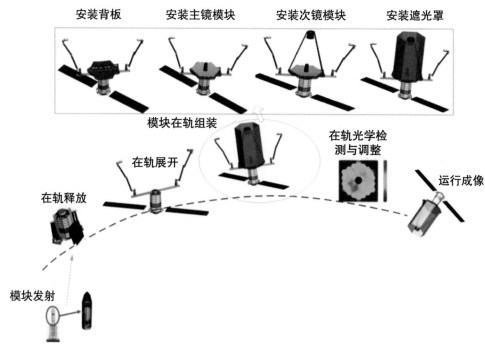

图 14　超大型光学装置在轨组装示意图

5　在轨组装与维护空间光学装置需要攻克的关键技术

5.1　超大型光学装置模块化设计

超大型空间光学装置通过在轨组装的方式进行部署，其最大特点是具有无限的拓展性和可维护性，但前提是需要将光学装置的各部分采用模块化设计，采用相同的接口、统一的标准及流水线的生产方式，使各模块可以实现批量生产和维修替代。这样各种机械臂就可以通过统一的接口，按照不同需求将各种模块在轨组装成不同的空间光学装置。

对系统进行模块化分解，以实现在轨可装换、可拓展为目的，在保证可靠连接的前提下，对各部分进行高集成度模块化设计（图15）。以各部分功能独立、接口简单、便于发射、易于装配为原则进行模块分解和拓扑优化。典型相机可分解为主镜、次镜组件、支撑结构、后光学及焦面、遮光罩等几大模块。其中主镜和次镜模块设计最为关键。

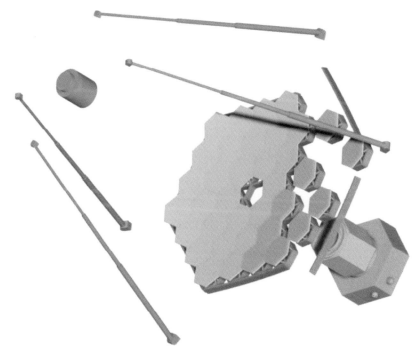

图15　空间光学装置模块化分解

此外，针对空间望远镜光机结构中的背部支撑板、系统主体支撑结构、次镜支撑桁架等，这些尺寸小的有十几米、大的有几十米的光机结构，在进行模块化设计的同时，开展大型光机结构纳米级超稳定性技术研究，以解决在空间环境中光机结构超低热膨胀和高效微振动抑制的问题。

5.2 超大型光学装置在轨组装

超大型空间光学装置采用分块式在轨组装的方式进行在轨部署，机械臂将系统各模块挂载在以大型展开骨架为基准的光机结构上，因此，大型光机结构的稳定性、高精度的机械臂在轨安装及全过程对各参与组装的装置和模块的实时测量，这些将直接影响后续组装过程中机械臂自主装配的精度和安全性、组装完成后各模块的初始位置精度，以及系统是否能够满足后续调整的条件（图 16）等。

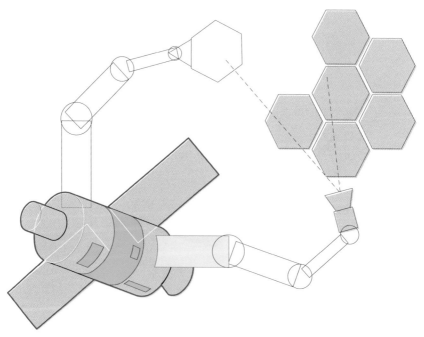

图 16　机器臂在轨组装示意图

为保证在轨组装任务的顺利完成，需要开展超大型光学装置在轨组装技术的研究。超大型光学装置在轨组装，需要在机械臂上安装光学视觉测量装置，根据预先设定的路径将光学系统各模块，从存放处抓取、搬运至预定组装位置、辅助完成定位、锁紧子镜模块、释放组装完成的子模块，实现机器臂自主完成光学系统各模块的安装。同时根据实时测量系统反馈的数据，在地面进行三维重构，从而实现安全控制及地面监视，具备人在回路遥操作的能力。

此外，虽然采用分块式的方式将超大口径主镜分割，但每个单块分块镜尺寸也达到 1.5 m 以上，由于安装物尺寸规模较大，外界摄影测量难以实现全维度的高精度测量，且在末端遮挡严重，所以要求分块镜自身具有大尺度高精度位姿感知功能，为机械臂提供大范围高精度反馈数据。

针对以上要求开展分块镜支撑及致动器布局研究，采用准无应力定位支撑结构，实现调控过程精准可控；根据光机系统及组装特点，制定各模块装配流程，满足组装过程对机械臂安装精度、测量要求、抓取接口及安装力、防碰撞等操控要求，提升在轨组装的可靠性。

5.3　超大型光学装置在轨集成、测试与维护

通常机械臂完成在轨组装后，各模块的精度是毫米级，要实现光学系统成像，需要在空间环境中无大型光学检测装置的条件下，对系统波前进行检测，通过检测结果，结合分块镜模块调控能力，自主制定调控方案，实现系统智能调控，从而实现系统在轨成像的目的。同时系统波前在轨检测系统还需要满足定期对系统进行常态化检测与维护的任务。

分块式超大型光学装置在完成在轨组装后，需要进行在轨集成、测试和定期维护的操作，其主要依赖于系统的在轨检测与调控系统，其检测调控精度直接影响光学系统在轨成像质量，其最终目标是将多块分块镜进行拼接以实现大口径光学系统成像。调整过程不仅要保证单块分块镜的面形精度和无应力要求，同时需要实现多镜的集群控制调整。

分块镜初始部署安装到位时，装配精度为毫米量级，波前差较大，不能满足光学成像要求，需要解决毫米量级到纳米量级的波前传感，进行高精度调控，调控过程要能够快速收敛，以实现在轨快速调控。

开展系统波前在轨检测与智能调控技术研究，其中包括次镜激光桁架法、次镜扫描法、搜索合相法、色散条纹法及相位复原波前传感方法，实现系统分块镜装配后的光学误差由 1 mm 量级降低到 20 nm 量级，从而进入在轨试运行阶段。在稳定运行阶段进行周期性的调整，以保持波前差的稳定。

采用次镜扫描法，进行像点的聚焦；采用搜索合相法，进行像点的合相；采用色散条纹法进行分块镜粗共相检测，分块镜的精共相及多视场波前误差传感均采用相位复原波前传感方法。这些方法均是基于图像的目标探测方法，通过探测器采集星点图像、干涉图像、星点离焦图像，反演出位姿误差。基于图像的位姿反演方法是目前最为适用于在轨任务快速执行的检测方法，其具有可使用空间望远镜自身探测器、最小化引入系统误差、最小化系统负担、最大化提升系统可靠性等优点（图 17）。

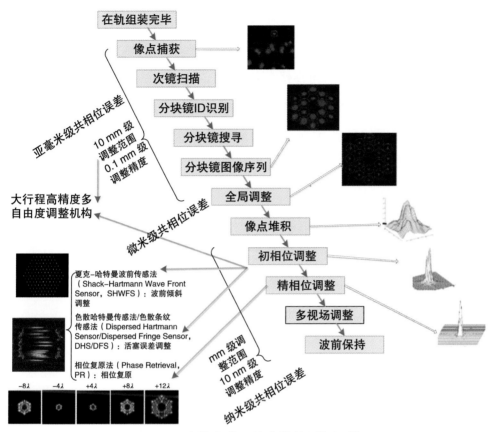

图 17　分块光学系统在轨检测与调整

6　未来发展与展望

超大型空间光学装置在轨组装与维护技术的突破将支撑未来大口径分块光学系统的研制，使大型光学装置的研制与部署不再受到运载能力和制造能力的限制，从而实现天基光学遥感技术跨越式发展，可极大地提升我国高分辨率对地观测、空间天文和宇宙探索等应用能力，也将成为空间飞行器维护与服务领域的标志性成果。

通过在轨组装与维护，可对在轨运行的空间光学装置进行模块化替换，实现在轨维修、维护和升级，大幅延长空间光学装置寿命，不断升级观测能力。哈勃望远镜经过 6 次在轨维护升级，服役寿命已长达 31 年，据初步估算，约直接节约经费 24 亿美元。

超大型空间光学装置在轨组装与维护技术的突破将形成空间大口径光学系统实现的新技术途径，可降低大型空间光学装置研制和部署难度，提高航天系统效费比。初步估算，10 m 口径量级整体镜制造费用是同等口径分块镜的 3~4 倍。

同时，突破在轨精密组装与维护技术，为在轨基于机械臂和空间机器人的精细操作、空间光学装置以及空间飞行器维护与服务打下了技术基础。超大型空间光学装置在轨组装与维护技术的研究将促进我国空间科学系统能力不断向前发展。

作者：王小勇，肖正航，孙德伟，田国梁，郭崇岭
单位：北京空间机电研究所

九 与 5G/6G 技术融合发展的卫星互联网络通信技术

地面移动通信经过数十年发展，已经进入万物互联的 5G[1] 时代。在此之前，卫星通信与地面移动通信呈相对独立的发展态势，卫星通信具有覆盖范围广和通信不受地理环境限制等优点，可有力补充地面移动通信无法广域低成本部署、抗毁性能较差等不足。随着我国卫星通信网络和 5G 网络技术的快速发展，卫星通信与 5G 将走向融合，最终形成天地一体、万物智联的 6G[2] 新型网络。

与 5G/6G 技术融合发展的卫星通信网络技术，可融合地面网络高速稳定与卫星网络广域覆盖的优点，形成真正全球无缝覆盖的高速互联网络。卫星通信网络与地面移动通信网络的深度融合、优势互补将进一步拉动我国卫星通信产业与地面信息网络产业的协同发展，成为新的经济增长点，带动更大规模的经济和社会效益。

---

① 5G：第五代移动通信。
② 6G：第六代移动通信。

与 5G/6G 融合的卫星通信网络推动我国航天与信息产业新跨越

1 国内外卫星通信与 5G 融合探索与研究现状

1.1 卫星通信与 5G 融合发展的必要性

地面移动通信系统自 20 世纪 80 年代第一代移动通信系统（1G）诞生至今，第五代移动通信系统（5G）已成功商用，传输速率与频谱效率不断攀升，人类通信实现了从模拟话音业务到文本与中低速多媒体业务，再到移动互联网与万物互联的飞跃。同时，卫星通信产业也在蓬勃发展，从最初的广播通信到点对点固定通信、从窄带低速向高速宽带、从地球同步轨道（高轨）向非同步轨道（中低轨）多轨道协同组网演进。传统的同步轨道通信卫星不断向大容量、高带宽方向演进，高通量卫星研制成为国际宇航企业新一轮的竞争高地。近年来，以 O3b、Starlink 等为代表的中低轨互联网卫星也开始进入商业运营，形成多层立体天基互联网络。

过去，卫星通信与地面移动通信网络发展相对独立，随着技术发展与新型业务的涌现，实现真正的泛在通信成为下一代通信系统建设的迫切需求。地面蜂窝网络能够为人口相对聚集的区域提供强大的接入能力与数据传输速率，但在人迹罕至的乡村、海洋等地区，由于地面网络铺设难度大、维护成本高，地面移动网络难以提供高效覆盖。

卫星具有覆盖范围广、组网灵活和通信不受地理环境限制等优点，可弥补地面 5G 网络因技术或经济因素造成的覆盖不足。因此，与 5G 融合的卫星通信网络可以突破地形限制，为用户提供全球无缝泛在的高速业务体验。另一方面，由于地面移动通信网络的长期深度发展，已形成完备的通信体制协议，保证了其可靠的通信与优质的用户体验。通信卫星受苛刻的空间环境因素限制，其载荷能力与用户通信速率受到严重限制，其通信协议标准的先进性、产业链规模及行业应用较地面移动通信仍有较大的差距。卫星通信技术与 5G/6G 技术的融合能够充分利用 5G/6G 庞大的产业规模，促进卫星通信向网络化发展的进程。卫星通信与地面移动通信的优势互补，将为未来通信网络、信息产业发展带来新的机遇，开启我国空间信息网络建设的跨越式发展。

1.2　国内外融合探索与研究现状

目前，世界范围内已掀起卫星通信网络与 5G 融合发展研究与建设的热潮。在通信标准方面，第三代合作伙伴计划（3GPP）作为 5G 移动通信标准的制定者，从 R14 阶段开始研究卫星网络与 5G 融合问题。国际电信联盟（ITU）也提出卫星通信网络与地面 5G 移动通信网络融合的中继传输、动中通、小区回传与广播分发、混合多媒体业务 4 种应用场景。

在项目研究方面，欧盟 H2020 5GPPP 资助了 Sat5G 项目并成功演示了卫星与地面网络的融合架构。欧洲空间局（ESA）启动的 SATis5 项目定义和评估了星地 5G 融合的网络体系结构解决方案，在实验室的测试环境中验证关键技术。

在工程建设方面，美国 Viasat、欧盟 SES 以及我国卫星通信运营商相继利用 GEO 卫星开展 5G 通信演示；低轨组网方面，国际社会继续深化星座巨型化、卫星宽带化的发展趋势，并逐渐与 5G 进行融合。

尽管在通信标准、技术研究、工程建设方面均初步探索了卫星通信网络与 5G/6G 移动通信网络的融合，并获得国内外政府与企业的高度关注，然而目前卫星与 5G 网络的融合整体上仍然处于起步阶段，星地融合网络的发展架构还未形成完备的理论与技术体系。

2 融合网络架构发展路线

地面移动通信的网络架构无论是 5G 还是之前的几代，基本都是由接入网、承载网、核心网三大部分构成，其中接入网连接移动终端与基站，负责把数据收上来；承载网连接基站与电信机房，像卡车一样承载数据，负责把数据送来送去；核心网是管理中枢，负责管理这些数据以及终端用户，对数据进行分拣，然后告诉它该去何方，并与外界网络连接（图 1）。

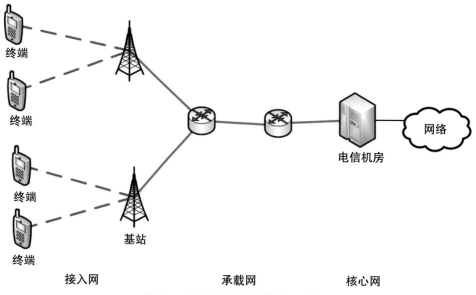

图 1　地面移动通信网络架构

　　当前在轨的通信卫星仍主要使用透明转发模式，即卫星对终端发送的信息仅做功率放大与频率搬移，并将信息转发至地面信关站。信关站与卫星网络运行中心相连，由卫星网络运行中心执行信息处理与网络控制，并最终与外部数据网络进行数据交换（图 2）。

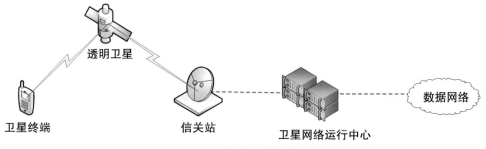

图 2　透明转发卫星网络架构

　　为实现天地一体与 5G/6G 融合的卫星通信网络，卫星网络与地面移动通信网络应由浅入深、分步骤分阶段融合，逐项突破关键技术。融合网络架构按照承载网融合、核心网融合、接入网融合依次开展，最终形成随遇接入、无感切换、业务体验一致的与 5G/6G 融合的卫星通信互联网络（图 3）。

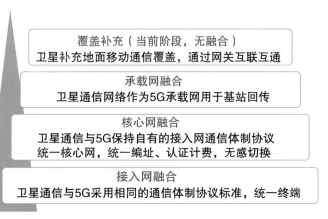

图 3　与 5G/6G 融合的卫星通信网络发展路线

2.1　承载网融合

承载网融合是卫星通信网络与地面移动通信网络融合的第一阶段，是一种松耦合模式。卫星网络作为承载网，实现 5G 基站（gNB）业务的回传，5G 基站回传业务可以根据需求在地面承载网与卫星承载网间进行切换。该融合方式基本无须改变用户终端，将是应用范围最为广阔的一种融合方式（图 4）。

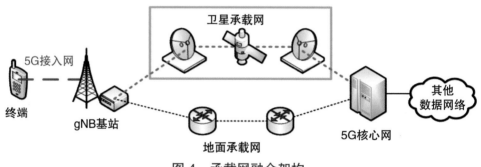

图 4　承载网融合架构

典型 5G 低频单基站的峰值带宽将是 4G[①] 时代的 20 余倍，达到 5 Gbps 量级。时延方面，5G 增强移动带宽（eMBB）业务要求用户面和控制面的时延分别低于 4 ms 和 10 ms。当前的卫星网络能力，难以满足如此的大带宽、低时延的承载网要求。为使卫星承载网能够在全场景提供高速低时延服务，一方面需要大力发展高通量卫星技术，建立卫星高速承载能力，同时需要借助低轨卫星网络的组网技术向低时延要求靠拢。

2.2　核心网融合

核心网融合是卫星通信网络与 5G 融合的第二阶段（图 5）。核心

---

① 4G：第四代移动通信。

网融合可实现卫星通信终端与地面移动通信终端的统一编址、统一计费、统一管理。然而，卫星通信网络与地面移动通信网络在部署环境、网络拓扑等方面存在显著差异，为两者的核心网融合带来了许多挑战。

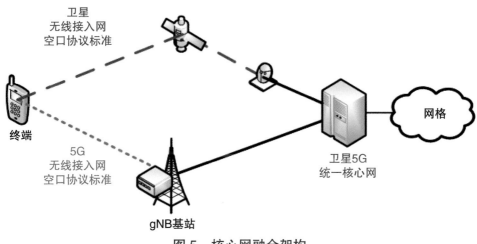

图 5　核心网融合架构

2.3　接入网融合

卫星通信网络与 5G/6G 融合的最终形态是接入网融合，卫星通信网络与地面网络采用统一的无线接入网标准协议，在承载网融合、核心网融合的基础上，形成天地一体卫星与 5G/6G 融合的统一网络架构（图 6）。最终，星地构成一个整体，为用户提供无感的一致服务。

卫星通信系统与地面移动通信系统在部署环境、信道传播特征等方面存在很多差异，如星地链路损耗大、传播时延长、存在多普勒效应、超大小区半径、星上与终端功率受限等，为两者的接入网融合带来许多挑战。

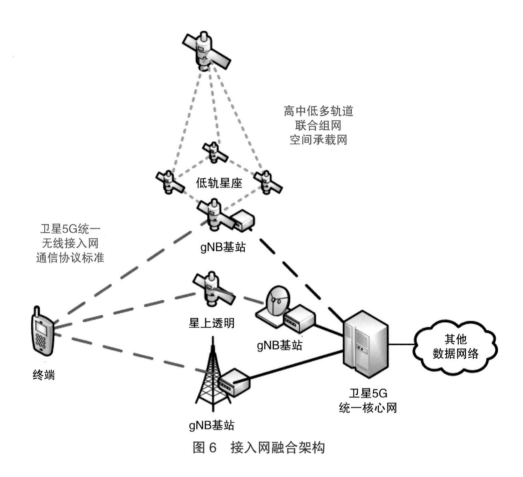

图 6　接入网融合架构

3　发展建议

3.1　掌握星地融合通信网络协议标准话语权

　　随着卫星通信网络和地面移动通信网络的融合，要想实现终端在卫星通信网络和地面移动网络间进行接入和无缝切换，则必须形成星地融合一体的通信标准体系。完备的融合网络标准体系，能够充分体现我国在卫星通信技术研究和 5G/6G 前沿技术研究上的国际领先性，增强我国的国际话语权，因此通信协议标准的研究也是发展 5G/6G 融合卫星通信网络的重要方面。针对 5G/6G 网络中卫星通信与地面通信系统融合通信场景架构、融合核心网标准等关键领域，梳理我国卫星通信产业的关键技术、专利及知识产权，提交标准化文稿，加快在国际标准化组织中的相关专利布局。

3.2　面向网络架构融合，开展前期技术攻关

3.2.1　高通量卫星通信技术

高通量卫星采用多点波束等技术，通过更大的带宽、更高的频谱效率提供几十倍于传统卫星的通信容量，有望满足 5G/6G 对于承载网的要求（图 7）。同时，未来通信卫星将向越来越高的频段发展，高通量卫星将搭载 Q/V/W 频段载荷，工作在毫米波波段。毫米波具有方向性好、干扰小的特点，但也因其独特的信道特性与强衰减为工程实用带来难题。需要着力发展超大口径可展开多波束天线、毫米波通信等技术，攻克技术工程实用性难题，加快高通量卫星通信与 5G 承载网的融合。

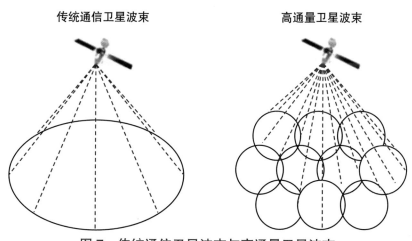

图 7　传统通信卫星波束与高通量卫星波束

3.2.2　低轨通信卫星星座组网技术

低轨卫星通信系统因其轨道位置低，传输时延小，能量利用效率高等特点，对承载高可靠低时延业务以及海量低功耗业务具有天然的优势（图 8）。在传输方面，太赫兹通信技术与空间激光通信技术均具有传输容量大、终端体积小、传输安全性好以及频率资源丰富等明显优势，成为解决空间高速传输的重要手段。在组网方面，卫星高速移动带来的星间拓扑高动态性、星间的大传输时延等特性使得地面成熟的组网协议难以为空间组网提供有效支撑，如何保证大规模卫星节点网络中的高效信息交换是需要解决的难题。为了满足空间网络的组网需求，需要发展新型的组网协议，攻克高动态拓扑下网络节点的编址、路由与星载资源受限下的交换技术。

图 8　基于低轨通信卫星星座的卫星通信网络

3.2.3　移动性管理技术

移动性管理是融合统一核心网最为关键的技术。在地面蜂窝网络中，基站所形成的波束覆盖是固定的，终端所驻留的蜂窝小区具有唯一标识，在终端停留的注册区不变时无须更新该标识。而在非同步轨道卫星接入网后，随着卫星的移动，终端随着时间的推移而驻留在不同的波束与卫星上。此外，在融合网络中，星地融合网络中低轨卫星系统相对于地面的位置快速变化，终端被同一颗卫星连续覆盖的时间只有十几分钟，对于采用多波束的低轨卫星，同一波束连续覆盖终端的时间只有几分钟。卫星的高速移动将为星地融合网络引入大量切换需求，对核心网侧的移动性管理造成巨大压力。为实现终端在星地网络之间按需自由切换，需开展星地解耦编址、基于星历信息的切换、双连接软切换等移动性管理技术（图 9）。

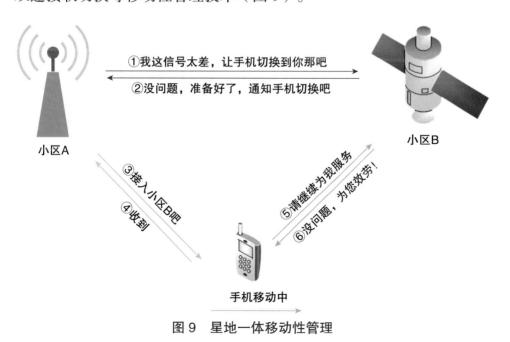

图 9　星地一体移动性管理

3.2.4 可变参数无线传输波形技术

无线传输波形直接由传输信道特性所决定，卫星特性网络与地面网络的传输信道环境差异较大，为融合统一的无线接入网带来巨大挑战。由于非同步轨道卫星处于高速运动状态，造成的多普勒频偏可数倍于 5G 传输体制 OFDM[①] 子载波间隔，对信息传输与下行同步过程产生严重影响。星上的功率资源受限，为了充分利用卫星所能提供的能量，功放需工作在邻近饱和点的状态。然而 5G 下行链路使用的 OFDM 波形具有较高的峰均比，直接在卫星的下行链路使用会降低功放效率。因此卫星通信无线传输体制要基于 5G 的先进技术，采用统一的传输体制，结合卫星通信高动态、传输时延长、星载资源受限等特点而进行参数的改变（图 10）。

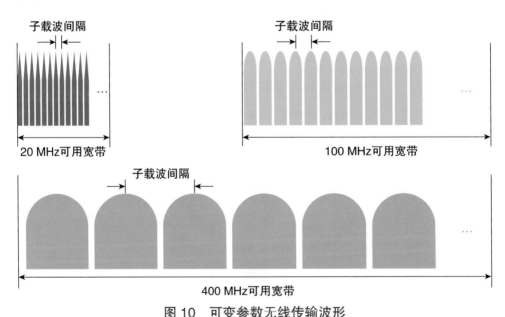

图 10　可变参数无线传输波形

———————————

① OFDM（Orthogonal Frequency Division Multiplexing）：上交频分复用，多载波调制的一种。

3.3　谋划与5G/6G融合的新型卫星通信系统

5G很明确地提出了三大应用场景，其中增强移动宽带（Enhanced Mobile Broadband，eMMB）场景可以看作是4G场景量的提升，而超可靠低时延连接（Ultra-Reliable Low Latency Communications，URRLC）和海量机器类通信（Massive Machine Type Communication，mMTC）是全新应用场景，也将成为5G较4G的高速增长点，因此卫星通信系统必须加快发展，面向5G新应用场景，基于5G新技术，形成支持这两类场景的新型卫星通信系统。建议发展面向无人平台的卫星通信系统及广域覆盖海量终端卫星通信系统。

3.3.1　面向无人平台的卫星通信系统

5G URLLC场景最大的特点是低时延、高可靠性，URLLC场景的使用范围很大，在不同的场景对时延、可靠性和带宽的要求是不同的。具体来说，包括电力自动化"三遥"场景、车联网场景和工业制造等场景。

在卫星通信与5G/6G融合背景下，卫星通信需无人平台。无人装备是以美国为代表的军事强国长期占据军事优势的重要技术手段之一，美国始终处于研发和军事应用的最前沿地位。近年来，美军实质上将无人装备定位为具有独特优势的新型作战力量，赋予其与有人装备同等重要的地位，已对作战形态产生革命性影响。大中型无人机的飞行半径可达上千千米，仅依靠地面信号盲区很大，安装卫星通信系统就尤为重要了，因为不管飞多远，都能接收到控制指令。低轨有着天然的较低时延优势，因此需发展基于低轨星座的面向无人平台的卫星通信系统。

3.3.2　广域覆盖海量终端卫星通信系统

海量机器类通信是5G所引入的重要应用场景，可实现海量物联类终端互联，将会带来新的商业模式与作战样式。

作为卫星物联网的雏形，基于卫星通信系统可实现数据采集、系统监控、跟踪定位、报文传递等方面的应用，在国外建成的典型系统主要有 Orbcomm 系统等。在建与规划系统有澳大利亚太空科技初创公司 Fleet 计划、俄罗斯 SPUTNIX 公司物联网技术卫星等。国内目前主要是基于现有卫星和设施开展物联网应用的探索，例如利用天通一号移动卫星通信系统进行物联网传输。因此建议开展广域覆盖海量终端新型卫星通信系统谋划，研发支持终端可在地面 5G 与卫星系统间无感切换的卫星通信系统，开展面向支持海量终端卫星接入的短突发传输技术。

4 未来发展与展望

按照 IMT-2020（5G）推进组《5G 经济社会影响白皮书》的预测，5G 地面移动通信系统将在 2030 年带来 10.6 万亿总产出和 1150 万个就业机会。发展与 5G/6G 融合的卫星通信网络，建设天地一体化的信息网络，将进一步拉动我国卫星通信产业与地面信息网络产业的融合发展，带动更大规模的经济和社会效益。构建多轨道协同、天地一体、与 5G 等地面网络融合的卫星通信网络也直接关系到我国的产业安全和国家安全，相关技术的攻关能够打破跟随国外技术的局面，成为国际相关标准的制定者和领跑者，有利于构建自主可控网络空间体系，将为我国实现从航天大国向航天强国迈进、从网络大国向网络强国发展的战略举措提供有力支撑。

作者：郑重，郝媛媛，缪中宇，陈东，张千
单位：中国空间技术研究院通信与导航卫星总体部

十　航天器与地面甚长基线天线阵协同探测技术

目前人类对宇宙的探测手段仍然十分有限，对于宇宙的起源、宇宙的构成等根本性的问题尚无法准确地回答，亟须探测手段和能力的提升。

甚长基线干涉测量（Very Long Baseline Interferometry，VLBI）技术是一种现代天文学观测手段，通过多个射电望远镜联合组成一个大型射电望远镜阵列，从而大幅提高观测能力。然而，仅依靠地面望远镜，其最大等效口径受到地球直径的限制，难以进一步提升。若能将航天器与地面甚长基线天线阵结合，形成天地一体协同探测网，其望远镜的等效口径将有望突破地球尺度的限制，进一步增加数百甚至上千倍，显著提高人类观测宇宙的能力和认知宇宙的水平。

应用航天器与地面甚长基线天线阵协同探测技术实现宇宙探测能力的新跨越

1 甚长基线干涉测量技术

1.1 VLBI 技术的诞生

由于射电望远镜能"看到"光学望远镜无法看到的电磁辐射，射电观测已成为现代天文观测的重要手段之一。但是，为了追求对遥远天体的高分辨率观测，地面射电望远镜的天线口径就必须不断增大，甚至达到成百上千千米，这对于工程实现显然是无法接受的。

为了解决上述问题，甚长基线干涉测量（Very Long Baseline Interferometry，VLBI）技术应运而生。20 世纪 50 年代，剑桥大学的天文学家马丁·赖尔建成了第一台射电干涉仪，实现了不同望远镜接收到的电磁波的叠加成像，在此基础上，VLBI 技术得到了长足的发展。1974 年，赖尔以此项技术获得了诺贝尔奖。

1.2 VLBI 技术的基本原理

VLBI 技术的基本原理是通过将相距遥远的多台射电望远镜通过统一的中心联系在一起，组成大型射电望远镜阵列，从而大幅提高观测分辨率。

天体或航天器等射电源辐射出的电磁波，经地球大气到达地面，由基线两端的天线接收。由于地球自转，电磁波的波前到达两个天线的几何程差(除以光速就是时间延迟差)是不断改变的。在高精度时间同步下，对接收到的射电信号作相关处理，能求出两路信号的相对时间延迟及其变化率。经多次观测后，则可从相对时间延迟和变化率中解出射电源的位置和基线的距离。

VLBI的测量精度主要取决于延迟时间的测量精度。由于实际测得的延迟还包含有传播介质(大气对流层、电离层等)、接收机、处理器以及时钟同步误差产生的随机延迟，因此需要对各类延迟量进行估计和校正，目前校正后延迟测量精度约为0.1毫微秒。

1.3　VLBI技术的应用

VLBI技术诞生以来，经过半个世纪的不断改进和提高，它的灵敏度、分辨率及定位精度均得到大幅提升，现在VLBI的最高分辨率和定位精度已达10微角秒量级，相当于在地球上可以观测到月球上厘米尺度的物体。VLBI技术是当前已知的天文观测技术中分辨率最高的一项技术，甚至比哈勃空间望远镜的分辨率还要高出数百倍。VLBI在天文学、地球动力学及航天工程等领域得到了广泛应用，取得了众多的新发现和创新性成果，例如，获得了活动星系核和类星体的亚毫角秒尺度的精细结构和发现了相对论性喷流现象；毫米波全球VLBI网在1.3 mm波段的观测，首次为大质量黑洞M87拍了"照片"；建立了亚毫角秒精度的准惯性射电天球参考系；用VLBI技术测量银河系脉泽源的高精度三角视差和自行，对于银河系旋臂结构和动力学研究作出重大贡献；测量了美国阿波罗登月的月球车在月面的行进路线等。

2 通过航天器与地面甚长基线天线阵协同探测技术，进一步提升人类探索宇宙的能力

地面甚长基线天线阵为人类探索宇宙提供了重要的观测手段。以黑洞探测为例，要想证明黑洞确实存在，人类必须要能观测到它，而使用 VLBI 技术就是一种可行的技术途径。

2012 年，黑洞事件视界望远镜（Event Horizon Telescope，EHT）组织成立，EHT 以 VLBI 技术为基础，通过协调世界各地的射电望远镜进行联合观测，将望远镜的角分辨率提升至足以观测事件视界尺度结构的程度。

2019 年 4 月 10 日，世界多国采用地面甚长基线天线阵，共同观测了距离地球 5500 万光年，质量约为太阳的 65 亿倍的黑洞。该黑洞位于室女座一个巨椭圆星系 M87 的中心。它的核心区域存在一个阴影，周围环绕一个新月状光环。该项目运用了全球 8 个地面观测站，组成一个等效口径如地球直径大小的虚拟望远镜，也让人们第一次"看到了黑洞的真容"（图 1）。

近年来，全球射电天文学蓬勃发展，接连涌现出类星体、脉冲星、星际分子和微波背景辐射等四大天文发现。我国也陆续建成了多座射电望远镜，随着中国贵州 FAST 500 m 口径望远镜和国际合作大科学工程 SKA（平方公里阵列）的相继建成（图 2），低频射电天文学正走向新一轮蓬勃发展的高潮，探测深度（灵敏度）和频率覆盖范围不断创造新的纪录。

然而，在地面射电干涉仪和 VLBI（甚长基线干涉测量）网得到长足发展的同时，天文学家也充分意识到下一步的发展中 VLBI 分辨率受

到地球直径的限制，于是建设空间射电天文台，与地面 VLBI 台站构建
"空 – 地" VLBI 网，进一步提升观测分辨率成为了必然选择。

图1　2019 年 4 月 10 日全球共同见证了黑洞

通过将射电望远镜发射至空间轨道，利用天基望远镜组成 VLBI 阵
列或与地面射电望远镜阵列一起，构成天地一体 VLBI 协同观测网，从
而有效突破地球尺度的制约，其等效口径将有望再增加数百甚至上千
倍，为人类探索宇宙提供新的机遇。相比地面射电望远镜，空间射电
天文台具有以下特点和优势：

1）避开地球大气层对无线电波信号的散射和吸收，降低地球上的
电磁干扰；

2）利用良好的空间无线电环境，打开全新的低频（30~80 MHz）
射电观测窗口；

3）能够长时间惯性空间定向积分以获得更高的图像灵敏度；

4）可以配合地面望远镜，形成超长"空 – 地"基线，将科学探索广度和深度提升一个新高度。

FAST   SKA

图 2　中国贵州 FAST 望远镜和国际合作大科学工程 SKA

3　通过航天器与地面甚长基线天线阵协同探测技术，深入开展空间科学研究与探索

人类对宇宙的探索已有数千年的历史。20 世纪末，人类描绘了银河系地图，其所包含的恒星数量只有 11.8 万颗。2018 年，欧洲空间局对外发布的银河系地图已经包括 17 亿颗恒星。

现代天文学家已经多次描绘出更精准的新版 3D 银河系地图，其整体构造包括 4 个螺旋形枝节和 1 个条状核心区域，范围为 14000 光年，其中心部分较厚，外部则由厚变薄。目前科学界了解的银河系恒星数在 1000~4000 亿颗之间。即使如此，人类对于银河系的探测还远没有完成。

空间技术的发展有力推动了天文学的进步。将射电望远镜发射至近地轨道或更遥远的深空轨道，可以大幅增加天线阵列的基线长度，获得远大于地球直径的望远镜等效口径，从而更加精细地观测整个宇宙的结构和运动特性，探索宇宙的总体运行规律，通过运用航天器与地面甚长基线天线阵协同探测技术，有望在以下几个方向取得突破。

3.1 中性氢全天总功率谱测量

氢是宇宙中最丰富的元素，是形成恒星和星系的重要原材料。银河系中弥散的中性氢原子是孕育恒星形成区的基础，也是大质量恒星在其生命周期中所注入的大部分能量的介质。因此，对中性氢原子的分布和动力学的研究，对于理解星际介质中能量和物质循环至关重要。

2018 年，美国研究团队利用地面射电望远镜宣称探测到宇宙黎明的全天总功率谱，在天文和物理界引起了巨大的反响。然而其探测到的宇宙黎明总功率谱的幅度和形状都严重偏离标准宇宙结构形成理论的预测，且至今无法实现重复性验证，因此其观测结果在学术界仍有很大争议。

精确测量中性氢全天总功率谱，是利用航天器与地面甚长基线天线阵协同探测技术开展的一项重要实验，其实验结果具有不可替代的重要科学价值和深远的意义，有望将宇宙学研究推到一个新的高度。

3.2 暂现源的暴发和射电余辉监测

暂现源是指在短时间内出现，然后很快消失的天体。暂现源形态多样，极短的光变时标意味着其对应的辐射区域尺度很小。我国 FAST 望远镜在暂现源的监测中已经发挥了引领作用，相关成果曾被列入自然、科学 2020 年十大突破。

大多数暂现源的射电亮度较低，且持续时间短，地球大气散射以及射电干扰对暂现源探测的影响十分明显。航天器与地面甚长基线天线阵协同探测技术所能实现的超高角分辨率不仅增加了探测暂现源结构及其变化的可能性，同时空间望远镜能够避开地球射频干扰的影响，从而更加准确、高效地提取暂现源的亮度信息和暴发情况。

3.3 系外行星探测

系外行星如果有超强的磁层或者绕着强磁场源转动，抑或是其受到来自母恒星的日冕物质抛射粒子的轰击，将产生强烈的射电辐射。一旦若能成功探测到系外行星的射电辐射，将极大地提升人类对系外行星系统本质的认识水平。

由于系外行星距离地球非常遥远，观测分辨率必须极高，只有通过航天器与地面甚长基线天线阵协同探测技术才有可能实现有效的探测。航天器与地面望远镜组阵后，因其超长的观测基线，在分辨率上有着绝对优势，具有在该领域带来革命性发现的潜力，有望能够探测到更远的目标，树立我国在宜居星球发现、系外行星射电辐射、系外行星自转和磁场等研究领域的优势。

4 航天器与地面甚长基线天线阵协同探测技术需要突破的关键技术

要实现航天器与甚长基线天线阵协同探测技术，目前还有很多技术问题和实际困难需要解决。经初步梳理，需要突破的关键技术主要包括以下几方面：

4.1 空间超大口径天线展开成型和在轨标校技术

空间射电天文台天线展开口径通常将达到 20~30 m 量级，型面精度要求极高。由于天线口径大、精度高，对展开支撑结构的比刚度、展开精度、收纳比和展开可靠性等提出了较高的要求。因此，需要开展空间超大口径天线展开成型和在轨标校技术攻关，为实现在轨高性能射电天文观测奠定基础。

4.2　超大惯量空间望远镜快速姿态机动及稳定技术

由于超大天线模态频率低、挠性大，航天器呈现多体动力学特性，具有系统不确定性突出、控制目标多等特点。同时，因空间射电天文台需针对天球上不同目标源开展分时观测，需频繁进行大角度姿态机动并快速稳定，机动能力和控制精度要求高。因此，需开展带有超大口径天线的航天器快速姿态机动及稳定关键技术攻关。

4.3　低频空间望远镜电磁洁净技术

由于射电天线通常工作频段低、接收机灵敏度极高，而航天器平台单机电磁信号构成复杂，其电磁辐射信号可能对天线的接收产生干扰，从而影响望远镜的观测精度。因此，需要开展低频空间望远镜电磁洁净技术攻关，通过辐射信号衰减与屏蔽等手段，保证望远镜的探测性能。

4.4　天地组网协同观测技术

受星载大口径天线影响，航天器在轨机动能力相对较弱，若需要与地面望远镜阵列进行联合组网观测，必须对现有观测策略进行适应性调整，确保天地天线指向一致性以及信号传输的同步性，以满足空间－地面协同观测的需求。

5 未来发展与展望

近几十年来，国内外射电天文学蓬勃发展，取得了大量的原创性科学成果，大大加深了人类对宇宙的认知和理解。但由于受到地球尺度的约束和地球大气折射等因素的影响，地面望远镜的观测能力难以再有大幅的提升。

航天器与地面甚长基线天线阵协同探测技术为人类探索宇宙提供了一种新的可能的技术途径，望远镜阵列的观测基线将不再受地球尺度的限制。相信随着空间技术的发展和关键技术的突破，近地卫星乃至深空探测器与地面望远镜的协同组网探测会逐步变为现实，为进一步拓展人们观测宇宙的新视野，引领空间科学与空间技术的创新发展作出积极的贡献。

作者：吴志敏

单位：中国航天科技集团有限公司第八研究院

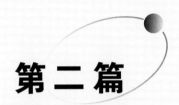

第二篇

2021 年宇航领域科学问题和技术难题解读

一 太阳磁场周期性反转与太阳全球磁场探测

太阳磁活动周的起源是太阳物理研究中的重大前沿科学问题，随着观测手段和理论研究的发展，科学家们认识到太阳活动周期本质上是由太阳磁活动引起的，并试图用太阳发电机模型来解释太阳磁活动周的起源。

由于目前太阳磁场探测主要局限于黄道面附近，缺乏在太阳背面、高纬区和极区的观测，无法获取关键的太阳全球磁场数据，导致太阳磁活动周的研究存在很大不确定性。因此，获取太阳全球磁场数据是未来的核心和关键。即利用航天技术，构建一个全方位太阳立体探测系统，实现从低、中、高纬区及两极区域对太阳全貌进行观测，在行星际轨道转移以及高精度磁场探测等关键技术上实现突破，利用观测到的高质量磁场数据，在太阳磁活动周的起源问题上取得重大进展。

太阳磁活动具有周期性的原因

1 太阳磁活动周

太阳黑子也被称为太阳活动区，是太阳活动性的重要表征。自 18 世纪对太阳黑子有持续的科学记录以来，科学家发现其在太阳表面的数目具有 11 年的周期性，这被称为太阳活动周。在每个太阳活动周的开始，太阳黑子在太阳南北半球 30° 附近浮现，并逐渐向赤道附近迁移，形成太阳黑子的蝴蝶图。1908 年美国天文学家乔治·海尔利用太阳光谱的塞曼效应第一次揭示了太阳黑子其实是太阳表面的强磁场区域，拉开了宇宙天体磁场研究的序幕，海尔通过不同太阳活动周的观测，进一步发现太阳黑子的前导磁极性（太阳自转方向）和后随磁极性（太阳自转的反方向）在不同的活动周会发生磁极性的反转（海尔定律，图 1），并且太阳黑子的强磁场在耗散后形成的剩余磁场会在子午环流的作用下向太阳的南北两极迁移，造成极区磁场极性的反转，从而进一步形成太阳磁活动周。与太阳黑子的 11 年活动周期相对应，太阳磁场的周期数是 22 年。图 2 展示了太阳黑子的蝴蝶图和视向磁场的磁蝴蝶图，可以非常明显地看到前导和后随极性随太阳活动周的变化以及太阳极区磁场极性的反转。

目前来看，太阳磁活动起源问题的解决不仅依赖于太阳表面磁场的完整观测，而且依赖于用来解释太阳磁活动周现象的太阳内部结构和太阳发电机理论的研究进展。

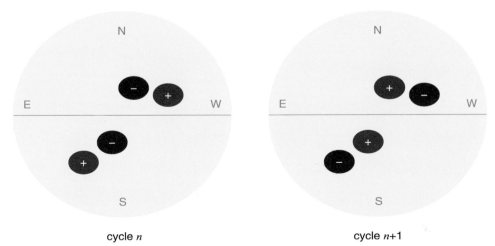

图 1　太阳黑子前导和后随磁极性反转（海尔定律）示意图

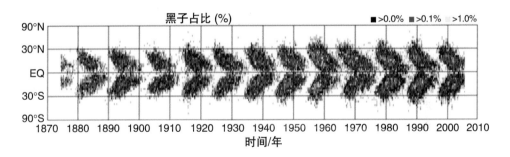

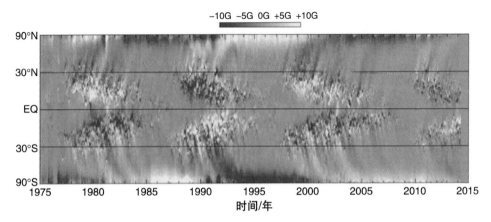

图 2　太阳黑子的蝴蝶图和视向磁场的磁蝴蝶图

2 太阳内部结构与发电机模型

2.1 太阳内部结构

太阳分为太阳内部结构和太阳大气（图3），其中太阳内部结构分为核反应区、辐射区和对流区。太阳的能量来自日核内的热核反应，能量通过辐射区到达对流区，在对流区中由于物质密度的降低，能量仅靠辐射无法有效地向外传输，造成不稳定性从而形成所谓的对流状态。

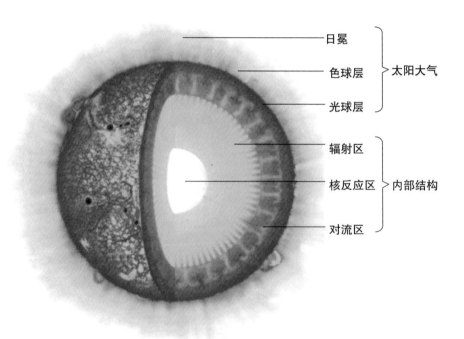

图3 太阳结构示意图

太阳内部无法被直接观测到，目前主要通过日震学方法研究太阳内部结构。日震学是探测太阳光球表面俘获的太阳内部声波形成的多普勒速度振荡信号，再通过不同模式的声波在空间和时间传播特征上的差异反演内部结构的有效方法（图 4）。图 5 给出了使用日震学方法得到太阳内部不同深度的较差自转速度，较差自转是指天体在自转时不同部位的角速度互不相同的现象。显然太阳不是一个刚体，其内部存在不同尺度的流场结构。

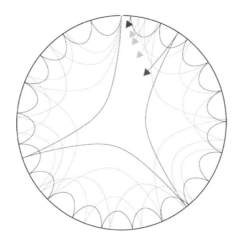

图 4　不同模式的太阳声波的传播路径

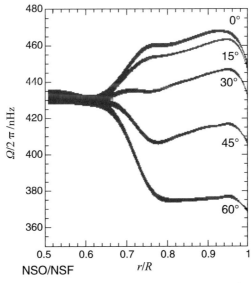

图 5　使用日震学方法得到的太阳较差自转速度

2.2 太阳发电机模型

太阳磁场的能量究其根本是来自太阳内部核反应。但太阳磁场的产生和维持机制仍然是未解之谜。科学家使用太阳发电机模型来解释太阳磁活动周期。太阳发电机模型描述的是导电流体在磁场中运动时形成的自激发磁场使太阳的磁场得到维持，从而阻止磁场随着欧姆耗散逐渐减弱消失的理论模型。

早期的柯林反发电机模型指出太阳轴对称的大尺度平均磁场不能得到长期维持，这就和已知的太阳大尺度磁场观测结果相悖。随后在 20 世纪 50 年代，尤金·帕克创造性地提出了 α 效应理论，将湍流在小尺度上的平均效应引入太阳发电机理论中（又叫平均场发电机理论，图 6），成功解释了太阳磁活动周的现象，解释了早期柯林发电机中的疑问。但是该理论也存在明显的不足：需要太阳内部的较差自

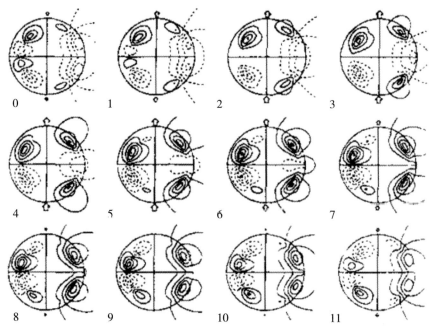

图 6　帕克平均场发电机模型示意图

转存在明显的梯度。20世纪90年代，空间和地面多台太阳日震观测数据证实，太阳内部对流层的大部分区域中较差自转变化不大（图5），这又给平均场发电机理论带来了挑战。基于近十年获取的日震学数据又发现太阳内部的子午环流存在着复杂的双层结构（图7），这再一次对现有的太阳发电机模型提出了新的挑战。而且随着太阳矢量磁场、电流螺度和磁螺度等反映磁场复杂性和拓扑属性资料的积累（图8），太阳发电机理论还在继续向前推进。从以上进展可以看出，每一次新的太阳发电机模型都在一定程度上揭示了太阳磁活动周起源的机理，然而数据的缺失或者新的观测数据的补充，都给原有的太阳发电机模型带来质疑和挑战。因此，获取完整的太阳全球磁场探测数据和太阳内部流场结构是未来太阳发电机理论取得突破性进展的核心和关键。

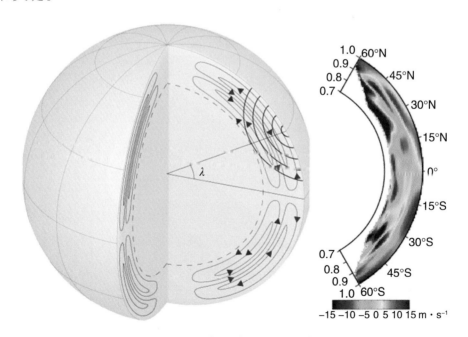

图7　SDO卫星发现的子午环流的双层结构

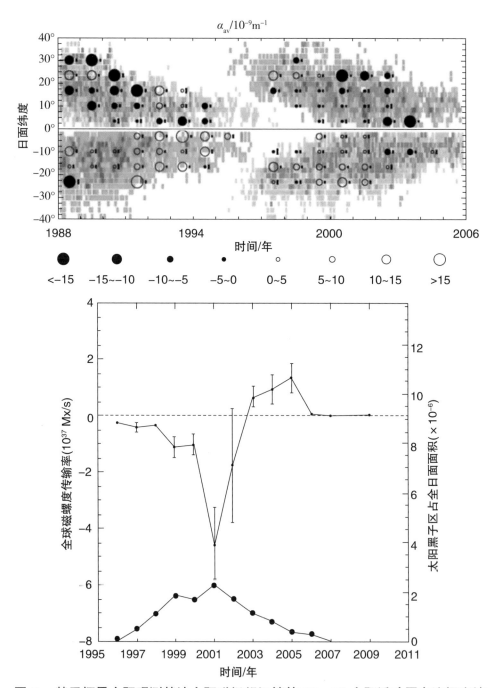

图 8　基于怀柔太阳观测基地太阳磁场望远镜第 22—23 太阳活动周电流螺度统计蝴蝶图和第 23 太阳活动周磁螺度传输率曲线

3　太阳磁场空间探测进展

人类发射空间探测器探测太阳具有一定的历史，1960 年 3 月 11 日，美国发射了第一颗专门的太阳探测器，从此揭开了人类空间探索太阳的序幕。

针对太阳磁场及磁活动周的起源问题，需采用日震与磁场成像载荷进行研究。在人类历史上 50 余颗专门用于太阳探测的航天器中，携带此类载荷的典型卫星有 4 颗：太阳与日球层观测台（SOHO，1995），太阳动力学观测台（SDO，2010），太阳观测卫星（Picard，2010）和太阳轨道器（Solar Orbiter，2020）。另外，有一些卫星携带了进行太阳磁场局地探测的载荷，此类载荷与遥感探测载荷不同，缺乏对太阳磁场进行高分辨率成像观测的能力，这也决定了其难以为太阳磁活动周起源的研究提供重要数据，如尤利西斯探测器（Ulysses，1990）、日地关系观测台（STEREO，2007）和帕克太阳探测器（Parker Solar Probe，2018）。

截至目前，太阳磁场空间探测卫星主要位于日地连线之间，这导致目前的太阳发电机模型都是基于日地连线观测得到的理论模型，并且其依赖的太阳活动周的长期观测都是基于太阳的正面观测，而太阳光球边界的矢量磁场信息是不完善的，太阳极区的直接正面磁场观测数据目前几乎未有进展。因此，在黄道面和太阳极区开展对日联合观测，能够捕获太阳活动区的浮现、网络磁场的形成和扩散演化、网络内磁场演化的全生命过程，获得精准、完整的太阳全表面磁场耗散过程，为太阳发电机理论模型的发展提供至关重要的观测证据，这也是引导未来太阳全球磁场探测取得重大突破的发展方向。

4 太阳全球磁场探测需要攻克的技术难题

4.1 构建全方位太阳立体探测系统

太阳全球磁场数据是研究太阳磁活动周起源问题的核心和关键，这一需求的实现最终转化为构建一个全方位太阳立体探测系统的航天问题，该系统需要能够实时从太阳的低、中、高纬度以及太阳极区等角度进行探测，获取太阳全球磁场探测数据。

全方位太阳立体探测系统由位于黄道面 360° 观测和太阳极区观测的两组航天器组成，理想的空间布局如图 9 所示，该布局设计携带的全球磁场探测载荷能够实现同时对太阳南北两极及高纬地区、太阳背面（地日连线延长线方向）与侧面（太阳黄道面内日地连线方向的两

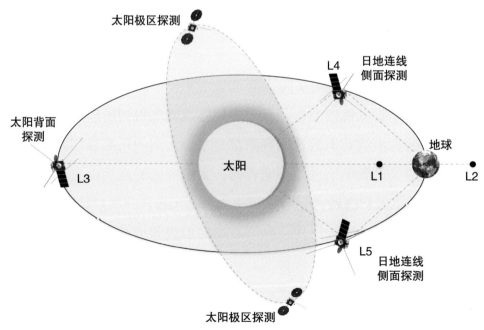

图 9 理想的系统组成与空间布局

侧）和日地连线方向进行观测，从而获取全球太阳磁场探测数据，研究并揭示太阳磁活动周起源这一科学难题。

然而从工程技术上实现这一空间布局，构建全方位太阳立体探测系统，实现全球太阳磁场探测，需要克服诸多关键技术，包括：行星际轨道转移和推进技术、多器组合发射技术、超远距离的测控和探测数据下传技术，以及高精度磁场探测有效载荷技术等。

4.2　行星际轨道转移和推进技术

将探测器送入如图 9 所示的理想位置需要极高的能量，单纯依靠运载火箭和探测器自身变轨需要付出的代价过高，需要采用天体借力、太阳帆推进等其他途径。

天体借力在太阳立体探测空间布局设计中具有关键作用。我国嫦娥五号试验星成功利用月球实施了近月转向高速再入地球，奠定了相关技术基础。后续需要针对太阳立体探测的需求进一步深化研究天体借力和轨道优化技术。

轨道设计与优化技术主要涉及 lambert 理论基本模型和计算方法、高精度摄动模型优化方法等理论研究。轨道优化算法涉及多维非线性规划问题的人工智能算法，通过合理的模型处理，将轨道设计问题转化为含有多个非线性约束的多优化目标的多维非线性规划问题。

太阳帆推进是利用太阳光子从大型帆上反射产生的光压来推动航天器，是一种新兴推进技术，其优点在于无需燃料即可获得持续小推力。太阳帆大规模应用需要克服多个技术难点：首先对帆膜自身质量要求很苛刻，要求平均面密度小于 13 g/m^2（厚度在微米量级），且需要镀反射膜并具有一定的强度和抗辐射能力；其次，要求帆的面积很大才能产生有意义的推力，理想的太阳帆尺寸应为 150 m × 150 m；再次，这种超大尺度薄膜结构发射时的折叠、在轨展开、支撑和控制是个巨大挑战，且由于存在重力和大气，在地面如何试验验证也需要考虑。

4.3 多器组合发射技术

太阳全方位立体探测系统至少需要 5 颗探测器，为了降低发射成本，结合我国现有运载火箭的发射能力，采用一箭多器发射相较于单独发射优势明显：在满足全方位立体探测系统配置和运载火箭对卫星构型约束的同时，可实现运载火箭潜力的最大化利用及单星发射成本最低；并且通过相同的探测器及有效载荷配置，多探测器运行过程中能够相互协同观测，提高科学产出。

一箭多器发射有多种实现方式：多星串联、多星并联（图 10）、串并联组合（图 11）以及一箭多器发射整流罩方式（图 12）。太阳全方位立体探测航天器在整器质量控制方面具有较高要求，同时，一箭多器发射对于探测器的构型与结构布局也提出了严格约束。因此，一箭多器发射首先要解决多器组合体协同构型优化

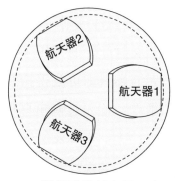

图 10　三器并联发射布局示意图

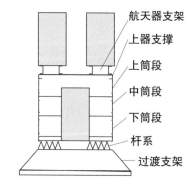

图 11　三器串并联发射布局示意图

航天器支架
上器支撑
上筒段
中筒段
下筒段
杆系
过渡支架

设计问题，需要开展单器小型化与轻量化设计、适用于多器组合体发射的传力路径优化设计、星表大型部件协同布局优化设计等工作，确保多器组合体满足运载发射能力。此外，还需要进行多探测器安全分离和入轨技术研究。针对太阳全球磁场探测的任务特点，需要研究最优的组合体总体构型，以满足全方位太阳立体探测系统需求，实现太阳全球磁场探测。

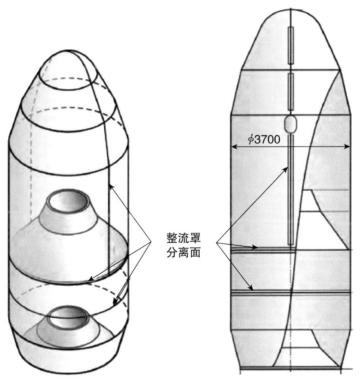

图 12   一箭双器整流罩发射示意图

4.4 超远距离测控和探测数据下传技术

构建全方位太阳立体探测系统无论是将多颗探测器布置在环黄道面还是在太阳极区，要完成这样的空间布局，整个系统的最远通信距离预估将达到 6~9 亿千米。全方位太阳立体探测系统航天器与地面之间的通信传输是通过无线电波实现的，探测器与地球距离越远信号衰减越大，探测器采集到的数据下传速率就越低；另外，距离越远，无线电波的传输时间就越长，测控通信的延时就越大，对探测器在轨自主控制要求就越高。我国已经实施的火星探测任务天问一号探测器，最远距离地球超过 4 亿千米，是地球到月球距离的 1000 倍，测控数据延时达到约 22 min。而构建全方位太阳立体探测系统的测控通信延时将达到 50 min 之久。这对探测器数据传输与通信提出了极大的挑战，研究高效的测控和数据下传技术，寻求最佳的在轨自主控制与管理解决方案对于构建全方位太阳立体探测系统至关重要。

4.5　高精度磁场探测有效载荷技术

太阳磁场无法直接测量。物理学家们通过太阳望远镜观测夫琅和费磁敏谱线经过磁场后分裂谱线的偏振变化（即塞曼效应），再利用太阳大气的辐射转移模型反演获得太阳磁场的信息。因此，一个经典的太阳磁场望远镜通常由望远系统、滤光系统、偏振调制系统和图像采集处理系统组成（图 13）。

必须指出的是，由于太阳光球对磁场敏感的谱线带宽很窄，通常在 0.03nm 以内。要求滤光系统的带宽在 0.01nm 及以下且透过中心波长可调节，以分辨和扫描谱线信息。另外，太阳磁场测量的灵敏度显著依赖于偏振调制系统的稳定度和偏振调制速度，而视向速度场测量依赖于滤光系统的波长稳定度和调谐速度。因此，窄带滤光系统和偏振调制系统是探测载荷实现高精度磁场和速度场测量的最核心组件。

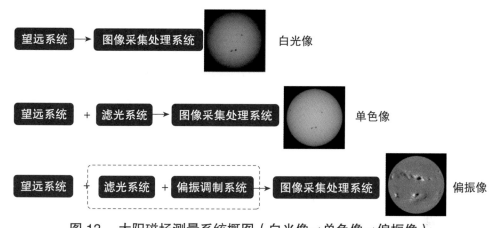

图 13　太阳磁场测量系统概图（白光像→单色像→偏振像）

目前传统的滤光系统采用机械旋转调制的双折射滤光器，需要配备多个旋转电机，结构复杂、速度慢（秒量级）、空间可靠性较低，极难满足速度场测量需求。液晶调制型双折射滤光器，采用液晶调制来取代机械调制，大大简化了结构复杂性，减小了载荷质量，响应速度快（百毫秒以下），是高精度磁场与速度场探测载荷的最优选择。液晶调制的空间适应性以及在轨实时校准技术是液晶型滤光器首要解决的关键难题；另外，滤光系统的极窄带滤光以及速度场测量要求滤光器内部温度稳定度达到 ±0.01℃以内，满足航天技术要求的大尺寸滤光器精密温控是另一个有待攻克的技术难题。

5　未来发展与展望

太阳磁活动周期的起源问题是太阳物理研究中的重要难题。这一问题的突破将极大促进太阳物理学和天文学的发展。从恒星构成的赫罗图上看，太阳是一颗具有代表意义的主序恒星，太阳活动周期这种基本物理问题在恒星中具有一定的普适性，问题的解决对认知恒星的形成和演化，促进天文学的发展具有重要作用。

获取太阳全球磁场数据，需要构建一个能从太阳不同方位进行立体探测的航天系统，将极大带动航天器行星际轨道转移和推进、测控与数传、载荷设计等深空探测技术的发展。

作者：杨孟飞，汪景琇，朱成林，王颖，杨尚斌

单位：中国空间技术研究院

中国科学院国家天文台

二 星系生态环境中的反馈效应及"重子缺失"问题

　　星系生态环境中的反馈效应及"重子缺失"问题，是现代宇宙学框架下的星系形成与演化研究领域中尚未解决的两大重要问题。标准宇宙学模型认为当前宇宙由暗物质、暗能量及重子物质组成，并预言了重子物质的总量，但预言的重子物质目前只有大致一半被探测到。最新的宇宙学框架下的星系形成与演化理论认为，黑洞以及恒星反馈对星系形成与演化具有重要影响，缺失的重子物质很可能存在于因大尺度结构形成而产生的激波加热或黑洞及恒星的反馈效应所致的环星系和星系际空间，形态即热重子物质。但该反馈理论是否正确，反馈机制是什么，仍不清楚。

　　理解"反馈"这一关键物理过程，揭开"重子缺失"之谜，进而完善星系形成与演化理论，将大幅推进现代宇宙学发展，提升人类对宇宙起源与星系演化的认识。

"缺失"重子探测推动星系宇宙学发展

  宇宙学是从整体的角度来研究宇宙的结构和演化的天文学分支学科。研究学者们通过观测和理论研究提出了许多宇宙模型，其中"大爆炸宇宙论"是目前最有影响的一种，该理论认为：宇宙是由一个致密炽热的奇点在一次大爆炸后产生膨胀，而后逐渐冷却、演化形成的。宇宙学框架下的星系形成与演化理论则通过观测和统计研究宇宙各时期的形态结构、气体吸积、恒星演化、黑洞成长等物理性质及其演变过程，试图阐明宇宙中各类星系的物理起源、演化关系及其与宇宙大尺度结构的物理联系，从而总结出星系演化的物理规律。

  目前被普遍接受的星系形成理论认为，星系在暗物质晕中形成和演化，其基本过程为：早期宇宙中均匀分布的冷暗物质在局域引力不稳定的作用下形成质量不一的冷暗物质晕，热气体落入暗物质晕中心，冷却和凝聚成高密度的分子云，分子云分裂形成恒星乃至星系。此过程中，超新星爆发、活动星系核反馈等机制可能对气体冷却和化学元素增丰过程起到重要影响作用。得益于国际上在观测设备等方面的投入，该领域几年来发展迅速，取得了很多突破性的进展。但是，目前仍有两个关键核心科学问题尚不清楚，即星系生态系统中的反馈效应作用机制及"重子缺失"问题。

1　宇宙"重子缺失"之谜

1.1　"失踪"的重子物质

在过去30年中，在标准的宇宙学常数加冷暗物质模型框架下构建的星系形成与演化理论取得了较大成功，它很好地解释了诸如星系光度函数演化等问题。随着精确宇宙学的发展，利用宇宙微波背景已经可以较为精确地测量宇宙的各个组成成分。普朗克卫星的观测结果表明，目前宇宙组成中暗能量约占68.3%，暗物质约占26.8%，剩余的4.9%则由重子物质（周期表中元素组成的物质，有别于暗物质）组成（图1）。

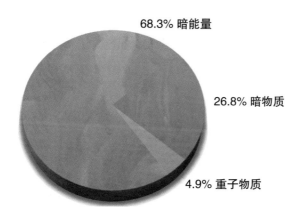

图1　当前宇宙物质组成情况

20世纪90年代，人们意识到如果把本地宇宙所有能观测到的重子物质加在一起，其总量只占预言的宇宙物质组成5%的一半。这些重子物质包括恒星、星际介质（含氢原子和氢分子气体）、星系团际热气体、星系际的中性氢。如果重子不会改变成其他非重子物质，那么在宇宙从高红移到低红移的演化过程中，其余的重子去哪儿了？这就是"重子缺失"问题（图2）。

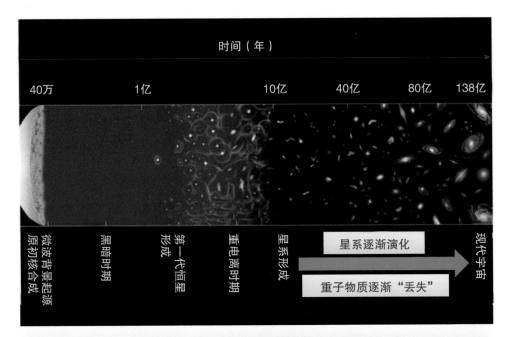

理论预期："缺失"的重子以低密度弥漫热气体的状态存在于星系之间或星系周围，其辐射主要在软X射线波段

图 2　重子缺失之谜

1.2　失踪重子可能的分布

宇宙大尺度数值模拟显示，重子物质根据其温度和密度的不同，大约可以分为四类：

1）低温（温度 $10^4 \sim 10^5$ K 之间）、高密度的重子物质，主要以恒星的形式存在；

2）低温（温度小于 10^4 K）、低密度的重子物质，以星系际介质里的中性氢为主；

3）高温（温度高于 10^7 K）的重子物质，主要以星系团际热气体的形式存在；

4）温热气体（温度在 $10^5 \sim 10^7$ K 之间）。

而第四类重子物质即温热气体始终未能被观测到，即"缺失"的重子很可能位于该气体中。由于这部分物质主要存在于星系际介质里，因此又称为温热星系际介质。研究表明，随着红移的降低，温热星系际介质的成分有着显著的增加。另外，观测表明星系盘外到维里半径以内也存在气体晕结构，这种星系周介质中也可能存在温度较高的组分。寻找这类介质中的温热气体将有助于解决低红移宇宙中"重子缺失"的问题。而这类介质中重子物质的物理特性、化学构成、动力学特征本身也是星系形成演化中亟待解决的关键问题。

从 20 世纪初至今，为了解决"重子缺失"问题，在观测上人们主要致力于发现温热星系际介质。对于温度介于 $10^5 \sim 10^6$ K 之间的气体，其主要的光谱特征在极紫外波段；而对于温度高于 10^6 K 的气体，其光谱特征主要是在软 X 射线波段。因此，目前主要利用空间的紫外卫星和 X 射线卫星来展开这方面的研究，主要的探测对象是位于温热星系际介质内高度电离的金属元素在背景活动类星体光谱上所产生的吸收线系统。

利用最新的探测手段，特别是哈勃望远镜上高灵敏度的宇宙起源光谱仪，在遥远类星体的光谱上发现了大量温热气体的示踪元素，比如氢的莱曼 α 吸收线，以及 O^{+5} 吸收线。这些示踪元素所揭示的重子物质大约占"缺失"重子的一半左右。另外一半的"缺失"重子可能由于其温度较高，只能在软 X 射线波段探测（图 3）。近年来，即便利用最好的 X 射线设备在相当长的曝光时间条件下，在一些视线方向上对星系介质吸收谱观测所获得的数据质量仍然不是很理想。因此，迫切需要同时具备吸收线和发射线观测能力的成像设备来全面研究温热气体的空间分布及其物理与化学性质，并最终解决"重子缺失"问题。

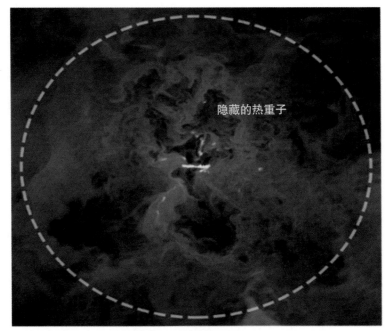

图 3 隐藏的热重子

近年来随着观测的发展，人们意识到还存在着另一类"重子缺失"问题。由于这类重子缺失问题主要存在于星系尺度上，因此又称为"星系重子缺失"。在目前标准的星系模型预言中，从星系际介质中吸积的气体被激波加热后会迅速冷却，形成可观测的恒星以及星际介质等物质。然而当前对银河系及邻近星系的观测表明，这些可探测的物质最多只有星系模型预言的一半，引起了所谓的"过度冷却"现象。

2 星系生态环境中的反馈效应

星系是宇宙大尺度结构的基本组成单元。理论研究认为星系中心的活动星系核、超新星爆发产生的辐射及物质外流与星系中的星际介质气体之间的相互作用，影响了星系中气体的温度和密度值以及它们的空间分布，进而影响了恒星形成和星系的演化。比如，活动星系核以及超新星爆发产生的携带巨大能量的风可能会把星系中的气体和金属吹到星系外部的环星系介质甚至星系际介质中，这样星系内的恒星形成就会被抑制。尽管研究学者们针对上述科学问题已进行了较为深入的理论研究并提出了产生广泛影响的理论猜想，但这些理论猜想仍有待空间观测的检验。

2.1　活动星系核反馈

活动星系核是中央核区活动性很强的河外星系的核心，活动星系核反馈指的是活动星系核发出的辐射和物质外流对活动星系核宿主星系中气体的作用（图4）。活动星系核的反馈作用对宿主星系的演化有深远的影响。低红移的大质量星系大都在几十亿年前就已经形成了，之后的恒星形成活动非常少。这些星系里边充满了温度在几百万摄氏度以上的星际介质。观测显示活动星系核可以产生相对论性喷流，也可以产生高速度、有一定张角的风。除了喷流和风，还有一部分能量以光子的形式释放出来。高速宇宙线的加速也被认为跟活动星系核有关。这些（各种形式的）能量释放，会跟星际介质产生各种复杂的相互作用，最终导致部分星际介质被加热，部分星际介质被吹到星系外面，成为星系周介质和星系际介质。可见小尺度的活动星系核可以影响大尺度的结构和重子在宇宙中的分布。

活动星系核反馈过程非常复杂。在理论方面，经过几十年的探索，解析分析已经遇到瓶颈，因为解析分析很难处理非线性过程。小尺度数值模拟在近十年取得了非常大的进展，但是模拟中等吸积率仍然很困难。黑洞喷流跟星际介质的相互作用更是充满不确定性，而且不论时间尺度还是空间尺度都跨越几个量级，导致精确的数值模拟非常困难。而大尺度宇宙学模拟在短期内难以把所有的物理过程都囊括在内，所以活动星系核的反馈只能用一种近似的方法去模拟。目前，对活动星系核反馈的理论模型还缺乏足够的观测约束。如果对星系内部和周围的弥散热重子能有更多更好的观测，那么一方面可以反过来对活动星系核反馈给出限制，另一方面可以对重子的空间大尺度结构有更好的了解。

2.2　恒星反馈

星系中的恒星活动所提供的物质和能量会对整个星系乃至重子大尺度结构产生重要的反馈作用，其中最重要的反馈效应之一是星系尺度上的星系风。从星系尺度到宇宙学大尺度上，星系风都对恒星形成起到了非常重要的作用。在星系尺度上，星系风吹出的热气体和星系晕的恒星形成区气体相互作用，可以抑制星系晕恒星的继续形成；星系风和引力的相互协作导致了星系中的气体从星系核心到星系周介质再到星系盘的喷发、回收再利用的循环过程（图5）；盘星系中来自核心低角动量区域的星系风回落到外围高角动量的盘区造成了角动量在盘上的重新分布，并会影响盘星系的半径和质量的关系；小质量星系产生的星系风易于摆脱星系引力势并抛出富含金属的气体，使得越小质量的星系内金属丰度越低。在星系团尺度上，逃离星系引力势的星系风把金属和尘埃抛到星系际介质中去，使得尘埃和金属也分布到星系际物质中去。在宇宙学的大尺度上，各类星系广泛存在的星系风使得大尺度上的暗物质结构和重子产生不同的分布，星系风是暗物质的质量函数和星系重子的质量函数不同的主要缘由之一（另外一个原因是活动星系核反馈产生的活动星系核的风），并为"重子缺失"问题提供重要线索。

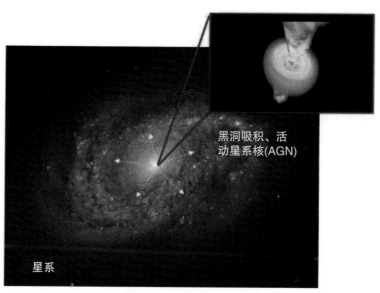

黑洞吸积、活
动星系核(AGN)

星系

图 4　活动星系核反馈

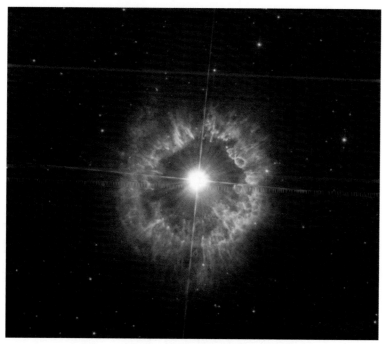

图 5　哈勃望远镜拍摄的船底 AG 爆发

尽管星系风非常重要，但是星系风的本质并没有被研究清楚。从恒星反馈机制来看，星系风可能来自星系中诸多超新星爆发的叠加效应所产生的超热气体喷射，或者来自诸多大质量恒星的叠加星光对星际介质中尘埃的辐射压，推动尘埃和耦合气体被一同加速，也可能来自恒星死亡产生的宇宙射线和星际磁场相互作用导致的高能粒子的加速效应。关于星系风的多波段观测结合理论模型证实了星系风具有不同温度和密度的多种组成成分，包括了超热气体（温度在 10^7~10^8 K 之间），热气体（温度在 10^6~10^7 K 之间），电离弥散气体（温度约 1 K），以及高速向外喷流的原子气体云块（温度约 1 K）和分子气体云块（温度小于 1 K）。观测到的越来越多的各种星系风复杂成分的起源和加速问题并没有被很好地理解。如何用各种星系风的理论模型解释观测到的多成分星系风，如何通过数值模拟来模拟恒星反馈的多种机制产生的各种星系中星系风的全局结构，依旧是尚待探讨的问题。

3 探测手段的现状

从上述分析中可以看到，对"重子缺失"及星系生态反馈机理这两个科学问题的观测研究是密切相关的，两者都需要对大尺度纤维状结构的热气体、星系周围的环星系介质、热晕中以及星系内部的热气体的温度、密度、金属丰度、运动学状态等开展详细观测。它们的辐射一般集中在软 X 射线波段，但是，由于预期的辐射在软 X 射线波段（光子能量小于 1 keV）非常弱，现有的观测手段难以提供数据来验证该理论。

自从新一代高光谱和空间分辨率的 X 射线望远镜发射上天后，探索星系周围的高温气体一直是一个主要的研究方向。2002 年和 2003 年，银河系附近高温电离的类氦氧离子在类星体的 X 射线光谱上产生的吸收线被首次观测到。类氦氧离子通常在碰撞电离平衡条件下由高温气体（约 10^6 K）产生。随后陆续有大量的此类吸收线被发现。该发现表明在银河系周围的确存在大量的含金属元素的高温气体。同时，对邻近的漩涡星系的观测也表明在星系盘周围存在大量的高温气体。尽管通过 X 射线吸收线的方法对星系周围热气体的了解取得了很大进步，然而由于现有仪器无法测量气体的空间距离，目前仍然不知道这些高温气体究竟位于星系盘还是星系晕中。如果观测到的高温气体位于星系盘中（距离地球 10~15 kpc① 之间），那么基本上可以确定其是在恒星演化过程中由超新星爆发所产生的恒星风。虽然这也是很重要的发现，但无助于了解星系晕的热气体。相反，若能证实它们位于星系晕（距离地球在 10~200 kpc 之间）之中，这将是理论预言的星系晕高温弥散气体首次被直接观测到，从而填补星系演化理论上的一个重要空白，为解决星系理论上的一些关键问题提供重要的线索。

为解决上述观测难题，必须发展高效率、高分辨率软 X 射线成像光谱技术，而单光子 X 射线微量能器则是其中公认的核心技术。国际天文界的共识是在未来至少 20 年（很可能 30 年甚至 40 年）内还没有任何一个空间观测设备具备实质性观测星系际与星系周热重子物理的研究能力，这为我国推动天体物理及宇宙学前沿研究提供了一个契机。欧空局已立项的 Athena 卫星（预期 2030 年年初发射）上将包括一个基于微量能器的 X 射线光谱仪，但由于其视场非常小而缺乏所需要的探测大尺度弥漫热气体的能力。在这个背景下，我国科学家主导并提出了强调国际合作的宇宙热重子探寻计划（Hot Universe Baryon

---

① pc 即 parsec，中文为秒差距，天文学长度单位，约 3.26 光年。

Surveyor，HUBS）空间科学项目，突破超导 X 射线微量能器（探测系统）、超导量子干涉器（信号读出系统）、干式制冷（小于 100 mK 的工作环境）及大视场 X 射线聚焦光学（成像系统）四大关键技术，填补了国内在这些尖端技术领域的研究空白，探测并研究宇宙中的热气体从而研究它们的空间分布、物理和化学性质，进而解决"重子缺失"问题并加深对反馈过程对星系演化影响的理解（图 6）。

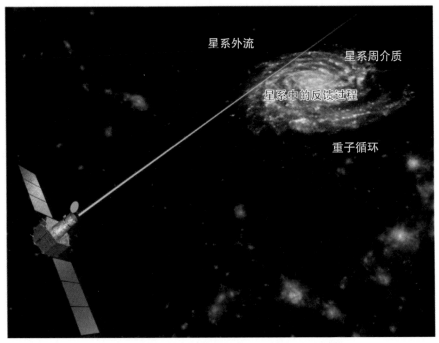

图 6　宇宙热重子探寻计划（HUBS）构想图

4　未来发展与展望

"失踪的重子物质""星系生态环境中的反馈效应"是星系形成与演化领域两个重大的、密切相关的科学问题。这两个问题解决的关键在于对宇宙中弥漫热气体的详细探测，包括获得它们的空间分

布、运动学、热力学、金属丰度等信息。实施宇宙热重子探寻计划
（HUBS），推进上述重大科学问题的解决，将有力推动星系宇宙学
的发展，提升人类对宇宙起源与星系演化的认识。

作者：张崟，张伟，崔伟，袁峰，许俊

单位：上海卫星工程研究所

清华大学

中国科学院上海天文台

三　利用太空原位资源实现人类长期地外生存

　　资源是一切可被人类开发和利用的物质、能量和信息的总称。地球自然资源的储量和利用程度决定了地球文明能够延续的极限。地外天体蕴藏着丰富的自然资源。太空原位资源利用是人类通过勘测、获取和开发地外天体本地自然资源和废弃资源，获得有用的产品和服务。这将使人类具备"脱离地球的长期生存能力"，是人类文明走出地球、迈向深空并实现可持续发展的关键技术。这一技术突破将催生地外天体采矿、太空制造和太空移民等新兴领域。

　　探索基于太空原位资源的地外生存方法，将促进对人类和地球生命本质的认识以及对地球环境与复杂生态系统的深刻理解，通过实践验证地球生命在宇宙中的可拓展性。另一方面，通过地外极端环境、资源极度匮乏的科技探索及由此催生的新原理、新方法，有望解决地球面临的"有限资源的窘境"，为地球可持续发展、减缓全球气候变化提供变革性的新技术和推动力。

太空原位资源利用将实现人类长期地外生存并开拓人类发展新疆域

1 大航天时代的历史机遇

随着当代科技的快速发展，重返月球、载人火星等极具挑战性的航天任务已提上日程并具备可实施性，世界进入到"大航天时代"的历史机遇期，有望催生下一次科技革命。"拓展人类在太阳系的存在"已成为人类共同目标，"人们有可能在另一个星球上长期居住吗？"已成为全球最前沿的 125 个科学问题之一。我国在载人航天和探月工程等重大科技专项实施的基础上，今年将完成空间站在轨建造，未来还将进行载人登月和月球科研站建设，持续开拓人类发展新疆域，探索科学前沿。

美国历届政府均把载人太空探索作为国家太空计划的首要任务，特朗普政府重建"国家太空委员会"，并宣布美国航天员将重返月球并最终前往火星。美国政府首开先河，批准私营公司开展登月活动，月球已被纳入地球经济圈。洛克希德·马丁公司、SpaceX 等航天公司启动了野心勃勃的载人登陆火星计划。2018 年 1 月，国际太空探索协调小组（ISECG）十四国航天局提出将"拓展人类在太阳系的存在、更好地理解我们在宇宙中的位置"作为全球太空探索的共同目标，并提出了以火星为最终目的地的 2040 年太空探索发展路线图（图 1）。21世纪中叶，人类将有望实现地外移民，小行星、火星等地外天体将留下人类的足迹。正如大航海时代创造的奇迹一样，以载人深空探索为代表的大航天时代将会创造人类发展史的下一个奇迹。

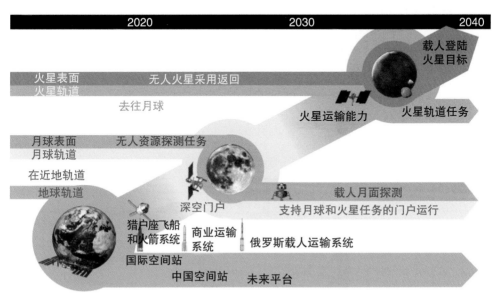

图 1 太空探索发展路线图（ISECG，2018）

2 人类长期地外生存面临一系列前所未有的挑战

人类的生存无时无刻都离不开氧气、水等物质需求以及热量、电力等能量需求。这些在地球上唾手可得、易于获取的生存资源，在我们飞出地球、走向太空之后，将变得无比珍贵。地外生存是人类实现长期太空飞行（地球和月球轨道任务、地球 – 火星长期飞行任务）、地外长期居住（月球和火星基地）和地外移民的基本能力。

通过空间站的实践，人类已具备在地球资源补给支持下的短期太空生存能力。对一个遥远的、存在众多未知因素的地外星球，大量极端太空条件下的物理、化学、生物、医学等基础科学问题和关键技术亟待突破，人类长期地外生存面临一系列前所未有的挑战，是人类社会发展将要面对和亟须解决的重大问题。例如，以载人火星任务为例，其任务周期长达 2 年多，为满足航天员任务周期内的物质和能量补给需求（图 2），即使采用先进的再生式环控生保系统，也需要从地球携带约 40 t 的基本生存物资，任务风险与成本巨大，甚至难以实施。降低或摆脱地球补给需求是实现地外生存、开展可持续载人深空探索的前提和基础。

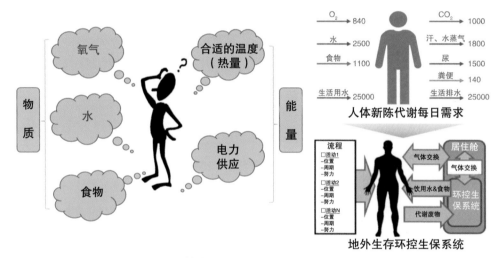

图 2   载人深空探测物质与能量需求

因此，人类若想真正实现长期地外生存并最终实现向太空移民，则必须要摆脱对地球的物资和能源补给依赖，充分利用太空原位资源，就地取材，满足自身需求。太空原位资源利用使人类具备"脱离地球的生存能力"，是人类长期地外生存的使能技术。

3   太空原位资源利用使人类具备脱离地球生存的能力

月球、近地小行星和火星等地外天体蕴藏着丰富的资源，这是进行太空原位资源利用的前提。潜在的地外天体资源包括月球、火星和其他天体上的大气成分、水、太阳风注入的挥发物（氢、氦、碳、氮等）、金属和矿物质，甚至是人类探索活动产生的垃圾和废物。迄今为止，世界各国已经进行了上百次月球探测活动，前期的月球探测表明，月球蕴藏着种类丰富、数量众多的自然资源。月球岩石中含有地壳中的全部元素和约100多种矿物，其中绝大多数矿物的成分和结构与地球上的矿物相近，有几种为地球上未发现的矿物。在月壤的各种元素中，氧约占40%，硅约占20%，不仅包含储量丰富的钛、铁、钙、铝、铬、镍、钾、钠、镁等金属矿产资源，月球独特的克里普岩还富含丰富的稀土资源和钍、铀等放射性物质。月球两极永久阴影区内存在水冰等大量挥发物资源。而且，在长期太阳风注入下，月壤中还富含地球上稀缺的氦-3核聚变能源资源，总储量估计超过60万吨。火星大气中主要占比为：二氧化碳占95.32%、氮占2.7%、氩占1.6%、氧占0.13%、一氧化碳占0.07%、水蒸气占0.03%、一氧化氮占0.013%。95.32%的二氧化碳可提供大部分的碳和氧，既可作为火星上获取碳元素及其化合物的原料，也可作为获取氧气的重要途径。小行星的成分差异很大，从挥发性丰富的天体到含有高浓度稀有金属（如金、银和铂）以及更常见元素（如铁和镍）的金属天体。

通过利用原位资源，可在其他地外天体上原位获取人类生存和活动所需的基本能源和物资。未来的行星探索系统和航天员将收集太空原位资源并将其转化为可呼吸的空气，饮用水、卫生用水和植物生长用水，火箭推进剂，建筑材料以及生产制造材料等。当有用的物资和产品可以从地外原位资源中创造生产出来时，这将大大减少从地球补给的需求，降低太空探索的发射质量、成本和风险，任务能力和净价值将成倍增长，真正实现可承受、可持续的太空探索。此外，通过利用太空原位资源，可在地外天体表面构建太空发射场、生存栖息地和燃料补给站，有效拓展和提升人类探索空间和生存时限。随着人类探索疆域的不断拓展，在地外天体表面如何有效地实现原位资源的综合利用，成为亟须解决的首要难题。

美国国家航空航天局（NASA）将原位资源利用列为载人深空探索优先发展的首项技术，NASA 正式发布的 2035 技术路线图提出重点发展原位资源采集（提取、输运、分离等）、生产（加热、萃取、催化、生物技术等）、应用（蓄热、辐射防护、建筑等）等技术。美国阿尔忒弥斯重返月球计划将原位资源利用技术列为六大优先发展技术之一（图 3），正在实施的月球表面创新计划，将在月球上演示利用月球资源生产水、燃料和其他供应品的技术，以及在月球上挖掘和建造结构的能力，并作为火星原位资源利用探索的试验平台。目前 NASA 在以下三个方面重点长期投资：

1）星壤挥发分采集与处理技术。开发组件和系统技术，挖掘或钻取月球、火星和小行星不同区域的含冰星壤，并将这些资源处理成氧气、饮用水，以及与火星大气化合后的甲烷。最终目标是为载人任务提供推进剂、燃料电池反应物和生命支持消耗品等物资。

2）星壤太空制造与建造。利用地面增材制造技术的进步，发起 NASA 百年挑战赛，验证通过 3D 打印技术建造深空栖息地的可能性。

3）火星大气资源收集与处理。收集并利用火星富含二氧化碳的大气，制造氧气及火箭燃料。去年成功着陆火星的毅力号火星车上搭载了火星原位资源利用载荷——"火星氧气原位资源利用实验"设备，开展了火星大气原位资源利用科学实验，已实现了利用火星大气二氧化碳制造出氧气资源，并达到了每小时 6 g 的产氧速率，实现了人类首次实际利用另一颗行星表面的资源。

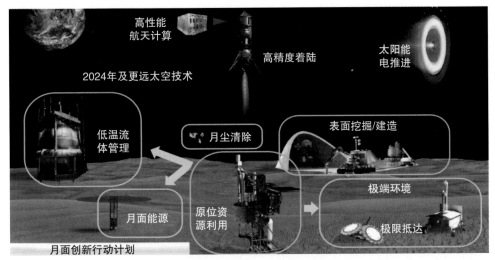

图3　六大优先发展技术

2016 年，欧洲空间局（ESA）提出国际"月球村"计划，在月球表面建设合作营地，开展科学探索、资源开发，甚至商业项目，这将引发新一轮技术创新，包括就地取材、利用 3D 打印技术建造月球基地等技术。2019 年，ESA 发布了太空资源战略，提出 2040年通过原位资源利用实现月面长期生存的愿景，计划在月球上演示验证太空资源利用关键技术，实现在月球上获取水、氧气、金属和其他物质，在月面上实现原位资源建造，并为火星和小行星的资源开发铺平道路。

2016 年，我国叶培建院士带领的载人深空探测中国学科发展战略工作组系统分析了实施载人深空探测所面临的关键科学和技术问题，提出空间生命科学、航天医学、动力与能源工程技术、材料结构及制造技术、原位资源利用技术及人机联合作业技术等六大优先发展的科学技术领域，其中原位资源利用及人机联合作业为有可能带来颠覆性、变革性的技术领域。钱学森空间技术实验室等单位在科技部变革性技术、民用航天重点项目等支持下，长期围绕地外生存重大方向，开展了地外天体含冰星壤光热提取、地外人工光合成、星壤 3D 打印、星壤储能发电等原位资源利用方法的探索研究，研制完成了地面样机并开展了典型月面环境模拟试验。在上述研究的基础上，提出了基于原位资源利用的地外生存系统构建思路（图 4），力争推动从当前物质封闭的受控生态生命保障系统跨越到基于原位资源利用的地外生存系统，为构建物质与能量开放体系的地外生存居住系统，实现人类在另一个星球上长期生存提供坚实的科学与技术基础。

图 4　基于原位资源利用的地外生存系统构建思路

4　地外生存原位资源利用技术体系与关键难题

为实现人类长期地外生存，需要大力支持行星科学、生命科学、航天科技、冶金与矿业、能源工程、机械工程、建筑工程、信息工程等领域的交叉融合，也需要解决大量极端太空条件下的数理科学、化学科学、材料科学等基础科学领域的极端挑战。亟须突破太空原位资源多尺度勘探、表征与评估，太空原位资源提取、收集与提纯，生产生活物资的原位制备、生产和存储，基地基础设施及防护结构的原位建造，关键零部件的原位制造，以及地外人类宜居生境构建等一系列重大科学问题和技术难题。包括发展地外资源勘探技术，重点通过地基和轨道探测，获取行星环境、地形地貌、地质和资源信息的综合数据；通过发展行星表面、次表面的原位探测、采样和分析方法与仪器，量化行星大气、行星表面和浅层地下成分组成以及理化特性，精确确定行星矿区及地外资源的可开采性。发展原位资源开采技术，开展大气及其他挥发分气体资源收集、过滤、富集，从含冰星壤中钻探、提取、分离和净化饮用水，对星壤材料进行挖掘、输运和破碎筛分，实现块状岩石和星壤颗粒的预处理。发展原位资源转换生产技术，开展星壤选矿、冶炼并提取金属、非金属等基本生产元素；通过光电化学、微生物等方法对大气、星壤资源以及水冰资源进行转换生产，实现氧气、化学燃料、有机物的转换制备；研制真空低温储罐，实现燃料等物资的长期存储。发展原位建造和制造技术，通过星壤颗粒输运、分离和3D打印，实现基地设施和辐射防护屏的原位建造；通过矿物冶炼获得的金属、非金属材料及深空探测活动废弃材料进行原位3D打印制造，实现关键部件的原位制造和维修维护。发展原位储能和发电技术，通过星壤致密化处理，利用星表昼夜大温差特点，开展星壤储能发电，实现极端低温条件下的供热保暖和关键设施的应急用电需求。发展地外宜居环境构建技术，通过构建地外生存补给站系统，实现水、氧气等基本生活物资以及热、电等基本能源的原位补给，逐步摆脱地球补给依赖；通过微生物实现火壤改造并具备种植生产能力，发展火星农业，实现食物自给自足，具备建立火星局域生态圈的物质和科学基础；开展以火星为代表的地外人类宜居生活环境探索与人工生态系统创建，探索地球生物体在火星生命活动的基础条件和规律，提高人类地外生存能力和火星宜居性的生态保障。

5　未来发展与展望

载人太空探索面临人类长期地外生存的核心难题，大量极端太空条件下的物理、化学、生物、医学、工程等基础科学问题和关键技术亟待突破，是人类科技发展将面对的前所未有的极限挑战。太空原位资源利用是人类实现长期地外生存的核心与关键，也是近年来探索国际太空的前沿性、颠覆性领域，将有力支撑我国载人登月，以及火星、小行星探测等重大任务，也将催生地月经济圈、地外天体采矿、太空旅游和太空移民等新兴领域。探索基于太空原位资源的地外生存方法，将极大地促进我们对人类和地球生命本质的认识以及对地球环境与生态复杂系统的深刻理解，通过实践验证地球生命在宇宙中的可拓展性。

另一方面，正如美国经济学家 K. 鲍尔丁所形容的"地球就是太空船"，通过地外极端恶劣环境、极度资源匮乏的科技探索及由此催生的光热水资源提取、人工光合成、太阳能原位储能发电、太阳能冶金、太阳能制造等新原理、新方法,有望解决地球面临的"有限资源的窘境",为碳减排、碳中和、绿色发展、循环经济等国家战略重大方向提供独特、有效的解决方案,为地球可持续发展、减缓全球气候变化提供变革性的新技术和新的推动力。

作者：姚伟，王超

单位：中国空间技术研究院钱学森空间技术实验室

四　空间准绝对零度超低温热管理技术

空间超低温制冷技术（Cryogenic Refrigeration Technology of Space）已经成为深空探测技术中最为关键的技术之一，研究应用于空间的超低温制冷技术非常必要。空间超低温制冷技术为光学系统和探测器件提供超低温的工作环境，有助于探测器的灵敏度和整个系统的热稳定性，以探测到更遥远的目标。近年来，地面的超低温制冷技术实现巨大进步，空间的大冷量小型化超低温制冷技术（Cryogenic Refrigeration Technology for Large Capacity and Miniaturization of Space）已有一定基础但仍有很大提升空间。

空间准绝对零度超低温热管理技术（Cryogenic Thermal Management Technology Infinitely Approaching Absolute Zero of Space）是面向宇宙微弱信号超高灵敏度探测感知亟须的关键技术，将对拓展太阳物理、空间天文等领域的探测深度发挥重要作用，亟须解决高可靠超低温大冷量制冷、空间环境适应性、高效绝热技术、能源综合利用等关键技术难题。大力发展空间超低温制冷技术，将为中国空间探测的进展提供新的关键支撑。

空间超低温技术助力高精度空间探测

1 "低温"成就"红外观测"

1.1 红外波段特点

红外线是一种不可见的电磁波，自然界中高于绝对零度的一切物体，其表面都会辐射红外线，红外波段（0.76~1000 μm）跨越了约 10 个倍频程，因此红外光谱区含有丰富的内容，同时红外波段在空间探测领域是非常重要的观测波段。

基本上所有的天体都有红外辐射，从宇宙背景到星系，到星际介质，到恒星，再到行星系天体等。星系约有一半的辐射能量落在红外波段，特别是形成中的恒星、原行星盘与系外行星、有机分子大量形成的星际介质等重要天体，温度低于 4000 K 的天体辐射主要在红外波段，此外各类分子的振动谱线主要是在近中红外，转动谱线则主要是在远红外谱段。

宇宙中许多区域充满了大范围、厚厚的气团和尘埃，阻挡了大量天体的可见光辐射，而红外线波长较长且具有显著衍射效应，可以绕过这些气团和尘埃，起到"透视"作用，能够较容易地探测到被尘埃所遮蔽的天体。借助红外探测器可观测星体的构成、大气成分以及探测新星体等，还可获得太空低温目标的信息。

考虑到宇宙大膨胀导致的广义相对论和宇宙学红移效应，空间膨胀引起波长被拉长，距离地球越来越遥远的星系辐射向红色方向偏移，第一代恒星/星系的光经历130多亿年后从它发出的紫外线和可见光波段移动到更长的红外线波段，即来自宇宙早期天体的可见光辐射被红移到了观测者的红外波段，因此红外是研究早期宇宙及宇宙演化的关键波段，红外探测对于研究行星、恒星、星系以及宇宙的起源具有重要意义。

由于地球大气层会吸收大部分的天体辐射红外谱段，只有几个红外透过窗口可供地面观测使用，并且地球大气自身的热辐射会对空间探测工作带来不利影响，所以在地面上进行红外探测，受地球大气的影响及限制很大。随着空间探测技术发展，为了摆脱地球大气的影响，更好地开展红外空间探测任务，将探测系统放置到高空和大气层以外的宇宙空间，空间红外探测器以其天然的优势已成为国际上重点发展的红外探测工具。

1.2　超低温环境对空间探测意义

宇宙一般是高真空、超低温（约为 4 K）的环境，对处于深冷宇宙空间的天体物质进行探测，当探测目标信号十分微弱、信号距离相对较远以及温度较低时，需要提高探测器的灵敏度和整个系统的热稳定性，要求接收此信息的光学系统和探测器件必须工作在超低温的环境。此外，超导探测器件必须在一定温度以下才能正常工作，液氦温区（1~10 K）对空间探测器具有重要的意义，是 Ge、Ga 等超导材料的工作温区，而获取 mK 级的冷量需要液氦温区制冷机预冷。

低温制冷系统是决定红外探测性能、工作寿命的关键组成之一。一般地，观测的波长越长，需要的制冷温度越低，由于其探测的目标和背景均为冷环境，红外望远镜的光学系统与支撑结构的热辐射和杂散光就会成为影响探测性能的主要因素。为了消除光学系统自身散发的红外线的影响，提高成像质量，必须采用超低温制冷技术将光学系统和相关支撑部件的温度冷却下来，这样才能有效地减少背景光子通量，发挥背景极限探测器的作用，从而提高探测器件的灵敏度，探测到更遥远的目标。

2 空间准绝对零度超低温热管理技术

2.1 空间超低温制冷技术介绍

超低温制冷技术一般是指制冷温度在 20 K 以下温区的制冷技术，制冷温度低于 1 K 称为极低温制冷技术。适合空间应用的深低温制冷机，主要包括超流氦杜瓦、多级机械制冷机、吸附式制冷机、绝热去磁制冷机和 ^{3}He–^{4}He 稀释制冷机等。

2.1.1 超流氦制冷技术

超流氦制冷技术是利用超流氦的"热机效应"对探测器进行 2.1 K 以下温区冷却，制冷量主要来自工质从液态到气态的相变潜热，可直接作用于探测系统，也可作为更低温度制冷系统的支撑平台。空间超流氦制冷系统包括超流氦存储杜瓦与探测器的热耦合组件以及长期运行的管理组件。整个制冷系统必须能够承受卫星发射时造成的力学环境影响，同时满足极高的绝热和密封要求。在空间微重力条件下，需要采用多孔塞相分离器实现气液两相分离，通过在杜瓦内侧增加挡板解决杜瓦内侧液体晃动对航天器姿态控制的影响。系统还必须能够经受长期的空间低温、辐射等恶劣环境的考验。

空间超流氦制冷技术的发展方向是与辐射制冷或机械制冷技术结合，利用航天器轨道空间优良的热环境，降低超流氦的蒸发速率，从而延长航天器的工作寿命。1995 年日本 IRTS（Infrared Telescope in Space）项目的低温系统由环形超流氦罐和 3 个蒸汽冷却屏固定在杜瓦外壳上，超流氦杜瓦把探测器焦平面冷却至 1.9 K，用 85 L 超流氦可以使用 38 天（图 1）。

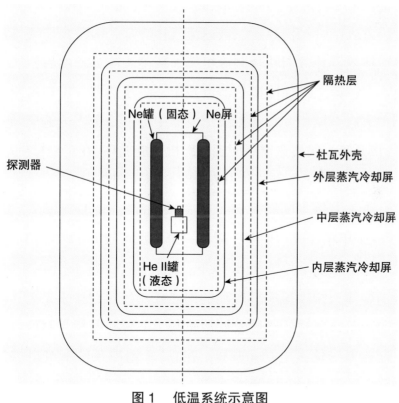

图 1　低温系统示意图

2.1.2　多级机械制冷技术

由于超流氦杜瓦制冷技术寿命与质量有很大关系，用于空间探测器的冷却逐渐被主动机械制冷取代。机械制冷是采用机械结构驱动，利用膨胀吸热降温原理实现制冷的主动制冷方式。机械制冷技术已从冷却红外探测器扩展到冷却高灵敏度低温探测器与低温光学系统，或为储存式制冷器提供冷屏，实现空间低温液体零蒸发储存等。机械制冷机采用两级制冷可以达到 20 K 温区，三级或两级制冷加 J–T 制冷可以达到液氦温区。

2004 年日本住友重工研制了 4 K 级 J–T 制冷机，以 ^{4}He 为工质，两级斯特林制冷机预冷，J–T 流程如图 2 所示。稳定运行时，工质经 J–T 压缩机后进入第一级换热器，被返流气体冷却，出口高压气体进入第一级预冷换热器并被斯特林制冷机第一级冷头冷却；然后依次流经第二级换热器、第二级预冷换热器以及第三级换热器，出口高压气体在节流阀中节流至两相并在 4 K 级蒸发器中提供冷量，再返流经过三级换热器，离开第一级换热器后回到压缩机完成循环。在工程样机基础上，飞行原理样机制冷系统能提供 9.7mW@4.5 K（图 2）。

詹姆斯·韦伯空间望远镜（James Webb Space Telescope，JWST）项目于 2021 年年底成功发射，采用一个大型可展开辐射散热屏将整个望远镜和光学系统冷却至 35 K 以下。低温制冷系统采用美国 NGST 公司研制的牛津型线性压缩机驱动的回热式制冷机预冷 J–T 循环的复合型低温制冷机，通过三级脉管制冷机与 J–T 制冷器复合制冷方法实现冷却，制冷系统输入电功 400 W，在 6.2 K 温度条件下可提供 75 mW 的制冷量；三级脉管制冷机在 21.7 K 温度条件下可提供 241 mW 的制冷量。脉管制冷机和 J–T 制冷压缩机均被安装在航天器平台上，远离制冷机冷头 11m，便于阻隔压缩机及其电控设备的振动和电磁干扰；J–T 制冷器的柔性连管穿过了温差较大的 3 个区域，具有很高的技术挑战性。

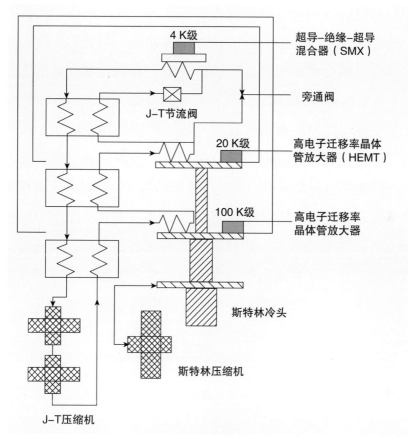

图2　SMILES的4 K级J–T制冷机系统

机械制冷技术采用线性压缩机的斯特林制冷机、斯特林脉管制冷机与J–T制冷机耦合实现远距离制冷，以降低冷头振动和电磁干扰的影响，进一步提高制冷效率和可靠性，是未来空间超低温制冷技术重点发展方向。

2.1.3　吸附式制冷技术

吸附式制冷技术是利用吸附材料在低温低压下吸附大量制冷工质，在等容加热的条件下这些工质气体被重新释放并产生高压气体。当放置吸附剂的吸附床周期性地被加热和冷却时，可间歇性地产生高压和低压，一般与 J–T 节流制冷结合实现超低温制冷。其特点是工作寿命长、无运动部件、不会产生振动、可靠性较高。吸附式制冷机的工作温度取决于工质气体种类，吸附式压缩机可远离冷端，放置在航天器平台上。

普朗克空间探测器氢吸附式制冷机示意图如图 3 所示，吸附床与高低压气体通道相通，同时与热开关相连。吸附床通过热开关控制与辐射制冷器的热导通与断开，当吸附床加热到 450 K 时产生高压氢气，气体经过辐射器的预冷后温度降到 60 K 以下，通过一个节流阀膨胀冷却至 18 K，产生制冷效应，以达到冷却探测器的目的，节流后的低压气体进入吸附床，并被吸附剂吸收。包含多个吸附床的吸附式压缩机采用分组工作方式，可以连续提供冷量（图 3）。

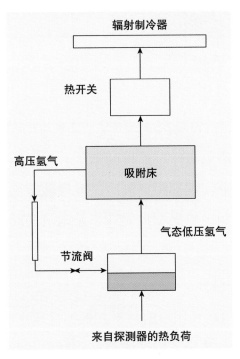

图 3　普朗克空间探测器氢吸附式制冷机示意图

2.1.4　绝热去磁制冷技术

绝热去磁制冷机是利用顺磁盐的磁致热效应实现制冷，它由顺磁盐、高性能磁体和热开关组成。当对顺磁盐进行绝热去磁时，磁熵降低对外吸热，可以产生 50~100 mK 的低温。绝热去磁制冷机的优点是操作简单、工作效率高、无运动部件；其缺点是质量较大，强磁场会产生较大的电磁干扰，通常需要采用液氦或其他冷却方式将其预冷至 4 K 以下。

日本 Astro-H 项目采用两级绝热去磁制冷机达到 50 mK 温度，其结构示意图如图 4 所示。绝热去磁制冷机和探测器均位于超流氦杜瓦的上方，为了满足 3~5 年的工作寿命要求，设计采用 2 套两级斯特林制冷机与 J-T 制冷器复合制冷系统作为绝热去磁制冷机的低温热沉备份。在正常情况下热开关 3 是关闭的，此时 ^{3}He J-T 制冷机仅用来冷却蒸气屏以减少氦气蒸发、延长任务时间，而低温的超流氦则当作绝热去磁制冷机的热沉，当氦气蒸发完后热开关 3 将打开，此时 ^{3}He J-T 制冷机将直接与绝热去磁制冷机连接，以保证任务的正常进行。绝热去磁制冷机中低温级和高温级使用的制冷剂分别为钾铬矾和氟化钆锂，均采用主动气隙式热开关。低温级制冷机在 1.8 K 的热沉预冷温度下可以在 50 mK 温度条件下提供 0.67 μW 的制冷量，能够满足要求。

另外，美国国家航空航天局（NASA）正在开发可连续工作的多级绝热去磁制冷机，通过热开关控制几台绝热去磁制冷机顺序工作，可获得连续制冷量。

2.1.5　氦稀释制冷技术

氦稀释制冷技术是利用 ^{3}He-^{4}He 溶液特性进行制冷，在 ^{3}He-^{4}He 混合室中，当 ³He 原子从浓缩相进入超流的 ⁴He 中时，产生吸热效应而制冷。氦稀释制冷机的制冷温度可达 100 mK 以下，制冷量可达 100 μW；与其他极低温制冷机相比，可以连续工作，具有可靠性高、操作简单、无振动和电磁干扰、工作性能稳定等特点。

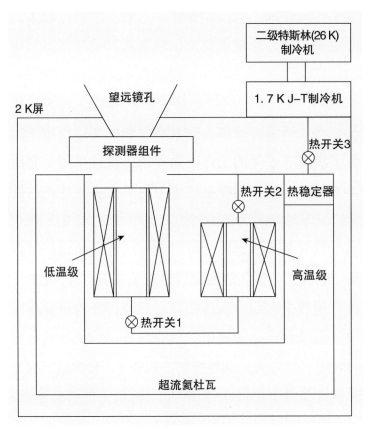

图 4　两级绝热去磁制冷机结构示意图

　　³He-⁴He 稀释制冷机已经在普朗克空间探测器中获得成功应用，是一个连续制冷的具有较好温度稳定性的制冷机，且不存在振动，同时质量轻、体积小。³He-⁴He 开式稀释制冷机的示意图如图 5 所示，气体 ³He 和 ⁴He 被 4 K 级 J-T 制冷机冷却至约 4.5 K 后被液化，再通

过以 ^{3}He 为工质的 J–T 制冷机预冷至 1.6 K，然后 ^{3}He 和 ^{4}He 溶液在焦平面混合室内进行混合稀释产生制冷效应，将探测器冷却至 0.1 K，制冷量为 100 nW。当 ^{3}He 和 ^{4}He 的流量分别为 7.0 μmol/s 和 19.5 μmol/s 时，该稀释制冷机的制冷量与温度的二次方几乎呈线性关系，最低制冷温度为 81.3 mK；在 92.6 mK 和 152.6 mK 的制冷量分别为 100 nW 和 800 nW（图 5）。

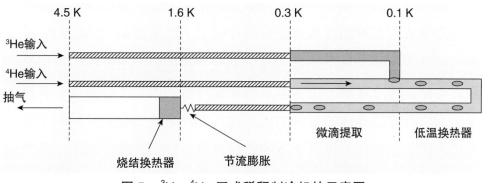

图 5　^{3}He–^{4}He 开式稀释制冷机的示意图

开式氦稀释制冷系统工作寿命有限，国外学者正在采用改性活性炭作为 ^{3}He 吸附泵，吸附的 ^{3}He 经过冷凝液化后再返回混合室，构成一个闭式制冷系统，从而延长其工作寿命。

2.2　技术发展路线

经过 50 多年的发展，我国已经研制成功了空间辐射制冷器、斯特林制冷机、GM 制冷机、VM 制冷机、脉管制冷机等多种制冷设备，取得了一系列重要成就，建立了完整的航天工程体系。数十台辐射制冷器已经在实际工程中得到应用，并且积累了丰富的实践经验。但在空间深低温技术研究方面，我国与国外先进技术的差距依然很大，为了适应我国深空探测技术发展的需求，应开展空间用超低温制冷技术的研究工作，包括超低温大冷量制冷技术，超低温界面强化换热技术，超低温远距离传热技术，超低温热量收集、输运、排散和高效综合利用关键技术等。在现有机械制冷技术基础上，开展多级机械制冷技术研究工作，并适时开展极低温区制冷技术探索，为其空间应用做好技术储备。

从超低温制冷技术的发展来看，空间超低温制冷方式从储存式制冷，逐步转向遮阳罩＋多级机械制冷的主被相结合制冷方式，从单一的制冷方式向多种制冷方式复合制冷转变。高效遮阳板的应用，使得绝大部分太阳辐射热不能进入光学系统，再辅以辐射制冷，可以充分利用 4 K 空间冷背景，将光学系统温度降低到所需工作温度。在极低温区，从开式制冷向长寿命的闭式循环制冷方式转化，从间断工作向连续工作方式转化。但光学系统及探测器件要保证稳定低温工作环境的总体需求是没有改变的，尤其是焦面探测器要保证高探测灵敏度需要极低的制冷温度，目前只有主动制冷方式才能满足其需求。根据不同的冷却对象要求，进行系统综合设计，满足各类长寿命航天器空间应用要求。

2.3 关键技术

在空间超低温制冷技术方面，我国与国外差距较大，主要存在以下技术难题。

高可靠超低温大冷量制冷：采用机械制冷与其他制冷形式相结合的制冷方式，确保达到 mK 级制冷温度，制冷量有待提高。深低温区制冷机技术的寿命与可靠性较差，同时效率较低。

空间环境适应性：超低温制冷系统空间环境适应性要求系统本身

功耗小、体积小、质量轻，大冷量超低温系统为机械制冷，工作时的振动对周围仪器有影响。

高效绝热技术：减少漏热是空间红外望远镜制冷的关键因素，红外探测器所需工作温度较低，为此消耗的能量较大，若不能有效控制系统漏热，将额外消耗大量能量。

能源综合利用：热源分布分散，长距离冷量传输效率较低，在1K以下温区空间热传输方面的研究尚未开展，制冷系统效率不高；提升航天器各级能量的综合利用率，减少资源需求。

3　总结与展望

空间超低温制冷技术在空间探测领域的作用十分重要，应大力发展，尤其是液氦温区制冷技术。在空间超低温制冷技术的布局上应该多措并举，既要发展以机械式制冷技术为代表的主动式制冷技术，同时推动以液氦杜瓦技术为代表的液氦温区被动式制冷技术，从而保证我国空间探测发展计划的顺利开展。

面向宇宙微弱信号超高灵敏度探测感知亟须的技术和方法已在诸多高科技领域得到重要应用，推动空间探测技术的发展，深入对浩瀚宇宙的认识，还将为未来中国红外天文卫星升空打下坚实的理论基础，为中国空间探测的进展提供新的关键支撑。

作者：张伟，韩赛赛，翟载腾，陈福胜，付鑫

单位：上海卫星工程研究所

五 可重复使用液体火箭发动机设计技术

进入 21 世纪以来，世界航天已进入大规模进出空间的空间经济新时代，"航天运输革命时代"也正在到来，各国在航天运输领域即将展开激烈的竞争。当前进出空间成本高昂，无法适应大规模、低成本、高可靠进出空间的需求。重复使用是大幅降低航天运输系统成本的重要途径，可以从根本上解决当前航天运输系统一次性使用导致的费用高昂问题，重复使用航天运输系统是适应未来航天新时代的重要选择和支撑。

目前，我国液体火箭发动机均是针对一次性使用火箭设计的，尚未就液体火箭发动机的可重复使用技术开展深入研究。因此，亟须从建立火箭发动机典型材料性能数据库着手，突破火箭发动机载荷分析及控制、疲劳寿命预测、运动组件摩擦磨损控制、维修性设计、健康监控与故障诊断等关键技术，从而建立和完善可重复使用液体火箭发动机的设计体系及准则，满足我国可重复使用航天运载器的要求。

重复使用航天器的"心脏"：可重复使用液体火箭发动机

1 可重复使用液体火箭发动机技术是重复使用航天运输系统的基础

21 世纪以来，人类对太空应用的需求越来越广泛，无论在军事领域还是商用航天方面，空间运输需求呈现不断扩大的趋势。重复使用航天运输系统是航天运输技术的重要发展方向，近年来，美国 SpaceX 公司和蓝源公司分别实现了猎鹰 9 运载火箭和"新谢泼德"亚轨道飞行器垂直起降回收，验证了火箭动力重复使用技术，证明了其工程实现的可行性，初步解决了早期航天飞机重复使用的高成本问题，带动了世界各国对火箭动力垂直起降重复使用技术研究的热潮。重复使用航天运输系统还能用于空间支援、作战、侦查、预警、对地攻击等军事任务，如美国的 X-37B 飞行器可以通过机动变轨捕获他国卫星，可以携带武器进入太空，实现全球一小时到达的战备巡逻状态。此外，重复使用航天运输系统是空天技术融合的代表。发展重复使用航天运输系统将带动空天动力、耐高温热防护材料、先进制造与检测等科学技术进入世界先进水平，推动新兴空间产业发展，极大地改变人类生产生活方式。

重复使用航天运载器按外形布局，可分为带翼外形和火箭外形。

按动力方式，可分为火箭动力和组合动力。按起降方式，可分为垂直起降，如 SpaceX 公司的猎鹰 9 运载火箭（图 1）、蓝源公司新谢泼德运载火箭；垂直起飞水平降落，如轨道级重复使用的美国航天飞机（图 2）、X-37B；水平起降，如单级入轨、可完全重复使用的 X-30、X-33、HOTOL 和两级入轨飞行器 TSTO。其中垂直起降和垂直起飞水平降落一般采用火箭动力，水平起降一般采用组合动力。

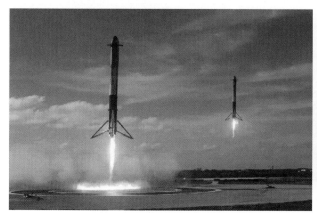

图 1　垂直回收的猎鹰 9 号重型一级火箭及其主发动机

　　考虑到目前的技术基础及实现难度，现阶段基于火箭动力的重复使用航天运输系统是现实可行的途径。航天发展，总体牵引，动力先行，液体火箭发动机作为目前主流的航天动力，其成本一般占据传统一次性运载火箭的一半以上。如果液体火箭发动机能够实现回收并重复使用，则仅需支付维护及损耗费用，实现发射成本的大幅降低；基于重复使用液体火箭发动机健康管理与故障诊断技术的快速检测维护技术将实现航天器的快速周转，大幅缩减航天器发射的时间成本。我国液体火箭发动机的可重复使用设计技术目前仍处于起步阶段，需要针对液体火箭发动机特有的工作模式和特点，完善发动机的可重复使

图 2　美国航天飞机及其主发动机

用体系与运营模式的顶层设计，突破多项液体火箭发动机可重复使用关键技术，只有这样才能早日实现我国重复使用航天运载器工程应用的目标。

2　可重复使用航天运载器对液体火箭发动机提出了更高的需求

通俗地讲，液体火箭发动机是以液态推进剂为工作介质的动力装置，它利用自持增压、混合燃烧等方式将存储在推进剂中的化学能转化为火箭的动能。以某低温泵压式液氧甲烷火箭发动机为例，它利用每分钟数万转转速的涡轮泵将一定分量的液氧（约 –183 ℃）和液态甲烷（约 –161 ℃）增压至额定压力后在推力室中组织燃烧（燃烧温度约 3000 ℃），整个启动过程大约 3 s。发动机工作原理与启动状态如图 3 所示。

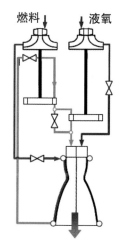

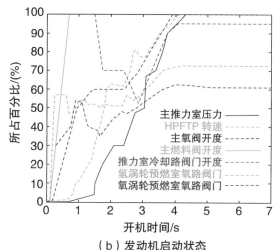

（a）某泵压式发动机系统工作原理　　　　（b）发动机启动状态

图 3　某膨胀循环液氧甲烷发动机工作原理与启动状态

液体火箭发动机与航空发动机最大的不同在于火箭发动机的所有氧化剂和燃料均来自火箭或飞行器的贮箱，而航空发动机的氧化剂为空气，不需要飞机携带。

基于火箭动力的重复使用航天运载器主要分为垂直起降运载火箭、垂直起飞水平着陆带翼运载器两种。两种运载器对液体火箭发动机要求有所区别，垂直起降运载火箭由于需要在空中制动，受控垂直降落，一般需要液体火箭发动机具备多次启动及大范围变推的能力，而垂直起飞水平着陆带翼运载器根据其飞行剖面，可不要求发动机具有大范围变推及多次启动的能力。

除此之外，重复使用航天运载器还对液体火箭发动机有如下需求：

1）与一次性使用液体火箭发动机相比，重复使用液体火箭发动机设计时需建立有限次数重复使用设计及评估验证体系，保证满足总体重复使用次数需求。

2）需要基于运载器总体健康管理系统架构，建立相对完备的发动机健康预测与管理子系统，实现对发动机工作状态监测，识别组件故障和损伤等，为快速维护提供状态数据支撑。

3）在发动机的设计阶段贯彻快速维护的要求，包括组件模块化可更换设计、降低泵入口压力、降低供配气保障要求、自动化测试等，建立一套流程化的地面维护维修保障规范。

4）发动机推重比是影响运载能力和运载系数的重要指标，需开展结构质量和性能提升综合优化，应用先进复合材料等新技术进一步提高发动机推重比。

综上所述，相比一次性运载火箭，重复使用航天运载器对火箭发动机提出了更高的要求。

3 液体火箭发动机可重复使用需要解决的关键技术

我国对于重复使用液体火箭发动机尚未建立起完善的设计体系，需要建立火箭发动机典型材料性能数据库，开展火箭发动机载荷分析及控制技术、疲劳寿命预测技术、运动组件摩擦磨损控制技术、维修性设计技术、健康监控与故障诊断技术研究攻关，以满足我国可重复使用航天运载器的要求。

3.1 建立火箭发动机典型材料性能数据库

以往液体火箭发动机用于一次性运载火箭时主要基于静强度设计准则设计，缺乏典型材料在动载荷条件下的疲劳性能、断裂力学性能。另外，与常温状态相比，特种环境下结构材料的力学性能会发生显著变化，比如 GH4169 在液氢环境下会出现弹性模量降低的"反常"现象。而液体火箭发动机中液氢、液氧、液甲烷等深冷推进剂温度极低（液氢约 −253 ℃，液氧约 −183 ℃，液甲烷约 −161 ℃），燃烧室内燃气温度高达 3000 ℃，发动机很多部件会长期在高、低温特种环境下工作。因此，需要开展相关材料特种环境下力学行为试验技术研究。在此基础上，针对常用材料及结构开展疲劳性能、断裂力学性能研究试验，获得典型材料及焊缝结构的低周疲劳、高周疲劳、蠕变性能，获得典型材料及结构的当量初始缺陷分布、裂纹扩展速率特性、临界裂纹尺寸，建立常用材料及焊缝结构性能数据库。

3.2　火箭发动机载荷分析及控制技术

重复使用液体火箭发动机的载荷按照时间尺度可分为启动、关机瞬态载荷以及稳态载荷。

发动机启动、关机时强烈的冲击对结构造成的损伤是引起传统液体火箭发动机出现故障的主要原因之一，有别于飞机、汽车等领域，液体火箭发动机启动冲击载荷有时远大于稳态载荷，其启动次数与寿命指标具有强关联性。冲击载荷影响因素复杂，具有偶发性、分散性，准确描述冲击载荷是可重复使用液体火箭发动机寿命评估的基础。液体火箭发动机启动、关机过程为秒级，部分零部件将经历高低温交变过程，压力迅速上升或下降数十兆帕，巨大的热冲击及压力变化致使零部件产生塑性变形，引发低周疲劳寿命问题。

液体火箭发动机稳态工作过程承受着内外部的双重载荷。外部载荷主要包含飞行器其他零组件的振动、气流的热辐射、并联发动机的尾流等，内部载荷则主要包含高压、高温及自身工作引发的振动载荷。

针对限制火箭动力寿命的关键组件，采用数值仿真、组件台架试验、组件热试车、发动机热试车等方法分析和测量由于流体压力脉动、机械振动、热载荷、冷热交变、流固耦合等因素带来的载荷，并研究其控制方法。

针对启动冲击可通过优化点火流量与点火时序以及吹除流量，减小发动机启动、关机的水击压力和点火冲击，可控制发动机启动、关机产生的冲击载荷，降低对整体结构疲劳寿命的影响。

针对稳态振动载荷，需要开展多振源载荷传递路径分析，根据路径载荷特征开展发动机结构动响应预示研究，对响应过大组件采取进一步的减振、吸振、隔振等控制措施，以满足长寿命、多次使用、高可靠性设计要求；同时分析燃烧激励、流体激振、转子动力学特性等对发动机各部分的影响，并就如何改善各激励源的载荷环境进行研究。

3.3 火箭发动机疲劳寿命预测技术

液体火箭发动机在启动或者稳定工作时，涡轮泵、推力室、阀门、导管等部组件会受到推进剂和燃气的力－热－化学腐蚀瞬态或动态交变加载，当重复使用时，这些载荷会循环加载，从而引起发动机组件在薄弱部位产生疲劳裂纹，而这些裂纹的疲劳失效行为往往与复杂流场、温度场、应力场相互耦合后加剧，导致发动机结构破坏，进而大幅缩减火箭动力的寿命，如何精确预测其疲劳寿命是液体火箭发动机可重复使用的难点之一。可重复使用发动机的疲劳寿命预测不能简单地从传统单一力学或者热学来考虑，应从最基础的分子原子尺度损伤机理着手，通过耦合流体－固体力学、热学－力学以及计算力学等多学科交叉手段，从以下三个方面的基础问题来着手研究：场耦合条件下可重复使用发动机部件的失效机理与动力学演化规律，极端环境下可重复使用发动机材料－结构－发动机一体化失效评价理论，极端环境下发动机结构完整性检测与可靠性评估，进而突破可重复使用发动机疲劳寿命预测技术。

3.4　运动组件摩擦磨损控制技术

液体火箭发动机的运动组件主要包括高速旋转的涡轮泵密封和轴承等，这些组件工作在高压高速低润滑环境下，易磨损失效，是制约发动机长时间、多次工作的关键环节。需要开展可重复使用发动机密封和轴承的研究，进行组合式密封试验研究，优选组合式密封的结构和参数，开展适应性改进设计，提高涡轮泵密封的长时间、多次使用能力，同时优选轴承膜层材料和结构，研究镀膜技术，提高轴承及其膜层的使用寿命和次数。

3.5　火箭发动机维修性设计技术

可重复使用火箭返回时，需要对火箭动力状态进行健康评估，通过评估数据结果判断所需维修的部组件，进行维修后使发动机达到再次使用目的。目前火箭动力维修设计技术还在起步探索阶段，所要维修的项目和方法仅能通过参考航空发动机维修要求，并结合自身可重复要求特点，逐步完善火箭动力的重复使用检测方法，进而建立适用于可重复使用火箭动力维修标准，从而优化维护流程，减小人为因素的影响，提高火箭动力的使用效率。

从航空产品的数据统计和使用经验来看，航天产品存在6种故障率类型（图4）。

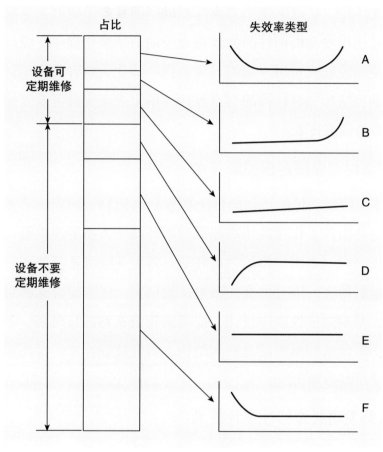

图 4　故障率曲线

从图 4 可知，这 6 种类型的故障率，有耗损故障期的只有 3 类：A 型、B 型和 C 型。而 D 型、E 型和 F 型都是没有耗损故障期的，因而不需要对这类设备或组件规定使用期限并进行定期维修。因此，液体火箭发动机可重复使用设计技术应当包括以可靠性为中心的维修策略和以耐久性为指导的发动机检查维修技术。

为了保证维修的方法及时机合理，可重复使用的液体火箭发动机可安排 5 种可检查度，见表 1。

表 1　液体火箭发动机的可检查度

可检查度	定义	典型的检查间隔
地面明显可检	维护人员不需对结构进行专门检查即可迅速无误地对结构损伤作出判断	1 次飞行
巡回目视可检	检查人员不必开启检查口盖、也不必使用特殊工具，从地面对结构表面进行目视便可对结构损伤作出判断	1 次飞行
特殊目视可检	必须拆下检查口盖，使用简单助视工具进行详细目视检测才可查出，且不除去油漆、密封，也不采用渗透剂、X 光等无损检测技术	2 次飞行
场站或基地级可检	卸下设备分离部件，采用磁粉、渗透剂、X 光、超声波、涡流等一种或多种无损检测技术对结构损伤进行判断	2 次飞行
使用中不可检	受损伤尺寸或可达性的限制，使用上述方法无法对结构损伤作出判断	1/4 寿命期

由于液体火箭发动机的安全性直接关系到发射任务的成败，所以它的检查间隔次数较少，且只有"场站或基地级可检"与"使用中不可检"2 种适用于损伤缓慢发展的结构，而前三种适用于失效后仍可保证安全的结构。表 1 中给出的检查间隔应当根据发动机服役后的使用经验进行优化调整。

除此之外，针对发动机采取实时状态监控与检测也是保证发动机安全高效工作的重要环节，这在很大程度上增强了维修的有效性。

3.6　重复使用火箭动力健康管理与故障诊断技术

故障诊断、预测与健康管理技术由来已久，20 世纪 80 年代后期针对 SSME（航天飞机主发动机）已研发应用了异常与故障检测系统、火箭发动机健康管理系统等，但监测系统复杂，仅用于地面试车，无法用于飞行试验进行发动机的实时状态评估。得益于传感技术、人工智能、现代计算机技术等领域的快速发展，航空航天、高铁、医疗等领域的 PHM（故障预测与健康管理）技术飞速发展，可以为重复使用液体火箭发动机的 PHM 技术提供一定的借鉴参考，但重复使用液体火箭发动机的极限载荷环境、毫秒级的时间尺度、紧凑复杂的结构、飞行试验中的信号传递等对传感器、计算算法、天地通信等提出了更高要求。

我国的 PHM 技术应用于液体火箭发动机更是刚刚起步，需与可重复使用液体火箭发动机的全寿命周期高度融合，在研发初期即开展故障诊断设计，引入新型传感器技术，建立失效数据库，研发数据处理算法；测试验证阶段开发健康基线曲线，进行剩余寿命模型及故障模型算法修正；使用阶段进行数据库扩充，并根据诊断结果进行重点部位维护。在满足可重复使用液体火箭发动机可靠性要求下，要持续进行最小冗余配置及系统重构，从而实现发动机的最优化改进，不断提升可重复使用液体火箭发动机性能及寿命，达到"高可靠、低成本"的终极目标。

4 总结与展望

灵活、低成本进入空间是未来航天发射的主流趋势。开展可重复使用液体火箭发动机设计技术研究，可为我国可重复使用航天运输系统研制打下坚实的基础，大幅提升我国进出空间和控制空间能力，降低航天运输成本，提供廉价、可靠、快速、便捷的空间运输服务，符合我国创新驱动和军民融合等战略布局，对维护我国空天安全、带动产业结构升级、提升科技竞争力等具有较大意义。

作者：田原，刘士杰，杨进慧，杜宁
单位：北京航天动力研究所

六 基于核聚变推进系统的空间飞行器设计技术

　　随着我国航天事业的不断发展，探索新型空间飞行器技术，对以月球基地和火星基地等为代表的大规模深空探测任务具有重要的支撑作用。传统的化学推进技术已经成为人类推进技术的主流，但是其比冲较低，仍难以满足人类未来探索太阳系的需要。

　　随着技术的发展，以核推进技术等为代表的新型推进技术走上了舞台。核聚变推进系统比冲可以达到 5000 s 以上，有些甚至能超过 10000 s，还具有大推力、长工作寿命等特点。将核聚变推进系统应用于空间飞行器，能够支撑未来大规模宇宙探索活动，大大扩展人类的探索边界，同时能够牵引可控核聚变、新型材料以及飞行器设计等多个领域的跨越发展。

基于核聚变推进系统的空间飞行器开启星际航行新纪元

1 核聚变的原理和特点

核聚变是指质量小的原子，在极高温度和压力下让核外电子摆脱原子核束缚，两个原子核具有足够的能量产生吸引和碰撞，发生聚合作用从而生成新的质量更重的原子，同时释放出巨大能量的过程。理论研究表明，只要能量足够高（一般而言是温度足够高），任何两种比铁原子轻的原子都能够发生聚变反应。

我们熟知的太阳的能量就主要来源于氢原子核，主要是氘和氚的聚变反应：1 个氘原子核和 1 个氚原子核结合成 1 个氦原子核，并放出 1 个中子和 17.6 MeV 的能量。太阳每秒将 6.57 亿吨氢聚变成氦，产生出的巨大能量成为太阳系内一切活动的能量源泉。这一反应又是目前所有聚变反应中所需条件最低的一种，只需要数千万摄氏度的高温（图 1）。

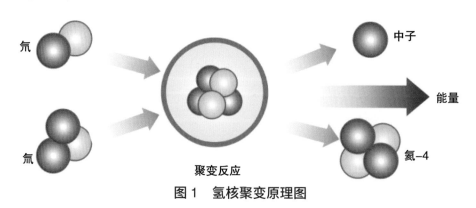

图 1 氢核聚变原理图

另外，近几十年来，由于在月壤中发现了丰富的储量，氦的同位素氦-3得到了广泛的关注，我国探月工程的一项重要任务就是开发这种极具潜力的新型能源。

氦-3与氘进行聚变反应时，只会产生没有放射性的质子，而不是氢核聚变反应中的中子，因此氦-3作为能源时不会产生辐射危害，是一种清洁安全的能源（图2）。

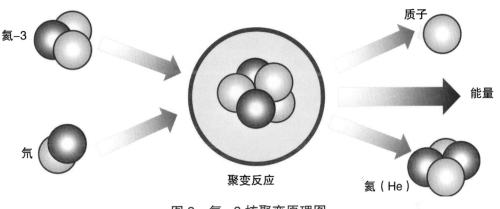

图2　氦-3核聚变原理图

2　核聚变具有不可比拟的优势

首先是来源丰富。核聚变的主要原料氘原子核，能够从海洋中的重水中提炼获得。据测算，1 L海水中氘的含量大约为30 mg，因此地球上仅在海水中自然存在的氘储量就高达45万亿吨，而30 mg的氘经过聚变反应释放出的能量相当于300 L汽油燃烧所释放的能量。如果海水中的氘全部通过聚变反应将能量释放，足够人类使用几十亿年。自然界中不存在的氚，能够通过反应堆中产生的中子轰击氟化锂、碳酸锂或锂镁合金获得，而这些原料在海洋中又是极其丰富的。此外，月球上氦-3储量至少在100万吨以上，储量十分丰富，1 kg氦-3参与聚变能够产生 10000 kW 的电力，100 t 就能够满足地球一年的使用需求。

其次是核聚变的过程和产物不会造成污染（图 3）。核聚变不会产生二氧化碳、二氧化硫等污染物，也不会像核裂变一样产生大量放射性产物，只会产生无放射性的惰性气体氦，以及一定的中子或质子，辐射污染很低或者没有，因此具有很强的环保和安全优势。

图 3　核废料

最后是安全可靠。在发生核聚变的过程中，由于条件十分严苛，只要反应条件中的任何一项终止，聚变反应就会完全停止。核聚变的反应原料和产物是安全的，因此不会产生如核裂变反应堆发生泄漏等故障之后，因为核燃料继续发热而引起包括爆炸在内的严重后果，近几年的日本福岛核电站事故就是如此（图 4）。

图 4　福岛核电站事故

3　可控核聚变技术的发展和演变

可控核聚变指在一定条件下，对核聚变的速度和规模进行控制，使之能够以安全稳定的形式持续输出能量，从而为人类所用。因此，建成资源丰富、经济实用、安全可靠和环境友好的核聚变发电站，是目前国际上开展可控核聚变研究的主要目标。这项研究的发展一般可以分为六个阶段：1）原理性研究阶段；2）规模实验阶段；3）点火装置试验阶段（氘－氚燃烧实验）；4）反应堆工程物理实验阶段；5）示范聚变电站阶段；6）商用聚变电站阶段。目前正处于第三阶段，并逐步向反应堆工程物理实验阶段过渡。1996年，等离子体物理与可控热核聚变国际会议更名为聚变能国际会议，标志着国际核聚变研究正式迈入实质性聚变能源战略研究和反应堆原理性研究与发展阶段。

实现可控核聚变主要有三种方式：1）重力场约束聚变；2）惯性

约束聚变（Inertial Confinement Fusion，ICF）；3）磁约束聚变（Magnetic Confinement Fusion，MCF）。发生在太阳中的核聚变反应就是在太阳的重力作用下产生了高温和高压的重力场约束。但是在地球的环境条件下，无法产生如太阳般的压力，因此必须依靠更高的温度来实现核聚变反应。一般来说，维持连续的核聚变反应需要 1 亿摄氏度以上的高温，伴随着巨大的能量释放，这是目前人类所掌握的所有材料都难以承受的热环境条件。因此惯性约束聚变和磁约束聚变是目前科学界较多采用的核聚变控制方案。

惯性约束聚变是使用多束具有高能量的脉冲激光在极短时间内照射一个固态球状核燃料，引起燃料外层温度升高直至其等离子化，导致产生爆裂。而外层爆裂产生的反作用力形成了向燃料内部的震荡波，引发内爆，最终导致燃料内部形成高温高压的环境，引发自发性燃烧和连锁反应，诱发核聚变。近年来，随着大功率激光技术和粒子束技术的发展，惯性约束核聚变技术取得了重大进展，可控核聚变的"点火"难题有望得到解决。惯性约束核聚变装置以美国的国家点火设施（National Ignition Facility，NIF）装置为代表（图 5），该装置位于美国劳伦斯利弗摩尔国家实验室，占地约三个足球场，于 1997 年 5 月 29 日正式动工，2009 年 5 月 29 日完工，耗资 35 亿美元。NIF 利用 X 射线与 D-T（注：氘和氚，下同）靶丸实现聚变点火，而 X 射线则由激光与黑腔内壁相互作用产生。但是直到 2012 年，NIF 仍未实现计划中的点火目标，这一结果使得研究人员对于激光 ICF 的可行性提出了质疑，因此开始研究磁场对于 ICF 的影响，同时提出了包括 Z 箍缩驱动 ICF 和重离子束驱动 ICF（Heavy-Ion Inertial Fusion，HIF）在内的改进方案。

图5　美国的国家点火设施（NIF）

　　磁约束聚变装置则是利用强磁场作用，将处于高温等离子体状态下的聚变燃料限制在一个特殊的磁容器中。装置首先将核燃料不断加热至等离子体状态，之后利用强磁场约束其中的带电粒子和自由电子，最后进一步加热，直至温度升高到能够引发核聚变。这种方案是目前国际上较多采用的一种方式，托卡马克装置是实现这一聚变的主要设备。

　　早在20世纪50年代，世界各国就已经开始秘密研究可控核聚变技术，但是长期无法取得预期的进展。直到1968年第三届可控核聚变和等离子体国际会议上，苏联学者阿尔齐莫维奇发表了T–3托卡马克的实验数据，并在次年的杜布纳会议上得到了确认，才标志着这一技术实现了突破，也引发了托卡马克的建造热潮。随后的数十年中，近百个大小不等的托卡马克装置开始建造，所能产生的聚变高温等离子体参数也得到了飞速提高，到20世纪末，等离子体参数已提高了一万亿倍，比半导体集成度的发展速度还要快。20世纪80年代以来，一批大型和超大型托卡马克装置建成，多项核聚变关键技术得到了迅速发展，聚变燃料温度已达到2亿~4亿摄氏度，聚变三乘积（注：表征聚变反应率）已达到$1.5 \times 10^{21} \, \mathrm{keV/(m^3 \cdot s)}$，主要物理参数已经接近可控核聚变所要求的标准。虽然目前托卡马克仍然有部分关键技术需要攻克，但已经被认为是目前具备建造实验性核聚变反应堆基本条件的唯一装置。

我国的全超导托卡马克核聚变实验装置（Experimental and Advanced Superconducting Tokamak，EAST）是其中具有代表性的装置（图6）。EAST 位于合肥的中科院等离子所，项目于 1998 年立项，2006 年建成并实现了第一次"点火"。2016 年 11 月 EAST 实现稳态高约束模等离子体放电时间超过 60 s，这标志着 EAST 成为世界首个实现稳态高约束模运行持续时间达到分钟量级的托卡马克核聚变实验装置。2017 年 7 月 4 日，EAST 实现了长达 101.2 s 的稳态长脉冲高约束模等离子体运行，创造了新的世界纪录。这一里程碑性质的纪录标志着中国在磁约束核聚变研究方面走在了世界前列。

图 6　中国的全超导托卡马克装置（图片来源：微博中科院之声）

4　基于可控核聚变的空间飞行器

核聚变动力系统的本质是一套核聚变能量利用装置，未来可为飞行器提供更强的动力，其功能包括：1）产生并维持可控的核聚变；2）将聚变产生的能量转变为飞行器前进的动能；3）利用聚变能量为飞行器提供电力，特别是深空探测器等；4）保持结构完整，对飞行器不产生负面的辐射影响，尤其是对于载人飞行器而言。目前核聚变飞行器的研究还处在概念和方案阶段，比较有代表性和可行性的方案有Z箍缩核聚变推进和场反向配置核聚变直驱引擎两种。

2001年，为了对未来25~40年内潜在的科学任务进行系统概念设计，NASA启动了"革命性宇航系统概念"，其研究内容包括核热推进、核电推进和核聚变推进等。2010年，马歇尔航天飞行中心又提出了新的基于Z箍缩的聚变动力系统方案（图7）。Z箍缩聚变探测器主要由两部分组成：其一是Z箍缩聚变推进部分，包括电容器组、Z箍缩聚变磁喷管等；其二是探测器主结构部分，包括桁架、辅助裂变能源系统、散热板、着陆舱、星表居住舱、原位资源利用装置等。

Z箍缩核聚变是一种磁约束聚变形式，其发生的前提条件是需要在短时间（10^{-6} s）内在等离子体内产生极大的电流（MA级），使电流激发出的磁场能够将等离子体压缩至达到聚变条件。Z箍缩的发生需要使用环形喷嘴，内部流通D-T燃料，外部流通6Li和7Li的混合物，因为具有圆锥形的内型面，D-T燃料和6Li和7Li的混合物在某一点相遇，这一点被称为阴极，锂的混合物同时也起到电流回路和屏蔽层的作用。这种构型还会引发中子与6Li的反应从而产生氚，增加了反应能量的释放（图8）。

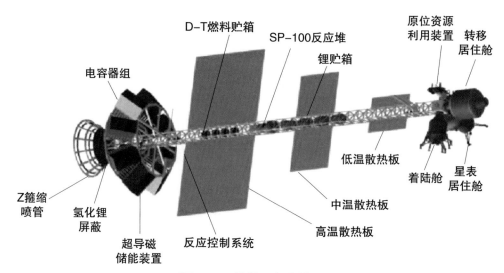

图 7 Z 箍缩飞行器构型

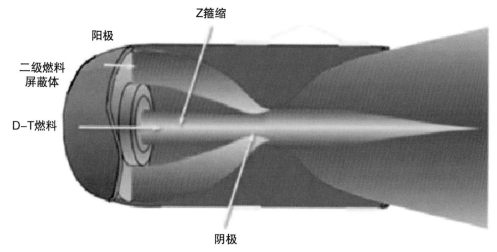

图 8 中心轴处的 Z 箍缩阴极

据报道，近年来研究人员基于普林斯顿场反向结构提出了 DFD 方案，一个小型货车大小的 DFD 引擎质量可达到 10 t，如果能够投入使用，可将载荷在 2 年内送达土星，5 年内到达冥王星，大大缩短星际航行的时间。该方案有望在 2030 年实现首飞（图 9）。

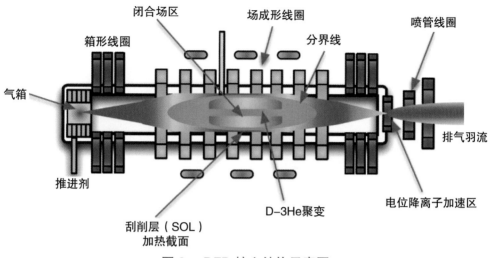

图9　DFD 核心结构示意图

　　DFD 利用一种新型场反结构对等离子体产生磁约束，能够在较高的等离子体压力下进行可控的聚变反应。因此相比于其他类型的磁约束等离子体装置，在一定的磁场强度下，DFD 的聚变功率密度更高。DFD 使用的燃料组合是 D–3He，如果任务时间长达 10 年以上，也可以换用抑制 T 的 D–D 燃料循环运行，延长系统工作的时间。这两种反应中产生的中子较少，因此能够减小屏蔽质量，从而降低推进剂的消耗。

　　除上述两种动力系统方案之外，NASA 格伦研究中心为了纪念并且复现著名电影《2001——太空奥德赛》中的飞船，也提出了基于磁约束聚变的航天器发现者 2 号，其目的是携带 6 名航天员在一年内前往木星或者土星。发现者 2 号最前端是通过旋转模拟重力的载人舱，与平板式辐射器一同连接在中心桁架上，燃料贮箱、输送管路和电气设备也都安置在桁架上。桁架的尾端则安装有球形聚变反应堆、长波等离子体加热装置和磁喷管等，用于在飞行任务中进行聚变并产生推力。探测器总长度 240 m，初始质量 1690 t（图 10）。

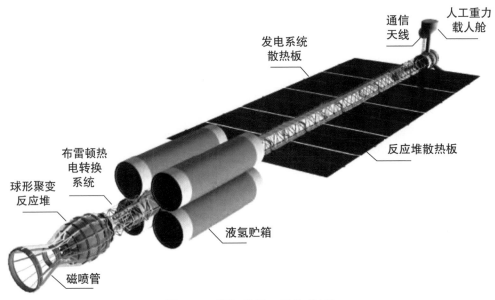

图 10 "发现者 2 号"构型

整个探测器预计分 7 次发射升空，第 1 次将发射中心桁架、裂变堆、反应控制系统、蓄电池、通信装置、热电转换装置、散热板、制冷装置、极向场线圈、燃料贮箱、燃料注入装置等其他系统。第 2 次将把聚变堆和磁喷管等发射入轨，第 3 次将发射整个人工重力装置，第 4~7 次任务将发射 4 个装满液氢的燃料贮箱。

5 发展核聚变动力飞行器需要攻克的关键技术

以目前的两种核聚变动力飞行器方案来看，亟须解决的共性技术包括：

（1）高能点火技术

引发核聚变需要巨大的能量，特别是非中子反应的核聚变，需要的点火温度更高。因此，如何在可控情况下，实现可靠的高能点火，是实现可控核聚变的关键问题。这要求点火装置在有效利用外部能源的同时，具有较小的结构尺寸，并且能够承受严酷的工作条件，实现多次启动。

（2）磁喷管设计技术

磁喷管是核聚变发动机产生推力的装置，直接影响到发动机的使用性能，需要对通电线圈、支撑结构等进行优化设计。此外，核聚变能量巨大，磁喷管工作的环境恶劣，需要附带主动冷却结构，如何实现有效的热量交换也是重要的问题。最后，如何保证磁喷管能够按照设计要求可靠持续地完成工作任务，也是需要解决的问题。

（3）高温超导体线圈技术

高温超导体制成的超导线圈是目前核聚变动力系统方案中共有的重要组成部分，因此研发高温超导体、高强度复合材料和冷却剂熔盐金属等特殊材料，并将其有机结合在一起，共同满足核聚变动力系统的工作需求，也是需要解决的问题。

（4）辐射屏蔽技术

核聚变总是伴随着多种辐射，包括高能中子辐射、韧致辐射和同步辐射等，因此需要采用良好的屏蔽措施，保证飞行器上的结构和设备，尤其是人员能够不受到严重的影响。因此，要求屏蔽材料具有高强度、材质轻、寿命长和屏蔽效果好等特性，还需要解决屏蔽罩的寿命测量问题。

（5）高效的热电转换系统

核聚变释放出的巨大能量，有很大一部分需要转化为电能以维持聚变反应的约束，以及向航天器上的设备供电。因此需要可靠高效的热电转换装置，结合所采用的核聚变形式，设计有针对性的能源转换系统。

（6）核聚变发动机性能评估技术

核聚变发动机与目前航天器上所使用的化学推进火箭发动机乃至电推进发动机都有很大的不同，因此需要对核聚变发动机的性能评估手段进行再认知，提出合理贴切的评价标准，有目的性地推动核聚变发动机的研制。

6 总结与展望

提高进入空间的运输能力，对于我国未来开展深空探测及载人星际航行任务具有重要意义，而发展基于可控核聚变的推进系统，是提高进入空间能力的有效途径。美国从 20 世纪 70—80 年代就开始了基于核聚变的推进系统方案研究，经过几十年的探索，目前少数方案已经进入试验样机阶段，并有望于 2035 年之前首飞。我国虽然在可控核聚变研究方面走在世界前列，EAST 等试验设施取得多个重要科学进展，但对于核推进空间飞行器的研究仍处于探索阶段，缺乏可行的方案和计划。通过设计基于核聚变推进系统的高性能空间飞行器，能够填补我国在这一领域的空白，具有广阔的发展前景和经济效益。

作者：李欣，梁桐，张群，李重远，张新宇
单位：北京宇航系统工程研究所

七 大空域跨速域高速飞行器气动布局设计方法与技术

以水平起降可重复使用空天飞行器、临近空间高速无人机为代表的大空域跨速域飞行器是航空航天强国的重要标志。不断扩大飞行的空域和速域、不断提高经济性和便捷性是航空航天技术永恒的追求。可水平起降的跨速域高速飞行器毫无疑问是未来空天飞行器的终极梦想，可在普通机场低速起飞着陆，可重复使用，可便捷出入空间，可在大气层内极速巡航。

气动布局技术是该类飞行器发展需要突破的核心技术。从飞行器总体设计的角度看，气动布局设计是先行官。其难度一方面体现在必须综合考虑多系统要求，满足复杂的工程约束；另一方面集中体现在面对新的速域空域需求，气动设计方法和理论需要突破和创新。毫无疑问，大空域跨速域气动布局难题给科学家和工程师们带来了挑战，也为他们充分发挥创造力提供了广阔的舞台。

如何突破大空域跨速域高速飞行器气动布局设计方法与技术

1 大空域跨速域高速飞行器

水平起降可重复使用空天飞行器、临近空间高速无人机等飞行器（图1）具有极为重要的社会、军事和经济价值，可以执行低成本空天往返、全球远程快速运输、高价值战略战术目标快速侦察打击等任务，是高速飞行器重要的发展趋势，具有广阔的应用前景。

以水平起降可重复使用空天飞行器为例，即人们常说的"空天飞机"，其是一种能像普通飞机一样在机场水平起飞加速爬升，在大气层中以高超声速飞行，加速至宇宙速度飞出大气层进入空间，完成空间任务后再次返回大气层，并在机场水平着陆的飞行器。这种新型的飞行器将从真正意义上开启空天自如往返、一体化作战的时代。

（a）水平起降可重复使用空天飞行器　　（b）临近空间高速无人机

图1　大空域跨速域高速飞行器

水平起降可重复使用空天飞行器需要穿越整个大气层，空域速域范围跨度极大。需满足低速水平起飞、亚跨超加速爬升、高超声速巡航、宇宙速度入轨、高超减速再入、大空域跨速域能量管理机动和低速水平降落过程中的总体、气动、防热和飞控等一系列约束和要求。相应的气动布局设计非常复杂，是决定此类飞行器研制成败、总体性能和效费比的重大环节。

2　大空域跨速域高速飞行器气动布局设计难题

对于垂直发射水平回收空天飞行器，上升段气动特性要求相对简单，决定其气动布局形式的是再入段。其气动布局为适应大空域宽速域，需要维持中等升阻比的减速再入外形，主要的布局形式为钝前缘升力体、翼身组合体或融合体。水平起降、两级入轨的空天飞行器上面级也属于此类。

水平起降大空域跨速域高速飞行器采用吸气式组合动力，要求其具有机体推进一体化的跨速域低阻力高升阻比巡航加速外形，主要的布局形式为细长翼身组合体、融合体，尖前缘升力体、乘波体等。相关的气动布局设计需求和难题主要体现在如下几个方面：

2.1　水平起降、亚跨超加速爬升、高超巡航的气动/推进/操稳一体化设计需求

基于组合动力的大空域宽速域空天飞行器气动布局需着重考虑吸气式宽速域推进系统，特别关注气动/推进/操稳一体化设计。一方面，受限于该类飞行器的宽速域气动特性、控制特性和动力系统的推力特性，布局的气动特性、操稳特性和组合动力发动机系统必须强耦合设

计；另一方面，组合动力系统的进排气系统需要根据不同的飞行工况进行相应的调整，采取可调进气道和喷管以获得所需的推力。此外，推进系统中进气道、燃烧室、喷管的流动特性也会对飞行器气动和操稳特性形成强烈干扰。这就要求高度关注机体 / 推进 / 操稳一体化气动布局设计，使其在大空域跨速域的宽飞行包线内，同时满足各速域气动特性、进排气特性和操稳匹配特性的需求（图 2）。

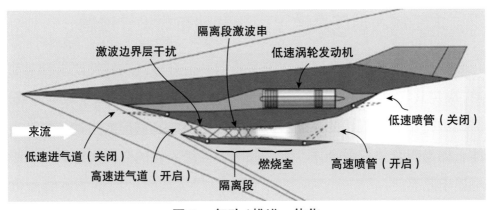

图 2　气动 / 推进一体化

2.2　高超大攻角再入与大空域宽速域能量管理需求

可重复使用空天飞行器的飞行轨道涵盖第一宇宙速度再入、高超声速滑翔 / 巡航、低速水平着陆等典型阶段。其中最为突出的矛盾是：高超大攻角再入和低速着陆，以及全飞行过程安全可控。高超再入阶段通常以大攻角飞行，重点关注的是纵向配平特性和三个方向的稳定性；而低速着陆则需要重点关注高升阻比、高升力和可控性。针对尖化前缘高升阻比的巡航加速外形，如何满足高超大攻角再入、大空域跨速域能量管理和水平着陆是此类飞行器气动设计必须解决的难题。

2.3　高装填空间条件下高容积率高升阻比需求

升阻比是反映飞行器总体气动性能非常重要的参数。对于水平起降大空域跨速域高速飞行器而言，升阻比很大程度上决定了其能够实现怎样的飞行包线、达到的航程、机动性以及载荷能力等关键技术指标。从工程角度看，此类飞行器的高升阻比是需要在高装填空间的条件下实现的。然而，高升阻比和高容积率是矛盾的，美国 NASA 曾对简单布局概念的升阻比与容积率的关系开展过风洞试验研究，给出了典型外形高超条件下最大升阻比与容积率之间的关系（图 3），可见升阻比随着容积率的增大而降低。因此，需要针对该类飞行器开展兼顾高升阻比与高容积率需求的气动设计原理与方法研究。

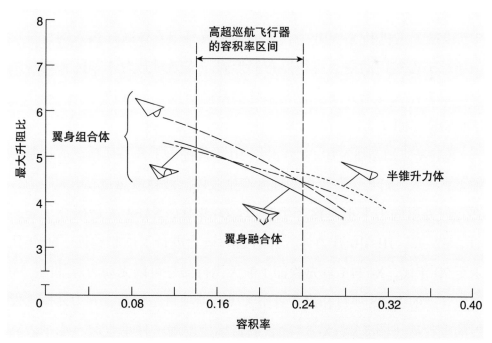

图 3　简单布局概念最大升阻比与容积率关系

2.4　中低热流和高总加热量可重复使用防隔热需求

与减速再入类气动布局不同，巡航加速构型的前缘较尖，飞行过程中气动加热的特征突出表现为中低热流和高总加热量。此类外形气动设计时需要兼顾中低热流可重复使用热防护系统和高总加热量长时间隔热系统要求。这给较为尖锐的驻点和前缘，较薄的机翼和舵面，以及局部舵轴带来了严峻挑战，在可重复使用空天飞行器的气动布局设计中必须一并考虑。

3　大空域跨速域高速飞行器气动布局发展现状

3.1　再入减速构型

以航天飞机和 X–37B 为代表的钝头翼身组合体减速再入构型是唯一通过工程实用的空天飞行器布局形式。美国对升力体和钝头翼身组合体减速再入外形开展了长期系统的基础研究、关键技术攻关和飞行试验验证（图 4）。

NASA 艾姆斯研究中心 20 世纪 50 年代提出了升力体概念。这是一种无翼再入飞行器，靠较大的钝度产生脱体激波耗散热量，增大阻力，靠几何外形的上下不对称产生升力。60 年代，NASA 先后研究了 M2–F1、M2–F2、HL–10 升力体，并对这一概念进行了试验验证。60 年代末至 70 年代，X–24A 首先验证了航天飞行器是可以无动力着陆的。90 年代开展的 X–33 项目和追梦者空天飞行器项目是钝前缘升力体概念发展的里程碑（图 5），X–33 项目的目标为发展一种垂直起飞水平着陆的大型升力体概念空天飞行器。

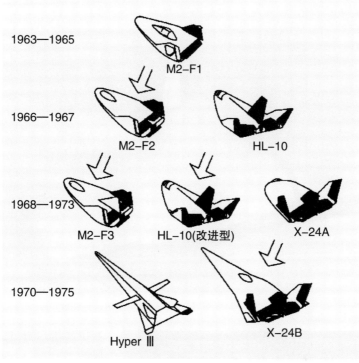

图 4　NASA 各时期开展的钝前缘升力体研究

钝前缘升力体的兴起主要是由于防热材料不过关，高超声速飞行时钝头体产生的弓形脱体激波可以将大量的热量耗散在大气中，减小了对飞行器结构的防热压力。然而钝前缘升力体构型所能达到的高超声速和亚声速升阻比是非常有限的。由图 6 可见，钝前缘升力体的高超工况最大升阻比仅为 1.2 左右。

飞行器再入时，高超声速升阻比越大，再入过载越小，横向机动距离越大。亚声速和低速时升阻比越大，降落着陆特性越好。随着热防护技术的进步，飞行器前缘可以越来越尖，空天再入飞行器向升阻比更高、翼载更低的翼身组合体方向发展。美国开展了 X-20、X-34 等有翼再入试验飞行器的研究（图 7）。

图 5 X-33 和追梦者空天飞行器

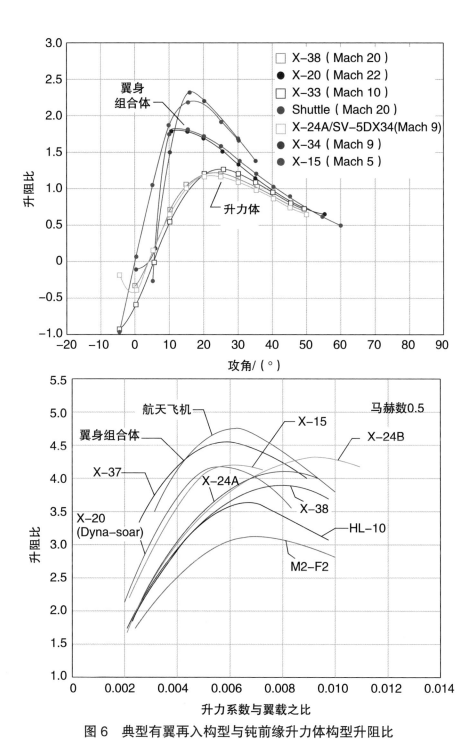

图 6 典型有翼再入构型与钝前缘升力体构型升阻比

图 7　X-20（左）和 X-34（右）翼身组合构型空天飞行器

美国的航天飞机是人类航空航天发展史上的一个重要里程碑。苏联也研制了暴风雪号航天飞机，进行了无人飞行试验。航天飞机被认为是第一代实用的有翼再入空天飞行器，采用边条三角翼，翼身组合体布局。

随后，各国纷纷开展第二代可重复使用运载器的研制。如美国的 X-37B，欧洲的 Sanger II 上面级、HERMES，俄罗斯的 MIGAKS 上面级，日本的 HOPE-X 等。其中的典型代表是美国的 X-37B，已经成功进行了多次在轨飞行试验（图 8）。

图 8　航天飞机和 X-37B 空天飞行器构型

3.2　加速 / 巡航构型

对于基于组合动力的可重复使用单级 / 两级空天飞行器，虽然欧美提出了以云霄塔、桑格尔为代表的大长细比翼身组合体、融合体布局形式，但依然停留在概念探索和关键技术攻关阶段。

从 20 世纪 80 年代末开始，世界范围内开展了大量的研究活动，旨在发展完全可重复使用的空天飞行器，这些方案大致可以分为两类，即细长翼身组合体构型和尖前缘升力体构型。

3.2.1　细长翼身组合体构型

一些空天飞行器方案采用了与高速飞机构型类似的细长体构型。如英国的 HOTOL 空天飞机、Skylon 空天飞机（图 9），美国采用 SABRE 发动机的单级和两级入轨空天飞机方案等。

HOTOL 的研制大量采用了协和式超声速客机的技术，其尺寸、起飞重量和有效载荷大体上都与协和飞机类似。采用细长圆柱形机身与三角翼组合体，整机容积较大且阻力较小。由于重心非常靠后，因此采用了鸭式布局。

HOTOL 项目下马后，几位从事 HOTOL 研制的工程师成立了英国反应发动机公司，继续进行项目研究，由此推动了 Skylon 项目的诞生。Skylon 采用大长细比的细长体三角翼鸭式布局，两台 SABRE 发动机装在翼尖。

英国的 SABRE 发动机取得重要进展后，美国空军实验室评估了该方案，确认其可行性后对该项目进行了投资，并由此产生了基于该发动机的新的空天飞行器方案（图 10）。在气动布局方面，一级运载器采用类似 SR-71 的翼身融合体形式，主要是为了更好地兼顾在低速和跨声速阶段的性能。

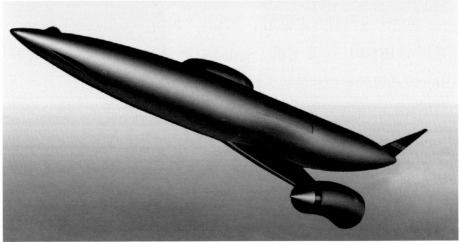

图 9　HOTOL 和 Skylon 空天飞机

3.2.2　尖前缘升力体

定义尖前缘升力体主要是为了与上文提到的减速外形——钝前缘升力体作区别。在经典文献中，一些空气动力学家把乘波体列为升力体范畴。这里的尖前缘升力体是指乘波体或采用乘波设计思想的加速 / 巡航外形的统称。

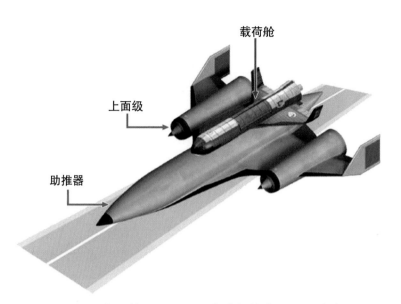

图 10　美国基于 SABRE 发动机的空天飞机方案

　　乘波体的本质是对激波压缩升力的利用，其设计原理自 20 世纪 50 年代提出。作为最有希望突破高超声速升阻比屏障的构型，其设计方法和工程实用均取得了较大进展（图 11）。X–43A 的成功飞行除证明了超燃冲压发动机可以产生正推力外，还验证了乘波体构型的工程可行性。一些新的设计思想，如密切锥方法、密切轴对称方法、密切流场方法产生了一系列新型乘波体构型。如洛克希德·马丁公司的 P. E. Rodi 提出的密切流场乘波体生成方法，应用该方法生成的涡升力乘波体（图 12）有望改善这种高速外形低速时的气动特性，极具工程应用价值。

　　早期的超燃冲压发动机设计与飞行器机体设计是相对独立的。试验结果表明，这种发动机产生的推力无法抵消巨大的外阻力，因此需要寻找新的设计思路。美国从 20 世纪 70 年代开始，探索吸气式高超声速飞行器的机身 / 推进一体化设计。

动量原理

图 11　乘波体的动量原理

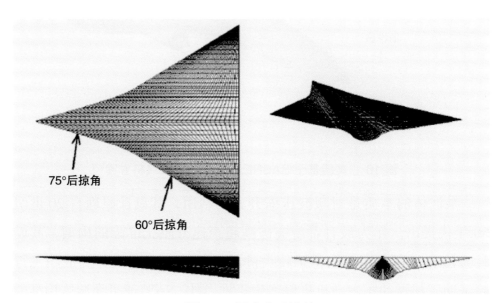

75°后掠角

60°后掠角

图 12　涡升力乘波体

　　当前，吸气式推进系统的发展趋势是采用三维内收缩进气道以获得最佳的推进性能，采用多种循环组合方式以实现从 0 速度到高超声速全速域的推进，这要求极高的飞 / 发一体化集成设计。美国 Astrox 公司走在了世界前列，其形成了一整套三维内收缩进气道和飞行器的一体化设计、优化、分析方法和程序，设计方案得到了美国军方的青睐（图 13、图 14）。近期，该公司与波音公司合作研究的一种完全可重复使用，以 RBCC 为动力的水平起降两级入轨飞行器 HSGTS 得到了广泛关注（图 15）。

图 13　Astrox 公司的一体化设计方案

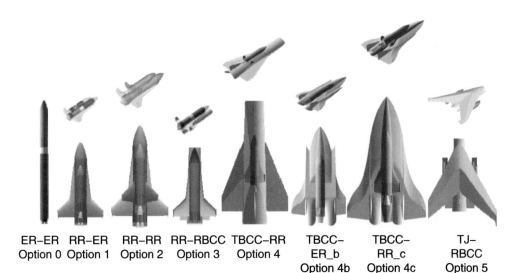

| ER–ER Option 0 | RR–ER Option 1 | RR–RR Option 2 | RR–RBCC Option 3 | TBCC–RR Option 4 | TBCC–ER_b Option 4b | TBCC–RR_c Option 4c | TJ–RBCC Option 5 |

图 14　Astrox 公司对各种空天飞行器方案的探索

3.2.3　其他新概念构型

　　高超声速双向飞翼概念由美国迈阿密大学的查葛城教授提出，旨在解决高低速飞行矛盾（图16）。亚声速状态下，飞行器以大展弦比姿态飞行；超声速状态下，飞行器以小展弦比飞行。高低速飞行模态转换通过飞行器旋转90°实现（图17）。

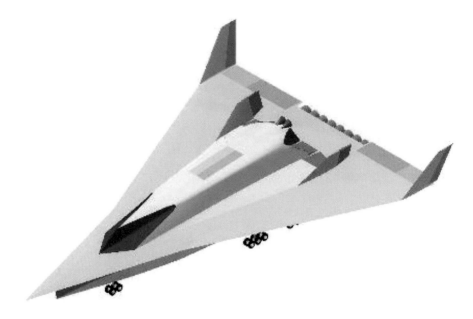

图 15   HSGTS 方案

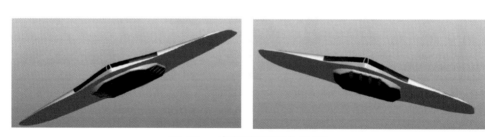

图 16   高超声速双向飞翼

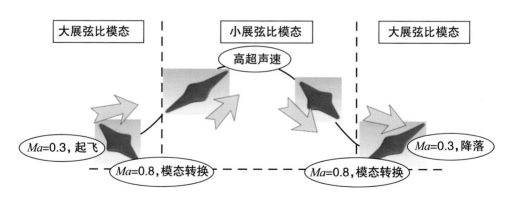

图 17   双向飞翼空天飞行器飞行模态

4　总结与展望

细长体、翼身组合/融合体、升力体等是当前研究较为广泛的几类典型高超声速布局形式，各自都存在优劣。

空天飞行器气动布局的最大特点是兼顾航空飞行器和航天飞行器的设计要求，在气动力效率和容积率及热防护要求之间取得平衡，因此在气动布局设计上也体现了空天融合的趋势（图18）。

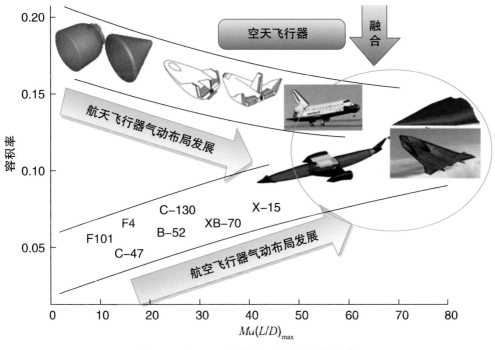

图18　空天飞行器气动布局设计趋势

大空域宽速域高速飞行器气动布局设计具有两方面的鲜明特征。首先该问题是一个复杂的气动设计问题，当前并没有成熟的气动布局形式和方案可以满足需求；与此同时，气动布局设计是飞行器总体设计至关重要的组成部分，具有明显的总体约束和多学科耦合属性。

4.1 宽速域气动设计新思路

近年来，两个解决思路引起了广泛的兴趣。

4.1.1 针对不同飞行工况，实时调整气动外形的可变形气动布局设计思想

为解决宽速域问题，最理想的方式是飞行器可以根据工况自动变形，使外形适应来流条件，获得所需的气动特性。变形方式可分为刚性变形和柔性变形，根据当前技术水平判断，要实现柔性变形，尤其在高超声速飞行器中实现柔性变形还不现实，而刚性变形是值得探讨的。需要指出，高超可变形必须综合考虑变形所需的机构、防热、控制等难题，需要具有足够的可靠性和效费比，工程难度很大。

4.1.2 基于不同飞行工况，核心主导气动流场结构的涡波一体气动设计思想

从不同速域核心主导流场结构和流动机理的角度出发，综合利用激波和旋涡效应，高超工况下充分利用迎风面乘波效应获得高升阻比，低速和亚声速阶段充分利用背风面旋涡效应获得高升力和高升阻比，跨声速阶段综合面积律设计方法可有效降低阻力，为解决跨域高超气动布局设计难题，提供了创新且可行的思路和方法。

4.2 气动总体多学科耦合设计策略与方法

气动设计具有鲜明的总体特征。从这个角度看，使总体性能最大化，并满足总体和分系统约束和需求的气动布局就是最好的气动布局。一方面，气动布局设计需要兼顾不同学科、总体和分系统的约束和需求。另一方面，尽管这些学科之间存在紧密耦合，但同时考虑上述不同学

科进行耦合优化设计，会使气动布局设计变得极为复杂、低效，无法进行。因此，如何合理地对这种复杂耦合设计问题进行分解，制定突出主要矛盾而又合理可行的设计优化策略和方法，是必须面对的又一个共性基础问题。

作者：白鹏，刘荣健，刘传振，王荣，闫溟

单位：中国航天空气动力技术研究院

八 吸气式飞行器内外流耦合声振环境评估与预示技术

随着世界空间技术的快速发展，吸气式飞行器凭借其在未来航天运输系统领域的广阔应用前景，已成为各航空航天技术强国的热点研究方向。以美国 X-51A 超燃冲压发动机验证飞行器飞行试验为典型代表，其超燃冲压发动机工作时间达到 3.5 min，将飞行器的速度由马赫数 4.8 加速到马赫数 5.1，成功演示了采用吸热材料的超燃冲压发动机在飞行状态下工作的可行性，标志着吸气式技术取得重大进展。

吸气式飞行器为保证更好的气动特性，通常采用机体与吸气动力一体化的构型设计，所带来的内外流耦合问题会使得激波／边界层干扰和脉动压力与机体结构耦合的声振环境问题相对传统航天器更为复杂，容易造成疲劳损伤，导致结构损坏，使用寿命缩短，还可能形成较为恶劣的低、中、高频力学振动环境，导致舱内仪器失灵，造成飞行事故，必须深入研究并切实加以解决。

发展吸气式飞行器需攻克声振环境预示难题

1 飞行速度的显著提升带来复杂的内外流耦合脉动效应

脉动压力与结构振动关系的研究在飞行器动态气动特性研究中占有重要地位，属于气动与结构耦合的气动弹性研究领域，是航天器气动与结构设计的关键问题。

航天器脉动压力的产生主要源于其壁面边界层中的湍流、分离流和激波振荡。在气体快速流动中，这三者常常相互耦合，具有显著的非定常特性。湍流流动固有的脉动压力特征在激波的作用下更加突出，飞行器几何构形如压缩面拐折处、舵/翼等控制面与机身连接处，在飞行过程中会产生激波。激波与机体表面湍流边界层作用，在壁面局部形成激波/湍流边界层干扰流场。湍流经激波后发生畸变，湍流度放大，同时激波受来流湍流扰动发生振荡，两者相互耦合。当干扰流动发生分离时，分离区扰动也加入到激波/湍流干扰耦合体系中，在结构表面产生包含高、中、低频等多种频率成分的严酷脉动压力作用，根据局部脉动压力换算的总声压级相较传统航天器显著增大。

而对于吸气式飞行器，由于机体与动力一体化构型设计带来的内外流耦合问题使得激波/边界层干扰和脉动压力与结构耦合问题更趋复杂。由于其独特的进气系统内外流耦合作用特点，在其前体压缩面拐角处由于激波边界层干扰会引发非定常流动分离；在低马赫数、大攻角、高反压等条件下会引发进气道不启动的非定常高频激波振荡；在唇口激波与肩部位置的边界层流动干扰会引发非定常流动分离；在进气系统隔离段通道内的激波串会造成低频非定常振荡。

　　湍流、分离流和激波振荡所产生的脉动压力会引起吸气式飞行器结构表面振动，而结构表面振动又会进一步加剧脉动压力（图1）。因此，当脉动激励较强且耦合结构振动影响时，容易造成疲劳损伤，导致结构损坏，使用寿命缩短，还可能形成较为恶劣的低、中、高频力学振动环境，导致舱内仪器失灵，造成飞行事故。

图1　进气道不启动导致非定常激波振荡

　　因此，在吸气式飞行器设计过程中，针对湍流、分离流和激波振荡作用下的脉动压力问题开展流动现象探索、机理研究、规律总结分析，明确非定常脉动压力与结构振动的耦合作用机理，开展声振耦合特性的精确预测与试验验证，是吸气式动力与机体一体化设计和吸气式飞行器工程研制所必须解决的关键问题，能够为后续实现吸气式内外流脉动压力与振动响应抑制与控制提供重要技术基础（图2）。

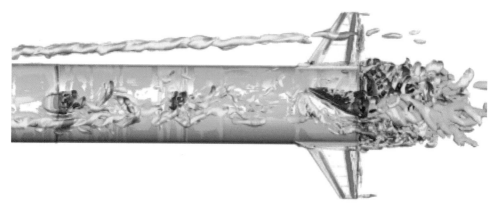

图 2　前体分离涡与尾翼的干扰流动现象

2　内外流耦合脉动特性的研究历程与技术发展

早在 20 世纪 70 年代，美国怀尔实验室就开始了对于航天飞机绕流压力脉动环境的研究。同期，国内也展开了对大型火箭压力脉动载荷的研究。航天飞机、再入体等经典外流压力脉动环境一般分为基本脉动环境和特殊脉动环境两类。基本脉动环境包括湍流边界层、分离流、激波振荡等流动，由飞行器绕流的空气动力流场决定，最严酷的压力脉动载荷通常出现在轨道参数最大动压附近对应的跨声速阶段。在不同马赫数下，简单构型外流的基本压力脉动环境主要有湍流边界层、压缩 / 膨胀分离流、激波振荡（包括跨声速激波振荡和超声速压缩拐角激波振荡等）等。特殊压力脉动环境叠加在基本压力脉动环境之上，比如再入体表面，特殊压力脉动环境主要为突起物绕流，压力脉动主要来自突起物上游的激波 / 边界层干扰和下游尾流，依赖于外形和轨道参数。而吸气式飞行器的压力脉动环境更为复杂，由于与机体一体化设计的发动机内型面一般采用前体预压缩来流，湍流边界层等基本压力脉动环境从前体半无限空间进入到进气道受限空间内，其压力脉动环境不再仅仅取决于飞行器绕流的空气动力流场，还与几何构型、发动机工作状态有关。

根据不同飞行阶段的内外流流动，沿内型面发展的压力脉动环境可大致归纳为三类（图3、图4）：1）亚声速时，严酷的压力脉动主要由跨声速正激波振荡引起；2）低马赫数爬升段、下降段中，或者大攻角以及高反压时，进气道发生不启动，此时内外流高度耦合，分离激波、肩部大分离、包括超声速时肩部分离上方可能存在的激波串等周期性振荡，可能给飞行器带来致命的伤害，是设计时需避免的状态；3）飞行时，压力脉动环境主要包括压缩拐角干扰、唇口激波/肩部干扰、激波/膨胀波交替反射波系/边界层干扰以及激波串振荡等，长时间巡航过程中，可能会造成结构疲劳甚至破坏。

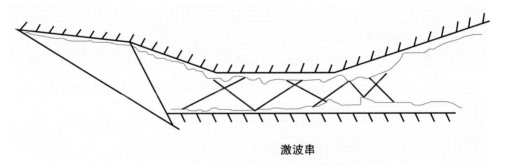

激波串

图3　吸气式飞行器内外流压力脉动环境

从物理形成机理上考虑，吸气式飞行器内外流耦合流动诱导的压力脉动载荷源自多种多样的激波/湍流边界层干扰形式。

基于风洞试验及飞行数据的经验方法是传统飞行器压力脉动环境预测的主要手段。20世纪70年代，利用大量的风洞实验结果和飞行数据，美国怀尔实验室Plotkin和Robertsont等人总结了一系列经验公式用于预测航天飞机、火箭等简单构型飞行器的压力脉动环境，包括可

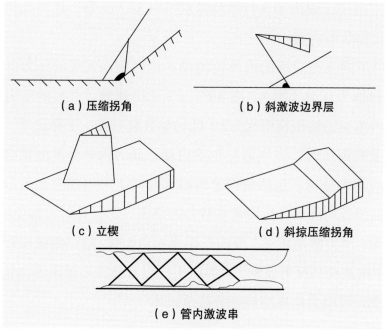

（a）压缩拐角　　　　　　　（b）斜激波边界层

（c）立楔　　　　　　　（d）斜掠压缩拐角

（e）管内激波串

图 4　压力脉动的主要来源

压缩湍流边界层、分离流等。Laganelli 等人基于 $Ma<3$ 的压缩拐角诱导分离的实验数据，拟合出激波振荡脉动峰值关于无干扰强度的二次多项式，但无法预测整个干扰区内脉动载荷的分布。Laganelli 等人又发展了不同壁温、粗糙度壁面湍流压力脉动预测公式，并且简单地利用无粘干扰强度对干扰区上游未受扰动的湍流边界层脉动强度进行放大，估算了压缩拐角分离区内压力平台处的脉动载荷。Barter 等人基于分离激波上下游脉动载荷，给出了激波振荡区域内脉动载荷分布的估算方法，输入参数要求事先获得激波上下游脉动载荷，此方法难以用于工程预测。Dupont 等人发展出一种基于时均压力分布和压力时序信号的脉动压力拟合方法，但其要求输入的参数难以快速获取。Brusniak 等人提出了一种基于时均压力分布的预测激波低频脉动载荷的方法，

对于压缩拐角构型中分离激波低频振荡区域内的脉动载荷能有效预测，然而这一方法对于斜激波／湍流边界层干扰中分离激波振荡预测的适用性尚待推广（图5）。

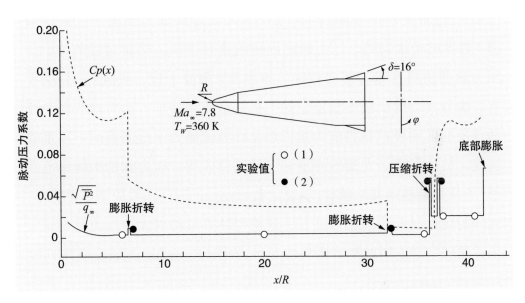

图 5　平均压力和均方根脉动压力沿 180° 子午线的分布

国内学者徐立功和刘振寰等分析和补充了分离点、再附点和突起物附近等位置的压力脉动环境相关经验公式，并利用统一的参变量给出了在不同速度范围内预测整个飞行器脉动环境的计算方法。根据脉动流场特征对飞行器表面进行区域划分，基于边界层外缘参数以及壁面时均压力系数，利用徐立功和刘振寰的计算方法对各区域分别进行预测，从而获得整个飞行器表面压力脉动环境。针对球头双锥等再入体外形，这一工程预测方法得到了广泛的应用。相比航天飞机、再入体等经典外流的压力脉动环境，在吸气式飞行器内外流耦合流场中，激波／湍流边界层干扰成为广泛且主要的压力脉动来源。由于振荡特性和物理机制更加复杂，经典外流方法对激波／湍流边界层干扰中激波振荡、流动分离等引起的压力脉动的预测能力十分有限。

随着计算机科学的发展，直接数值模拟（Direct Numerical Simulation，DNS）、分离涡模拟（Detached-Eddy Simulation，DES）和湍流大涡数值模拟（Large Eddy Simulation，LES）方法逐步成为预测研究典型激波/边界层干扰问题、压力脉动问题的重要手段，然而对复杂外形的压力脉动预测意味着需要精确分辨激波/激波干扰、激波/边界层干扰、大分离、剪切层不稳定、涡干扰复杂流动特征，而对这些复杂流动现象的准确模拟到目前为止仍然是计算流体力学所面临的一项重要挑战。另一方面，大量的测量和飞行试验表明，压力脉动的频率范围很广，从几赫兹到几千赫兹，这要求数值模拟的时间步长应该尽可能小，而同时统计时间应该尽可能长，这使得计算量特别大。当前航空航天工业领域广泛使用的是雷诺平均 N-S 方程（Reynolds-Averaged Navier-Stokes Equation）。

近年来兴起的多种 RANS-LES 混合方法综合 RANS 和 LES 各自的优点，这些方法的共同思想是采用 RANS 高效可靠地模拟高频小尺度运动占主导地位的近壁区域，同时采用 LES 准确计算低频大尺度运动占优的非定常分离流动区域。RANS-LES 混合方法是当前有限计算资源条件下处理高雷诺数大分离流动的合理选择，有效实现了计算精度和效率的统一，已经在多种流动类型的模拟中得到广泛应用，获得了很多有价值的研究成果。

3 脉动压力引起飞行器结构声振响应亟须实现关键技术突破

在航空航天领域，压力脉动环境下飞行器结构的动力学响应分析一直是飞行器结构设计的重要研究内容。国外对飞行器结构压力脉动环境下的响应分析研究比较早，大致可以分为四个阶段。第一阶段是20 世纪 70 年代以前，通过将复杂结构简化为简单的梁、板结构，采用解析法来求解结构的响应谱。这一阶段的研究成果为以后的工程应用奠定了理论基础。M. G. Cottis 等人研究了一个边界简支的壳体在湍流边界层压力脉动场下的理论问题，得到了相关的理论解；Lakis 等人研究了圆柱壳体在亚声速湍流压力脉动场的振动响应问题，计算得到了壳体的位移响应。第二阶段是在 20 世纪 70 年代中期，由于计算机的飞速发展和有限元方法的成熟及推广，可以利用有限元法求得复杂结构的模态参数，然后利用模态叠加法得到结构的响应谱，以进行环境预示。在这一阶段，Elishakoff 等人研究了壳体在随机激励下振型的耦合项对结构响应的影响。第三阶段是在 20 世纪 80 年代中期到 90 年代初，在这一阶段，欧美国家开发出了多种计算结构的动态响应有限元分析软件，例如 ANSYS、ABAQUS、MSC PATRAN/NASTRAN 等，并利用此类大型有限元软件计算复杂结构在随机载荷激励下的结构响应功率谱。90 年代以前，对结构的压力脉动响应研究都没有把激励的相关性考虑进去。在这一阶段，Anon 等人采用 MSC. NASTRAN 软件计算了飞行器简化梁模型在压力脉动下的响应问题，但仅仅考虑了载荷的自功率谱密度。到了 21 世纪以后，国外对压力脉动的研究主要集中在飞行器简化模型的理论计算及有限元模拟，并提出了相关的计算方法。Chinsuk Hong 等人采用有限元法与解析法研究了简支梁结构在压力脉动载荷下的随机振动响应问题，并针对计算中由载荷相关性所带来的较大工作量提出了补偿功率谱模型，有效地减少了结构响应计算的工作量。

　　针对飞行器连接与结构的声振响应分析，通常把连接结构简化为线性系统，忽略连接部件的非线性动力学特性。而实际的飞行器结构是由多个部件通过连接结构组成整体，为得到较为准确的结构动力学仿真结果以指导结构设计和优化整体力学性能，各个结构部件之间连接部分的非线性动力学特性和行为不容忽视。连接结构是影响飞行器阻尼和非线性响应的主要原因，在结构动态特性方面起到至关重要的作用。李星占等人针对经典的搭接结构采用谐波测试、相关函数测试、频响函数测试等非线性验证实验，来表征结构的非线性振动特性；然后采用力状态映射法识别结构的非线性参数，并且代入伊万（Iwan）模型建立结构的非线性动力学模型；最后采用多尺度法对结构进行不同预紧力和激振力下的非线性刚度和阻尼参数求解，进而求解结构的非线性动力学响应。栾宇通过实验测得法兰连接结构拉压刚度不同，将结合面螺栓连接等效为双线性弹簧的连接，结合铁木辛柯（Timoshenko）梁理论将结构简化为梁和双线性弹簧连接的形式，然后进行运动分区求解，加入相应的边界条件计算结构的非线性动力学响应，通过实验验证简化模型的正确性。田红亮和黄开放等基于赫兹接触理论和分形理论，采用虚拟材料（带有不同材料属性的一薄层材料）模拟螺栓连接结构，并通过理论分析和数学推导的方法，求解出虚拟材料的弹性模量、泊松比和密度等参数，进而进行系统的力学特性分析计算，并与实验结果进行对比，验证该方法的有效性和合理性。廖昕以结合面建模方法、参数识别、动态分析等方面的研究实践为基础，以单个螺栓为模型研究预紧力对于接触刚度的影响，通过实验结合仿真来验证仿真模型的正确性，通过螺栓连接结构的谐响应激励实验，识别结合面的复合阻尼参数，拟合不同螺栓预紧力作用下结合面的干摩擦参数，比较其非线性行为，验证有限元复合阻尼模型的可行性。将一个螺栓连接的结构推广到双剪切螺栓，提出一种基于 Iwan 模型的结合面建模方法，基于接触模型建立有限元模型，并进行试验来验证模型的正确性。

目前，在结构振动与噪声分析与控制方面，主要的理论方法包括边界元法（Boundary Element Method，BEM）、有限元法（Finite Element Method，FEM）以及统计能量法（Statistical Energy Analysis，SEA）等。在声学分析过程中，边界元法和有限元法都是常用的分析理论，但是这两种算法存在局限性，只适合在低频段应用，在中、高频段，这两种方法的准确性难以保证。在中频段，通常采用混合法，即有限元 – 统计能量混合法。在高频阶段，应用统计能量法进行结构响应预示的准确性已经得到普遍的认可，并在实际的结构设计中发挥了重要的作用。

4　总结与展望

随着航空航天技术的快速发展，吸气式飞行器凭借更宽的速域范围和更加灵活的飞行样式已成为各国前沿创新的重点发展方向。为了追求更高的飞行速度、更广的飞行空域以及更加灵活的机动能力，吸气式飞行器需要经历极为复杂的变高、变速、高温、高动压等极限环境，其机体与动力一体化的内外流耦合构型对于传统风洞试验、基础理论及数值仿真分析、工程设计方法在正确性和准确性方面提出巨大挑战。

为了实现吸气式飞行器内外流耦合作用下气动特性及声振环境的精准预示，国内外众多学者已经针对复杂湍流、分离流和激波振荡作用下的压力脉动问题开展了重点研究，从复杂流动现象探索、机理研究、规律总结分析以及声振耦合特性的精确预测与试验验证等方面揭示极限环境下吸气式飞行器的内外流耦合特征，以解决吸气式动力与机体一体化设计和吸气式飞行器研制所面临的诸多科学及工程问题。

吸气式飞行器内外流耦合声振环境评估与预示技术的不断发展和进步将为新型吸气式飞行器的研制提供重要技术基础，为实现宽速域、跨空域非定常气动脉动的精确预示提供理论和方法支撑，并进一步实现吸气式内外流压力脉动与振动响应的有效抑制与控制，不断提高吸气式飞行器在更高马赫数和更广空域范围下的整体综合性能，并扩展出更多且更为复杂的飞行任务执行能力。

作者：郭鹏飞，史锐，杨旸，费王华，辜天来
单位：中国运载火箭技术研究院研究发展中心

九 地球同步轨道星地全天时安全通信技术

随着信息技术的飞速发展，信息安全在金融、政府机构及国防安全等领域愈发重要。现阶段，广泛使用的公钥密码 RSA 体制安全性依赖于数学的复杂性，理论上难以抵抗未来量子计算机的快速破解。量子密钥的安全性源于量子力学特性，通过一次一密的加密方式，理论上能够保障信息的安全，同时具有窃听感知能力，是未来保障信息安全的重要技术手段。

地球同步轨道星地全天时安全通信技术是构建实用化量子保密通信网络的重要部分。地球同步轨道卫星能够长时间与地面站对接，仅需数颗就能实现全球通信，在全天时和大覆盖范围方面具有更大优势，但也面临着星地链路损耗大和日光干扰严重等难题，需要重点突破星载超高脉冲频率单光子光源、超高精度星地时间同步、高精度大口径星载捕获跟踪瞄准、超灵敏单光子探测和抗日光干扰量子密钥分发等关键技术，为实现全天时安全通信奠定基础。

地球同步轨道全天时量子安全通信推动实现星地网络安全建设

1 地球同步轨道全天时量子安全通信用于构建全球广域保密通信网络

随着信息技术的飞速发展，信息安全在金融、政府机构及国防安全等领域愈发突出。量子通信是解决该需求的一种有效途径，并得到了国内外从政府机构、金融机构到国防、科技、工业部门的高度重视。广泛使用的公钥密码 RSA 体制是一种基于大数因子分解的加解密算法，其安全性依赖于数学算法的复杂性，理论上难以抵抗未来量子计算机的快速破解。量子密钥的安全性源于量子力学的两个特性，一是量子在本质上的真随机性，这是产生真随机密钥的关键，二是承载有非正交信息的单量子态不可以被完美复制。量子密钥通过一次一密的加密方式，理论上能够保障信息的安全，同时具有窃听感知能力，是未来保障信息安全的重要技术手段（图 1）。

受益于光纤通信产业的成熟工艺，基于光纤的量子安全通信技术率先发展起来。光纤量子密钥分发从最初的几千米安全距离，到基于诱骗态方案的百千米安全距离，再到基于双场协议的八百千米新纪录，国内外各研究团队开展了大量的理论研究和实验验证工作，在保证通

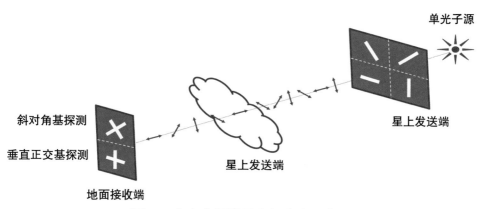

单光子源

斜对角基探测

垂直正交基探测

星上发送端

地面接收端

星上发送端

图 1　自由空间量子密钥分发示意图

信安全性前提下，旨在实现更远的通信距离和更高的通信速率。除以上量子密钥分发技术的实用化进展外，其他量子通信技术也在逐渐发展。其中，量子直接通信技术将大数中心分布定理推广到量子体系，发明了量子数据块传输与分布传输方法。该技术在量子信道直接安全传输信息，无需密钥分发，消除了密钥管理漏洞。量子密集编码技术提出了密集编码的量子安全直接通信方案，利用高维粒子进行编码，每个粒子可以携带多于一个比特的经典信息。如今，光纤量子通信在理论研究、关键技术攻关和实验验证方面均取得了重大突破，逐渐从实验室研究走向实用化。但是，地面光纤量子网络难以实现对广阔国土、驻外机构以及移动目标的有效覆盖。相比于光纤信道，自由空间对光子的衰减较小，且大气中几乎不存在双折射效应，这使得更远距离的量子通信成为可能，借助于星地链路有望实现全球量子安全通信网络（图2）。

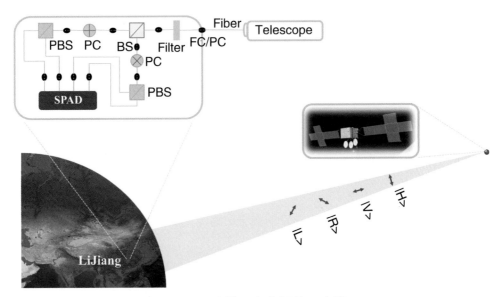

图 2　星地量子安全通信示意图

　　星地量子安全通信可在不同卫星轨道上进行，墨子号卫星完成了低轨星地间 1200 km 量子密钥分发实验、千公里级星地量子纠缠分发以及星地隐形传态实验，并结合地面光纤量子通信，实现了跨越 4600 km 的远程保密通信，LAGEOS-2 和 GLONASS-131 分别完成了中轨 7000 km 和 20000 km 单光子传输可行性实验，实践二十号卫星完成了地球同步轨道 36000 km 光子偏振态传输实验。与中低轨道不同，地球同步轨道卫星能够长时间与地面站对接，仅需数颗就能实现全球通信，开展以地球同步轨道卫星为平台的自由空间量子通信技术，攻克目前卫星量子通信无法全天时工作、通信时长短等制约其实用化的瓶颈问题，对于构建全球广域量子保密通信网络具有重要意义。

2　基于地球同步轨道卫星全天时量子安全通信系统架构

地球同步轨道卫星全天时量子安全通信系统由地球同步轨道 GEO 安全通信卫星、基于激光通信辅助的量子密钥分发与加密载荷、地面量子密钥生成与加密系统构成（图 3）。利用量子密钥分发对信道窃听行为的感知能力，在信道被窃听时可采取多星自主切换控制策略，确保信息传输的安全性。

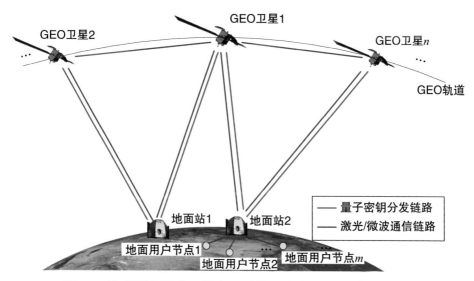

图 3　地球同步轨道卫星全天时量子安全通信系统架构图

GEO 安全通信卫星系统包括卫星平台和有效载荷（图 4）。平台部分由结构、热控、综合电子、供配电、测控、控制、化学推进七个分系统组成，有效载荷部分包括量子密钥分发载荷、激光通信载荷、微波通信载荷和星上加解密系统等。设计时需考虑不同载荷对卫星平台各分系统的约束条件，同时开展多星自主切换控制方法研究。

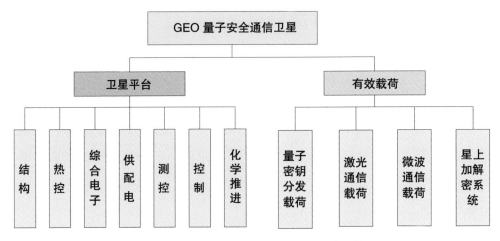

图 4　GEO 量子安全通信卫星系统架构图

基于激光通信辅助的量子密钥分发与加密载荷包括基于激光通信辅助的量子密钥分发载荷、微波通信载荷和星载加密机系统（图 5）。星载量子密钥分发载荷采用诱骗态 BB84 方案，由高重频窄脉冲量子光源模块、光学偏振编码模块、星地时间同步模块和量子密钥处理模块构成，同时采用高速激光通信传输星地间的诱骗态信息、基矢信息等，辅助量子密钥的实时生成。加密机利用量子密钥对所传输信息进行加密。加密后的信息密文安全性较高，仍可采用传统通信形式，比如微波通信载荷，可实现信息的全天时安全传输。

地面量子密钥生成与加密系统包括基于激光通信辅助的量子密钥分发地面接收系统、微波通信地面接收系统和地面加密机系统（图 6）。量子密钥分发地面接收系统包括量子地面接收光路、超导单光子探测器、时间相关单光子计数系统、GNSS 接收机及量子密钥处理部分，实现偏振信号光的接收、探测、记录和偏振解码功能。高速激光通信地面接收辅助信息完成量子密钥的实时生成。加密机利用量子密钥对微波通信接收到的密文进行解密，获取信息。

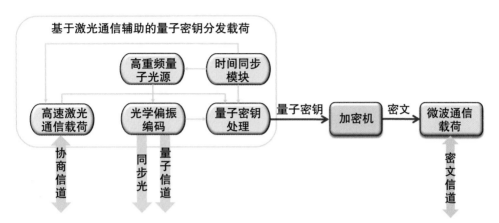

图 5　基于激光通信辅助的量子密钥分发与加密载荷组成图

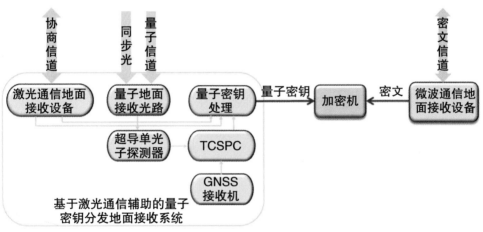

图 6　地面量子密钥生成与加密系统组成图

3　建设地球同步轨道卫星全天时量子安全通信系统需攻克的重要技术难题

地球同步轨道开展量子安全通信的优势是可实现全天时和大覆盖，但 36000 km 的轨道高度使星地链路损耗比低轨大很多，增加了量子密钥安全成码难度，需突破高重频量子光源、高重频星地时间同步、高速激光通信辅助信道、高精度大口径星载 ATP、高门控超导单光子探测和抗日光干扰量子密钥分发技术。

3.1　高重频量子光源技术

在量子密钥分发中单光子源是理想光源，由于其不可再分，作为单光子态满足量子不可克隆定理，从物理上保证了系统的安全性。但由于单光子源的发射效率较低且使用条件复杂，实际量子密钥分发系统都采用微弱相干激光源，即实际激光器经过强衰减后，确保每脉冲平均光子数不大于 1。虽然弱激光脉冲中会出现多光子情况，但只要概率足够小，使用诱骗态协议仍能保证系统安全性。

地球同步轨道距离地面站非常远，若将星上出射光看作一点，即使在 10 μrad 这样小的发散角下，投射到地面上的光斑直径也有近400 m，地面光学接收镜头的直径一般在 2 m 以下，因此会造成很大的星地链路损耗，给工程实现带来难题。在每脉冲不多于 1 个光子的条件下，提高激光器出光的重复频率能抑制高信道衰减带来的损耗，需要重点研究地球同步轨道星地量子密钥分发安全成码所需高重频量子光源问题，攻克激光器高速调制和抑制光脉冲抖动等技术，实现高质量量子光源。激光器内调制和外调制示意图如图 7 所示。

（a）　　　　　　　　　（b）

图 7　高重频量子光源驱动图

3.2　高精度星地时间同步技术

在星地量子密钥分发系统中，将随机数编码到光子偏振态上，地面接收端随机地选择基矢进行探测，发送端和接收端由不同的电路进行控制，完成量子密钥生成过程所需的两端精确时钟同步。地球同步轨道星地距离长，环境复杂，会导致时间同步光传输用时变化，同时量子光重频很高，如果时序漂移，将会导致地面端单光子探测效率降低，增加了基矢比对的难度，降低了成码率，因此需要解决高精度星地时间同步难题。

星地时间同步信号可以通过微波传输，或单独光路传输，或采用波分复用技术在量子光信道中一起传输，后一种的优势在于同步光和量子光所传输路径相同，相对时间漂移最小，时序最稳定。重点研究同步光波长和光强设计、信号降频和倍频技术及时钟信号恢复技术，在同步光满足星地传输时序要求下，尽量降低信道窜扰和误码率。星地时间同步光模块示意如图 8 所示。

3.3　高速激光通信辅助信道技术

在地球同步轨道量子安全通信系统中，星载发送端主要完成驱动随机数编码的量子光信号和同步光信号，再通过基矢比对、参数估计、纠错、验证和隐私放大等处理，实现收发两端一致安全的密钥。基矢比对需要经典数据通道的支持，根据所选择协议的不同，基矢传输数据率一般数倍于量子光的重复频率，在高重频量子光源条件下，必须解决基矢数据的高速传输难题。

激光通信相对传统的微波通信在宽带应用上具有天然的优势，传输容量大，保密性强。在地球同步轨道星地量子安全通信方面，激光通信还可以和量子信道共用光学链路和地面接收站，从而辅助量子密钥的实时生成。重点研究双载波偏振复用 QPSK 调制解调技术、星载通信与高灵敏度相干跟踪一体化技术、量子密钥分发和激光通信融合技术等内容。

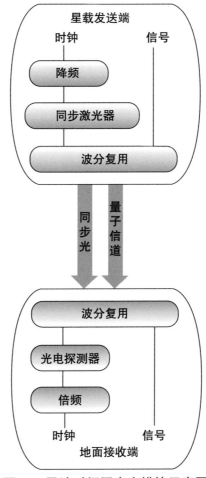

图 8   星地时间同步光模块示意图

3.4   高精度大口径星载 ATP 技术

在地球同步轨道星地量子安全通信中，卫星平台实时姿态控制，星地通信终端之间存在相对运动和链路扰动，为建立并稳定量子信道，必须要有一个高精度的捕获跟踪瞄准（Acquisition，Tracking and Pointing，ATP）系统。星载 ATP 系统的发散角直接决定了星地光学链路的几何损耗，缩小发散角可以有效降低链路损耗。ATP 系统的发散角由发射支路发散角、望远镜放大倍率和望远镜口径等决定。由于地球同步轨道量子安全通信要求 ATP 系统具有极窄发散角（μrad 量级），使得望远镜中主镜口径较大，需要解决高精度大口径星载 ATP 难题。重点开展星载望远镜衍射极限设计、主镜轻量化设计，粗精复合闭环控制等内容研究，以实现星载 ATP 系统的快速捕获和稳定跟踪。

星载大口径望远镜的指向驱动技术也是 ATP 系统需要解决的技术问题。星载大口径望远镜带来巨大的重量、体积和功耗代价，传统的粗跟踪机构和锁紧机构已无法满足上星要求，需要重点研究轻小型化的指向驱动和锁紧合一方案。

3.5　高门控超导单光子探测技术

单光子探测器是地面接收系统的核心设备，完成对高重频量子光的高效探测。理想的单光子探测器对单光子信号的探测效率为100%，暗计数、死时间和时间抖动均为0，且可区分入射的光子数。但在实际使用中，要对单光子如此微弱的信号进行探测，其放大过程和光电子器件的特性会引入噪声，理想单光子指标是无法达到的。常见的单光子探测器和典型指标如下：

1）超导隧道结探测器，探测效率 75%@600 nm，暗计数约 0.09 Hz；

2）量了点探测器，探测效率 10%@550 nm，探测速率 MHz 级；

3）超导纳米线探测器，探测效率 70%@1550 nm，暗计数约 0.15 Hz，探测速率 1 GHz；

4）雪崩二极管探测器，InGaAS 探测器探测效率 5%~30%@1550 nm，探测速率 1 GHz。

可以看到，半导体单光子探测器探测效率较低，难以满足地球同步轨道星地量子密钥分发的使用要求，超导纳米线单光子探测器性能相对优越，但目前的探测速率距星地量子密钥分发的高重频仍有较大差距，是需要攻克的难题。重点研究多像素超导单光子探测器及其复用技术、门控模式下的超导单光子探测模式和高速率超导单光子控制系统等内容（图 9）。

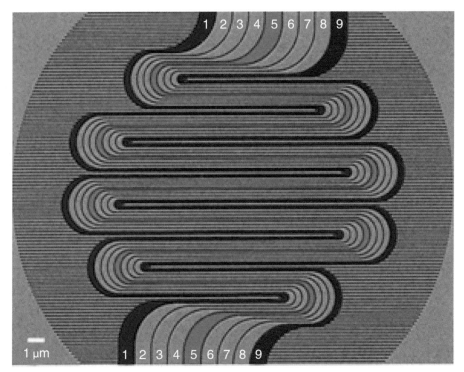

图 9　多像素超导纳米线单光子探测示意图

3.6　抗日光干扰量子密钥分发技术

星地量子安全通信目前主要在夜间进行，因为白天太阳光将引入较多的背景噪声，严重限制了星地量子密钥分发在白天的使用。抗日光量子密钥分发是构建地球同步轨道星地全天时安全通信不可缺少的重要内容，也是需要解决的难题之一。在单光子量级信号传输和探测链路上实现抗日光干扰，具有一定的技术挑战性。需要重点研究地球同步轨道星地量子安全通信所选择的信号波段、该波段在大气中的透过率、太阳背景辐射在该波段所产生噪声情况，研究超窄带滤波技术，以实现量子光在太阳光背景下的高效探测。

4　总结与展望

现代信息社会的迫切需求推动着量子信息技术的发展，改变着人类认识和使用信息的技术途径。近年来，随着光学、原子物理学和材料学等学科的蓬勃发展，量子通信和量子计算等研究领域取得了丰硕的科学技术成果，并开始在信息加密和密码破译等军事和民用领域进行初步应用，越来越多的用户参与并提出更多要求。实用化量子保密通信网络包括中高轨量子安全通信卫星、低轨量子安全通信卫星星座和地面光纤量子通信网络。地球同步轨道卫星由于其相对地面站静止的轨道位置，在全天时和大覆盖方面具有比低轨星座和地面光纤网络更大的优势，是推动实现天地一体化网络安全建设的重要组成部分。

作者：孙晓洁，王学锋，何远清

单位：北京航天控制仪器研究所

十 空间高压大功率发电与电力管理技术

　　能源是航天器生存的基础，空间能源技术的进步将成为太空探索和空间资源开发的重要推动力。21 世纪人类正在开启大规模探索和利用太空的新时代，空间资源开发、空间制造、月球基地建设、空间旅游以及移民火星将需要兆瓦级甚至吉瓦级电力，大功率供电将成为制约人类探索和开发太空能力提升的瓶颈技术。

　　由于特殊空间环境对于材料和功率器件等产生的充放电效应和辐射效应等，目前航天器母线电压不超过 200 V。为减小能量损耗和系统重量，大功率供电系统必须采用千伏以上的高压体制，亟须建立高压供电系统架构，推进太阳能电池、功率器件、防护材料等核心器件和材料的创新，带动空间高压变换、高压断路、高压导电旋转关节等核心设备的发展，相关技术突破将大幅提升探索和利用太空的能力。

空间高压大功率电力系统的技术挑战

1 空间能源技术是太空探索和空间资源开发的重要推动力

能源是人类社会赖以生存的重要物质基础，能源技术的发展成为人类文明不断进步的重要推动力。空间能源是航天器生存的基础，空间能源技术的进步也将成为人类太空探索和空间资源利用不断扩展的重要推动力。我国已经取得了空间站建设、月球探测和火星探测等一系列重大成就，正向着航天强国的目标奋斗。未来人类将向着更远的太空进行探索，并且将开展更为广泛的空间资源利用，可能包括月球基地建设和人类常驻月球，原位资源利用开发进行空间工业制造，以及发展空间太阳能电站为地面提供大规模清洁能源（图1），对于供电的需求将达到兆瓦级甚至吉瓦量级，大功率供电将成为制约人类大规模探索太空和开发太空能力提升的瓶颈。

2 空间高压大功率电力系统是空间技术的必然发展趋势

目前的航天器供电功率在千瓦到十千瓦量级，最大功率的航天器——国际空间站的发电功率也仅为百千瓦量级。新型航天器对能源不断提出更高的需求，正推动着空间电力系统向着超大功率、长寿命和高可靠的方向发展，目前大功率卫星的功率已经达到或超过

图 1　空间太阳能电站

20 kW。随着航天器功率等级的不断提升，航天器母线电压等级也不断提升，已从最初的 28 V 逐步发展到现在的 100~200 V（图 2），空间高电压大功率电力系统成为必然发展方向。下一代百千瓦级卫星平台母线电压将达到 400~600 V，未来的兆瓦级空间太阳能示范电站的母线电压将达到千伏级，商业化空间太阳能电站功率将达到吉瓦级，电压甚至可能达到十千伏级。

　　目前，随着高功率电推进等空间技术的发展，高电压技术在航天器单机设备中得到越来越广泛的应用，通常采用全面的塑封技术来保证高压绝缘强度。但对于空间高压大功率电力系统，采用全面塑封技术，从复杂性、成本和重量上都不现实，特别由于空间环境的特殊性，发展空间高压电力系统面临非常大的技术挑战。

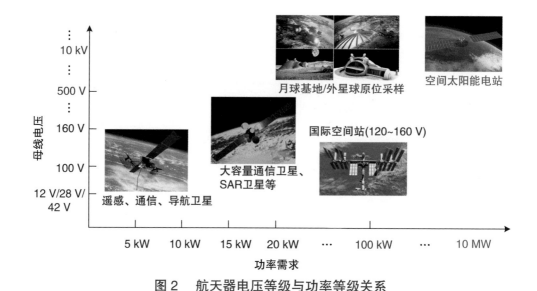

图 2　航天器电压等级与功率等级关系

3　空间环境是制约高压大功率电力系统发展的重要因素

航天器运行在恶劣的空间环境中，如等离子体、高能粒子、原子氧、紫外线、高真空、冷热循环（图 3）等。空间环境与航天器相互作用会诱发多种航天器异常，如介质表面充放电、深层充放电、单粒子翻转、辐射损伤等。特别是等离子体、高能粒子对绝缘介质充电所引起的充放电会对太阳电池阵、电池阵驱动机构、高功率电缆和电路等造成重大损害。充放电效应会造成绝缘介质的劣化，甚至直接造成介质沿面闪络或击穿，同时产生的电磁脉冲会干扰其他电子设备的正常运行。当放电发生在高压部件时，会引发二次电弧放电，其能量来自电源系统的发电功率，从而彻底破坏绝缘介质，引发短路和烧毁，使得电源系统部分或全部失效。随着航天器电压等级的提高，高能粒子对于高功率电力电子器件的损伤也将大大增加，空间环境成为制约高电压大功率电力系统发展的重要因素。

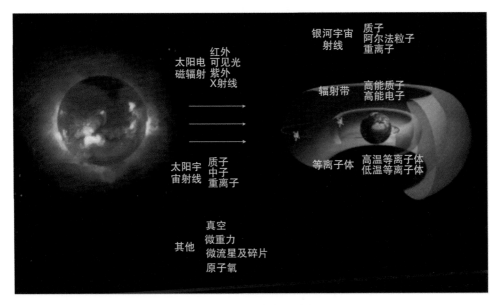

图 3　空间辐射环境

4　空间分布式与集中式高压大功率电力系统架构

目前的航天器电源系统功率等级较低，无须采用高压体制，通过单台电源控制器配合相应的太阳电池阵即可实现功率平衡和母线电压稳定，能量流向主要包括太阳能电池流向负载、储能单元和储能单元流向负载两条通路，电源系统拓扑架构简单，不存在复杂的电源系统能量管理难题。

空间高压系统的实现主要有两种方式：一是直接采用高压太阳电池阵；二是通过高压变换器来实现高电压。空间特殊的等离子体环境极易引发太阳电池阵充放电问题，太阳电池阵的输出电压受到很大限制。对于高功率电力系统，需要综合高压太阳电池阵和高压变换器技术实现更高的母线电压。由于航天器轨道的特殊性，太阳电池阵要保持对日定向，而载荷一般要指向地球，因此需要导电旋转装置来实现电力的传输，导电旋转关节的能力将极大地影响传输电力的功率。为了降低导电旋转关节和单根母线的功率，空间分布式电力系统正逐渐受到关注。中国空间技术研究院提出了一种特殊的空间太阳能电站构型，采用了一种基于多个导电旋转关节的分布式+集中式电力系统拓扑架构（图4）。

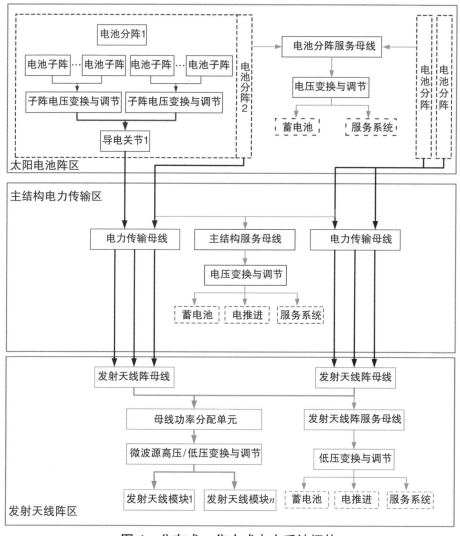

图4　分布式＋集中式电力系统拓扑

高压大功率电力系统架构采用多个太阳电池阵、多母线组成分布式架构,电力系统从独立电源转化为类似于微电网的分布式电力网络,系统能源流向变得更为复杂,需要结合高压大功率电源系统拓扑架构研究相应的管理控制策略。

5　发展空间高电压大功率电力系统的关键技术

5.1　空间高效太阳能发电技术

发展大功率航天器,需大幅提升太阳能发电效率,减少太阳电池阵重量和尺寸。通过高效光电转换机理和器件研究,结合现代半导体工艺的最新成果,突破高质量半导体材料缺陷调控、失配半导体材料直接键合等关键技术,研制新型多结太阳能电池,并且突破薄膜化及空间防护技术,为超高功率大尺度薄膜太阳电池阵的发展奠定基础。

5.2　空间高压大功率导电旋转关节技术

导电旋转关节是太阳电池阵与航天器之间唯一的电传输通道,也是直接影响电力传输功率、寿命等的核心部件,即使采用多旋转关节方式,其性能也将直接影响整个航天器的供电功率。导电旋转关节的电接触部位在旋转的同时进行电流传输,由于磨屑积累、摩擦阻力、磨损寿命和燃弧等因素影响,成为制约大功率、长寿命航天器的主要瓶颈。具备高功率、高效率、高稳定性和超高寿命优势的滚环式导电旋转关节已成为发展高功率航天器的核心技术,需要解决力 – 热 – 电耦合下的材料损伤和传输性能失效机制、高精度弹性接触滚动体系设计与评估、低损耗长寿命载流摩擦设计技术等载流摩擦学难题。为了减少电力传输损耗，高压电力传输势必导致关节内部绝缘介质充放电加剧，对导电旋转关节的绝缘结构防护提出严峻挑战（图 5）。

图 5　滚环导电旋转关节

5.3　空间高压大功率电力变换技术

高压、高效、大变比、轻量化和高功率密度的电力变换技术是实现空间高压电力传输与管理的基础，需要从电力变换拓扑结构、新型材料和器件、优化控制等方面开展研究。首先，要基于空间高压大功率变换需求提出适合于空间环境的高效、大变比、轻量化、高可靠电力变换拓扑结构，发展多电平电路拓扑，通过多个低压功率单元的串联组合实现高压大功率输出；在器件层面，随着微电子技术的发展，硅固有的物理属性限制了其在高频高功率器件方面的应用。以碳化硅（SiC）和氮化镓（GaN）为代表的第三代宽禁带半导体材料由于具有宽带隙、高饱和漂移速度、高临界击穿电场等突出优点，成为制造大功率、高频、高温及抗辐照电力电子器件的理想替代材料。但 SiC、

GaN 抗单粒子能力弱，需开展相应的加固技术研究，解决抗单粒子能力不足的问题。在控制层面，同时针对变换器的上层系统控制和底层功率脉冲控制开展研究，在不同时间尺度上确保其能量流的合理优化控制；同时要研究电力电子变换中的瞬态能量变换规律，通过对系统中的瞬态能量平衡关系进行合理的控制和优化，提高变换器的可靠性、效率以及电磁兼容能力。

5.4　高压大功率传输方式

采用高电压来传输大功率电流，可采用固态、液体或气体作为绝缘介质。目前的空间电缆绝缘介质材料主要采用聚四氟乙烯及其共聚物，工作电压不超过 200 V。未来高压大功率传输电缆的工作电压可能达到 1 kV 甚至 10 kV 以上，在高压导体和空间高能电子的共同作用下，绝缘介质材料内部极易形成空间电荷聚集，从而使周围电场发生畸变，导致材料老化、局部放电甚至击穿。因此亟须发展新型的抗辐射的高压绝缘材料，同时应具有优良的柔韧性、高低温性能和低密度。目前气体、液态尚未作为绝缘材料在空间得到应用，需在工程上开展相关技术攻关。发展超导电力传输技术以及新型的碳基超轻高电导率材料成为解决大电流传输中导电线缆重量和损耗问题的一个重要方向。未来如果可以实现 200 K 级高温超导，也将使得空间超导输电技术成为可能。

5.5　空间高电压电力系统安全与防护问题

由于空间高压大功率电力系统拓扑结构复杂，给安全防护设计带来极大挑战。如何在航天器的复杂拓扑结构下，设计满足高可靠要求的航天器电力系统的容错方案，快速识别故障、切除故障、准确重构系统、避免容错策略的误动作，是航天器电力系统安全防护的一大挑战。亟须重点突破复杂拓扑结构下空间高压大功率航天器电力系统容错设计，掌握电源容错架构、容错电路、容错控制及保护设计方法。从电路级、系统级多维度提升航天器电源系统的可靠性，为航天器高压大功率电力系统的容错设计及工程化应用提供理论支持。

高压电力传输与管理系统发生局部短路后必须快速限流，并迅速切断故障，否则将导致整个系统的崩溃。高压大功率直流断路器是电力领域的重要技术难题，针对空间应用，不仅要求开断速度快，而且要适应空间恶劣的温度和辐射环境，并满足质量、体积等限制和长寿命要求。基于电力电子器件的直流固态断路技术和混合式直流开断技术是未来的重点发展方向，同时，有必要对高电压绝缘设备的局部放电进行监测，这是影响电力系统安全稳定运行需要重点突破的关键技术之一。

5.6 空间高压绝缘及防护技术

在高电压、空间辐射环境、高真空和极端温度等因素耦合作用下介质的电荷输运特性和机制极为复杂，高电压与空间环境的耦合作用使得空间绝缘介质及其部件的损坏概率大幅增加。一方面，高电压对绝缘材料及绝缘结构提出了更高的要求，采用增加绝缘距离的方法会导致卫星尺寸过大和重量大幅增加，而绝缘材料厚度的增加会导致散热困难；另一方面，高电压会影响绝缘介质充放电过程，改变介质电子的运动和沉积，诱发介质表面和内部放电。亟须通过仿真和试验研究空间环境多因素协同作用下介质电荷的输运特性和机制，提高绝缘介质的防辐射性能，优化空间电荷的积累，延缓老化，延长寿命。

5.7　高压大功率系统稳定机理与分析方法

随着空间电力系统的发展和需求的提升以及负载的多样性和复杂性，高压大功率系统的稳定性分析非常复杂。高压大功率电力系统包含各种不同性质的电源（太阳电池阵、蓄电池等），均通过不同的电力电子变换器并联接入母线，其控制策略包括下垂控制、MPPT 等多种控制方法，采用不同控制策略的变换器输出阻抗也不同，当变换器之间互联时，有可能由于阻抗不匹配而引起高压大功率系统的母线电压产生高频振荡；其次，高压大功率电力系统中如微波发射天线模块为恒功率负载，会减小系统阻尼，为保证负载稳定工作的同时减少电磁干扰噪声，通常在负载变换器的前级加入输入滤波器，恒功率负载的负阻抗特性与弱阻尼 LC 滤波器之间相互影响，容易引起谐振，造成电力系统稳定性变差甚至崩溃。因此，有必要结合系统架构，构建电力系统的阻抗模型，对系统互联所产生的谐振以及对恒功率负载、线路及滤波参数所产生的谐振进行分析，建立完善的高压大功率系统稳定性理论。作为复杂结构的空间高电压系统，如何开展覆盖全生命周期全级次的可信设计与仿真分析验证，确保航天器电力系统"一次设计正确"和"高安全可靠"，也是高功率电力系统面临的重要挑战。亟须针对复杂电力系统的模型关联映射、在轨状态估计等问题，探索航天器电气系统层次化信息物理融合建模方法，建立全周期、多级次、多要素电气系统模型；突破多粒度模型高效仿真求解技术，攻克面向有限间歇数据的在轨状态估计与性能预测技术；提升高电压电力系统一次设计正确和在轨安全可靠运行水平。

6 总结与展望

空间高压大功率电力系统技术的发展对于国家的基础研究、基础工业和高新技术产业具有很大的牵引作用,将很好地引领新型太阳能电池、功率器件、防护材料、导电材料等基础材料和核心器件的创新,带动高压电力变换器、高压直流断路、高压大功率导电旋转关节等高端空间设备的发展。相关的技术突破将大大提升我国未来探索太空和利用太空资源的能力,大幅提升我国的空间技术水平,推动大功率空间探索任务的发展,包括载人登月、月球基地建设开发、深空探测、空间核动力、空间太阳能电站、空间采矿等。同时,相关技术在规模化、产业化的基础上可以大幅降低成本,将广泛应用于相关的国防领域和民用领域,产生重要的科技和经济效益。目前,我国已经针对空间400 V电力系统进行了攻关研究,并取得了一定的成果。但面对千伏级及以上空间高压电力系统的研究,尚面临诸多工程和技术难题,亟须紧密结合发展需求,加快推动相关技术的突破。

作者:侯欣宾,刘治钢,杨东,刘自立,王斌
单位:中国航天科技集团公司钱学森空间技术实验室
北京空间飞行器总体设计部
北京控制工程研究所

第三篇

2022 年宇航领域科学问题和技术难题解读

一　宇宙物理动力学效应及"动力获取"问题

"航天发展，动力先行"。目前，空间动力技术主要是利用推进剂化学能或太阳能产生推力，受能量密度和能量转化方式制约，存在化学推进效率低、电推进推力小的固有缺陷，无法满足对效率和推力均有很高要求的未来宇航任务的需求。

事实上，宇宙中存在诸如时空弯曲、惯性架构、反物质、引力场等能量密度和释放潜能都非常高的能量源，由于对其能量释放和利用机制缺乏认识，尚不能将其转变为可控空间动力。因此，聚焦宇宙空间能量源的动力禀赋，开展宇宙物理动力学效应及"动力获取"问题研究，将可能突破当前空间动力技术的物理框架，提出新的原创技术，探索支撑未来恒星际探测、星际巡航等复杂任务的颠覆性技术。

从宇宙物理动力学效应展望未来空间动力

空间动力本质都是"基于特定的工程结构，将其他形式的能量转化为动能"。目前，空间动力技术主要是利用推进剂化学能或太阳能产生动力，受能量密度和能量转化方式制约，存在化学推进效率低、电推进推力小的固有缺陷，无法满足兼顾高效率和大推力的空间动力发展新需求。因此，亟待发现空间能量与动力转换新机制，探索空间动力的未来形态。

1 在反物质中探寻超级能量源

在可接受的时间内完成恒星际航行，如到达奥尔特云或半人马座阿尔法星系（4.3 光年外），宇宙飞船的速度需要达到十分之一光速以上，必须应用能量密度很高的推进剂。反物质正是一种能量密度极高的能量源，能够极大地缩短人类探索星际的时间。以探索阿尔法星系为例，采用化学推进需要 3 万年，而采用反物质推进仅需 40 年（图 1）。

反物质推进主要有纯反物质和反物质催化两类，其产生的巨大能量来源于湮灭反应，湮灭反应主要有电子 – 正电子和质子 – 反质子两种。研究表明，每对电子 – 正电子湮灭以高能 γ 射线的形式释放能量 1.02 MeV，由于 γ 射线无法控制方向，不易获取具有准直性的推力，电子 – 正电子湮灭不适用于纯反物质推进，但可用于反物质催化推进；每对质子 – 反质子湮灭释放能量 1880 MeV，湮灭反应过程的能量载体有 π 介子，可以获得磁控推力矢量，同时适用于纯反物质和反物质催化推进。由于反物质制取、存储、湮灭反应产物利用等方面的困难，目前的探索集中在反物质需求量较小的反物质催化推进方面。两种湮灭反应的特点及产物如图 2 所示。

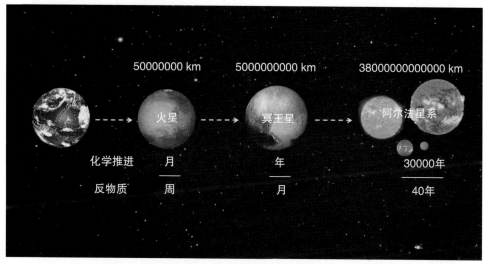

图 1　化学推进与反物质推进星际旅行时间对比

单位质量的反物质湮灭反应释放的能量可达 9×10^{10} MJ，是化学推进剂的 20 亿倍，是核裂变（U–235）的 1000 倍、核聚变（D–T）的 300 倍。因此，反物质推进的性能远超其他推进系统，可获得 9.81×10^7 m/s 的比冲、10^6 N 级的推力，有助于实现短周期、轻量级的空间探索（图 3）。

美国宾州州立大学提出了反质子催化微裂变 / 聚变（Antiproton Catalyzed Microfission Fusion，ACMF）概念，并设计了仅需 140 mg 反物质即可实施载人火星探测的 ICAN–II（Ion Compressed Antimatter Nuclear II）推进装置（图 4）。ACMF 的原理是用反物质来引发核裂变，设计推力可达 180 kN、比冲 13000 s。

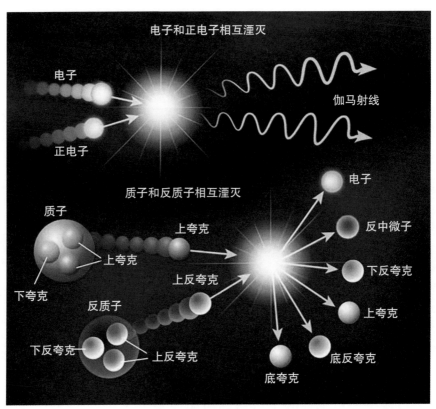

图 2　物质 / 反物质湮灭产物示意图

该团队还提出了反物质启动微聚变（Antimatter-Initiated Microfusion，AIM）概念。原理是在特殊构型的潘宁捕捉器里反复压缩反质子等离子体，将 D–T、D–He3、Pb–208、U–238 混合小液滴同步射入等离子体，进而产生巨大的能量。AIM 的比冲和能量利用效率均优于 ACMF，能实现 2 N 推力、67000 s 比冲的性能指标，只需 5.7 mg 的反质子就能在 50 年内将 100 kg 有效载荷送到 10000 AU 外的奥尔特云。

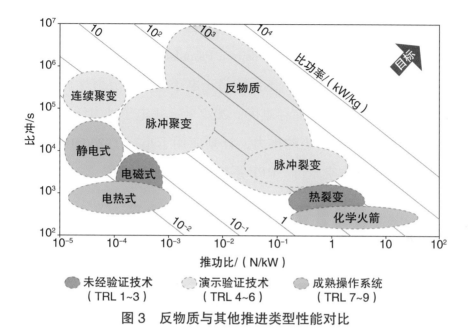

图3　反物质与其他推进类型性能对比

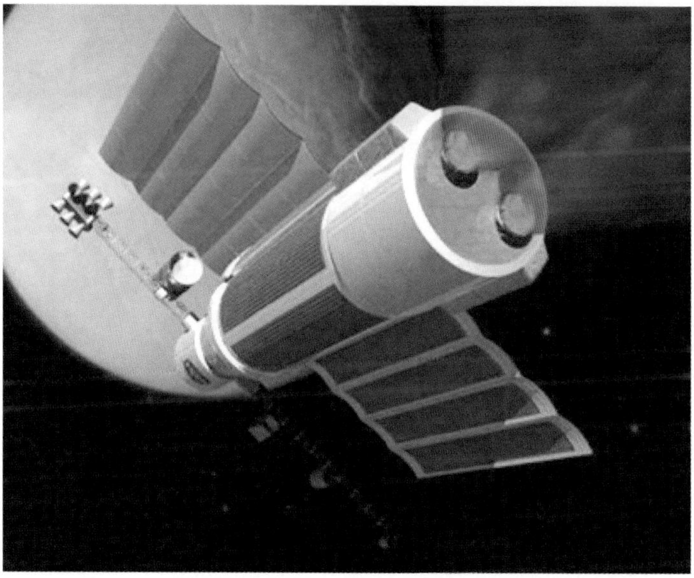

图4　美国宾州州立大学设计的 ACMF 飞行器

2019 年，美国正电子动力学公司（Positron Dynamics Inc.）提出了正电子推进系统（Radioisotope Positron Propulsion，RPP），并在 NASA–NIAC 项目支持下开展研究。该系统将正电子储存在放射性核素的原子核中，大大降低了反物质储存难度。2022 年，正电子动力学公司开始测试他们的正电子推进系统的推力，计划应用于小行星 2009BD 的捕获 / 重定向任务、星际太空旅行。RPP 系统模型如图 5 所示。

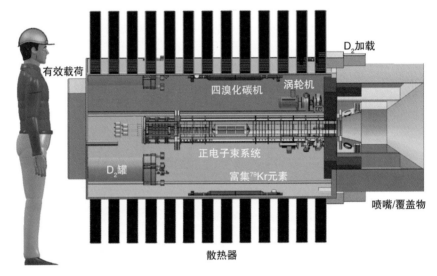

图 5　正电子推进系统（RPP）模型示意图

2020 年，Hbar 技术公司依托 NASA–NIAC 项目研究反物质推进。项目提出了 1 MeV/ 核子动力学能量的核推进系统方案，目标为实现优于 2% 光速的星际航行速度。Hbar 技术公司还提出了反物质驱动帆概念（图 6），该装置将反质子射向涂有 U–238 的碳帆，在帆表面发生湮灭反应并喷射 π 介子进而产生推力。反物质驱动帆比冲能达到 10^6 s，使用 30 mg 的反质子可在 10 年内将 10 kg 有效载荷送往 250 AU 外的空间。

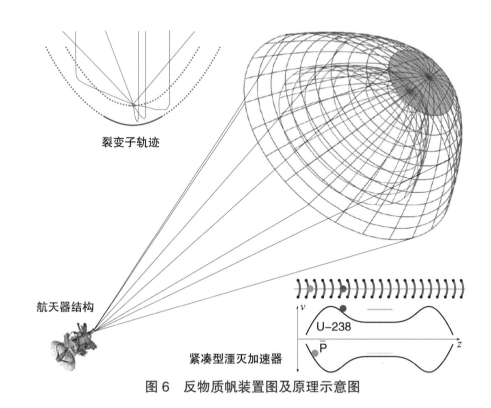

裂变子轨迹

航天器结构

紧凑型湮灭加速器

U-238

$\bar{P}$

图 6　反物质帆装置图及原理示意图

反物质推进性能优异、前景广阔，但如何制备和存储反物质仍是一项难题。目前，存储反物质最常用的手段是超冷真空的潘宁陷阱（Penning trap）。欧洲核子中心、NASA 马歇尔航天飞行中心等机构分别提出了等离子体约束、固体反氢、高性能反质子阱等反物质存储新方式。上述方法与离子电推进、极高 / 超高真空规等成熟技术具有一定的延续性，探索路径相对明确，开展关键技术攻关的时机已经成熟。

2　"无"中生"有"的量子真空推进

理想中的星际探索引擎是无需燃料的，这似乎是个"不可实现"的目标。然而，一个令人震撼的事实是：2014 年，NASA 约翰逊航天中心开发出了不需要燃料的引擎——量子真空推进器（EmDrive），并完成了推力测量。研究人员在消除背景噪声和误差的情况下，测到了百微牛级的推力，首次证明了违反牛顿第三定律的推力产生方式是可行的。据推算，EmDrive（Electromagnetic Drive）的推力密度可达 0.4 N/kW，是目前在轨应用的霍尔电推进的 7 倍，工程应用前景非常广阔。是什么造成了这种现象？

难以理解实验结果是因为不自觉地受到了经典物理学框架的约束。事实上，在量子规律主导的微观空间，每个点都存在粒子对的瞬间产生与湮灭，称为量子涨落（图 7）。因此，真空并非"空无一物"，反而蕴藏着巨大的"零点能"。

图 7　量子真空涨落的艺术概念图

量子真空推进正是提取"零点能"以获得推力的空间动力新概念。原理是将微波约束在锥形谐振腔内运动，微波与腔壁持续作用释放零点能，平衡时单位面积产生的力是相等的。由于谐振腔两端截面积不同，会在锥体细端产生净推力。EmDrive 的原理如图 8 所示。

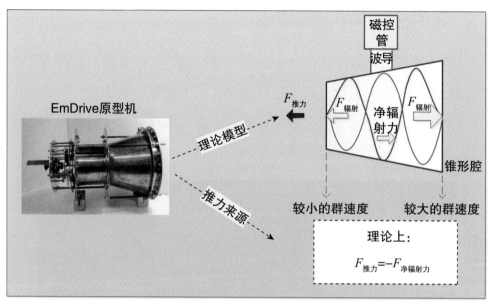

图 8　EmDrive 推力产生原理图

　　量子真空推进相当于人站在盒中推动盒子前进,实验结果公开发表后,研究者开始尝试在理论上解释 EmDrive 的推力产生机理。一种较为合理的解释是,EmDrive 的推力源于量子惯性,所谓"量子惯性"就是 Unruh 辐射施加在加速物体上的压力。在 EmDrive 中,光子的惯性质量由 Unruh 辐射引起,由于光子波长应与腔内谐振波长相等,因此谐振腔宽端的光子惯性质量更大。在动量守恒定律作用下,会产生一个力将光子从腔体宽端推向窄端,进而产生推力。量子惯性理论很好地预测了 EmDrive 中的光子运动规律。

　　目前,量子真空推进仍然处于理论探索阶段,未来的研究重点应该聚焦在推力精确测量及误差消除、推力来源的理论解释、性能理论极限探索等方面,研判技术可行性。

3 在时空涟漪中随波逐流

引力波是质能系统旋转产生的"时空涟漪",广义相对论预言了引力波的存在。引力波可以形象地描述为几个人拉紧一条床单,当床单中心有个保龄球时,床单会出现表面弯曲,在远离球处弯曲较弱,靠近球处较陡峭。引力波概念图如图 9 所示。

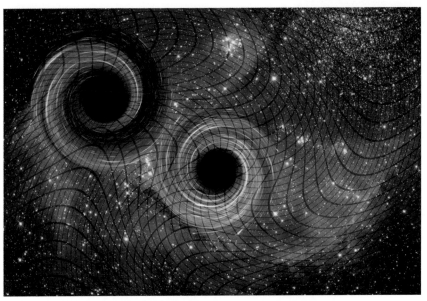

图 9 "时空涟漪"——引力波概念图

引力波在弯曲空间产生的加速度场是其能够作为推进技术的基础。1997 年,国际上首次提出引力波推进的概念,并在理论上证明了引力波推进的可行性。日本高级空间推进研究实验室(Advanced Space Propulsion Investigation Laboratory,ASPIL)开展了较为系统的引力波推进研究。引力波推进的基本原理是:首先利用航天器的能量引擎产生一个弯曲的局部空间;接着关闭能量引擎,由于缺乏能量维持,弯曲空间将逐渐恢复为平坦空间，置于弯曲空间中的航天器会向前推进；不断重复开关能量引擎即可持续获得推力，基本原理如图 10 所示。能量引擎基于等离子体冻结磁力线原理，通过缩小等离子体流（图 11 中蓝线）来引导磁力线向飞船顶部、底部、左右、前后的引擎区域（图 11 中黑点）汇聚。

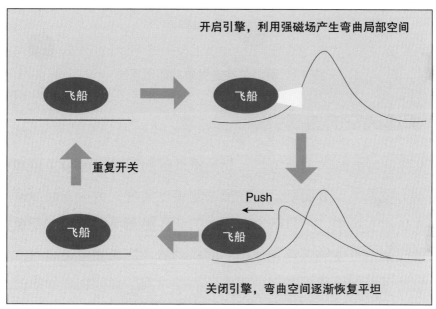

图 10　引力波推进原理示意图

目前，引力波推进还处于概念研究阶段，但其物理图像和理论基础是清晰、明确的。未来的研究重点分为两个阶段：首先完成引力波推进工作机理数值推演，识别关键技术；其次，搭建实验室样机开展关键技术攻关和可行性验证，逐步实现工程化和应用。

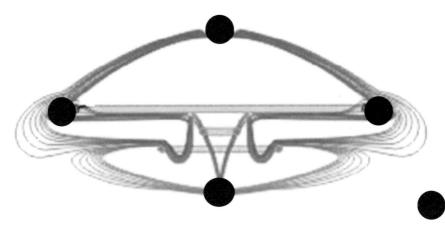

: 引擎

图 11   引力波推进引擎功能示意图

4   加速时空的曲速引擎

奔赴星辰大海，人类需要一款光速量级的引擎。如果采用基于反推的动力技术，一方面受动量守恒限制很难实现，另一方面加速度也远超人体承受极限，不具备实用性。因此，必须探索一种不受加速度负面效应束缚且能够接近光速的空间新动力。广义相对论表明：利用时空扭曲可以缩短通过空间中固定距离的时间。现代物理学中的曲速泡模型（图 12）表明：实现时空扭曲在物理学原理上是可行的，但需要巨大的负能量源。

曲速引擎（Warp Drive）是利用时空扭曲实现光速量级飞行的推进新概念。基本原理是将航天器置于扭曲的时空，前方空间收缩，后方空间膨胀，"包裹"于其中的航天器会随扭曲时空一起沿梯度方向运动。通俗地讲，就是让航天器搭载弯曲时空的列车，时空以光速运动至何处，航天器就能到何处。曲速引擎的工作原理如图 13 所示。

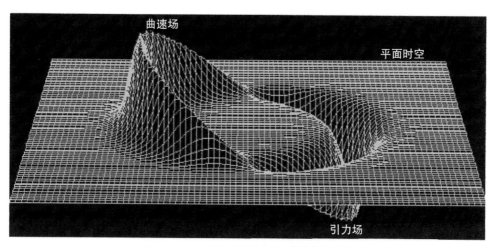

图 12 Alcubierre 曲速泡模型示意图

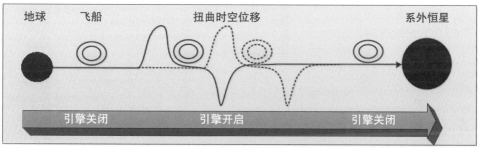

图 13 曲速引擎的工作原理

目前，曲速引擎还处于理论研究阶段，主要探讨概念构建及其可行性，如何发现并描述曲速气泡是研究重点。国际上最具代表性的成果有：

1）美国华盛顿国家实验室提出了基于弱能量条件超快孤子的超高速正能量曲速引擎，该方案的创新之处是能够降低扭曲时空所需的能量。超快孤子相关研究成果如图 14 所示。

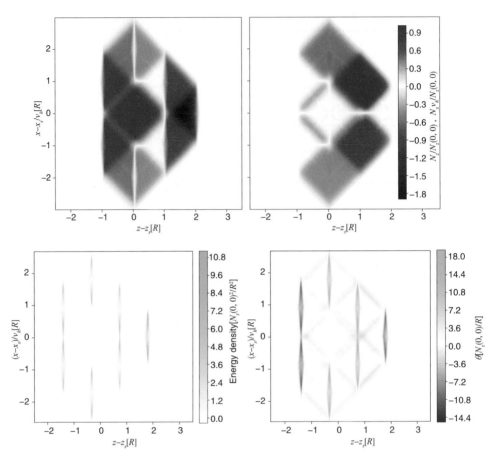

图 14　投影孤子的传播（上）、局部能量密度的投影（下左）、局部体积膨胀
因子的投影（下右）

2）美国应用物理高级推进实验室（Advanced Propulsion Laboratory Applied Physics，APLAP）与物理学家 Miguel Alcubierre 合作，首次建立了基于正能量的球对称新型曲速引擎模型，将扭曲时空所需的能量降低了两个数量级，证明了正能量曲速引擎在物理上是可实现的。若基于该模型开发曲速引擎，只需要四年零三个月就能到达距离太阳系最近的恒星系——阿尔法星系，实现恒星际旅行。APLAP 的曲速引擎概念如图 15 所示。

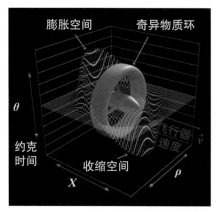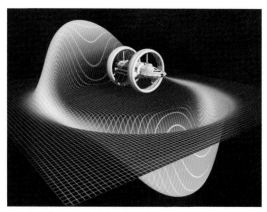

图 15 应用物理高级推进实验室的曲速引擎概念图

3）美国 NASA 的 Eagleworks 实验室正致力于构建真实的曲速气泡结构。在完成曲速引擎数值模拟的基础上，Eagleworks 实验室设计了真实且可制造的纳米微结构，该结构能利用真空能量密度产生真正的纳米级曲速气泡，在国际上首次证实了曲速气泡的存在。曲速引擎气泡结构如图 16 所示。

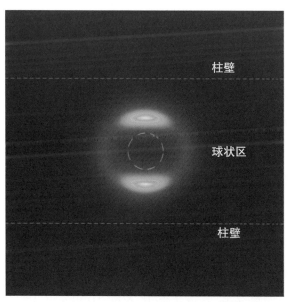

图 16 Eagleworks 实验室曲速引擎泡结构

曲速引擎原理和物理概念清晰，曲速气泡制备也取得了重要突破，技术发展前景较为明朗。未来的研究重点是如何降低扭曲时空所需的能量，不断提升技术可实现性。

5 源于宇宙内禀属性的新动力

宇宙空间流形、惯性架构都是高密度能量的载体，如能加以利用，有望实现零燃料消耗的太空旅行。

太阳系中隐藏着被称之为"星际高速"的超级运输网络（图17），它由太阳系中相互连接的一系列空间流形管道组成，空间流形管道的节点是行星间的拉格朗日点。2020 年一项新研究首次发现，星际高速对小天体运动非常重要，颠覆了对小天体轨道迁移速度的认知。更重要的是，木星作为太阳系中引力最强的行星，当小天体或航天器抵近其附近的流形管道时，要么被木星俘获，要么被弹出太阳系成为恒星际的流浪天体。星际高速理论为空间任务轨道方案创新设计提供了思路，通过星际高速能够使航天器快速穿越太空，从木星到海王星的旅程由百万年缩短至几十年。目前，"星际高速"的研究仍处于起步阶段，认知还非常有限，更加深入地认识"星际高速"已成为空间科学的前沿热点。

马赫原理认为物体惯性是宇宙中其他物质作用的结果，当物体能量变化时，其周围时空的物质也随之变化。根据马赫原理，当物体沿特定方向运动时，其运动质量比实际质量高；当物体沿特定方向反向运动时，其运动质量比实际质量低；由运动引起的质量变化又进一步引起了作用于物体的惯性力变化，其净效应是在特定方向上产生了加速度，此时空间惯性架构具备了转化为动力的潜质。根据广义相对论，只要让物体在运动过程中吸收内能，就能够实现在质量变化的时刻加速，进而产生推力。基于上述原理的动力称为马赫效应推进器（Mach Effect Thruster）或马赫效应引力辅助驱动（Mach-Effect Gravitational Assist，MEGA），如图18所示。

图17　"星际高速"示意图

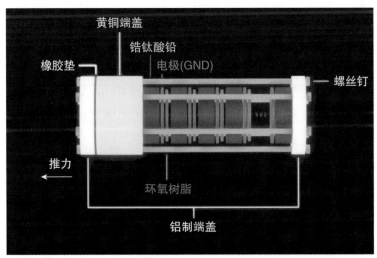

图18　基于空间惯性架构的动力装置原理示意图

在 NASA-NIAC 项目的支持下，美国基于压电效应晶体研制了马赫效应推进器原理样机，并多次开展了推力测试，均测得了微牛级推力。未来，通过阵列组合的方式也可产生星际探索所需的推力。

目前，对宇宙的能源属性认识还很有限。对于"星际高速"等物理图像和原理清晰的技术，建议开展应用研究；对于马赫效应推进等前沿技术，应重点开展机理研究和原理验证。

6 总结与展望

首先，木星以远及太阳系边际探测、载人星际航行等任务对空间动力提出了严苛的新要求，化学推进和电推进都存在应用效益较低、甚至无法满足应用需求的问题，亟待探索具有突破意义的新技术。其次，空间动力 2035/2050 远景规划正在编制和完善，宇宙物理动力学效应及"动力获取"问题研究能有力支撑空间动力发展路线图制定。最后，本科学问题能系统牵引反物质湮灭能量释放与控制机制、量子真空相互作用精密测量、曲速气泡制备与测试等基础研究，有利于提升我国宇航领域原始创新能力。

作者：耿海，吴辰宸，孙新锋，王紫桐，王伟宗

单位：兰州空间技术物理研究所

二 太阳系外宜居行星与生命标记及其搜寻、证认方法

宇宙演化、天体形成、生命起源是人类孜孜以求的重大基础科学问题。"寻找另一个地球"——系外行星探测与行星宜居性的问题是当前全球太空探索的热点前沿方向，也是系外探测计划中的策源地之一。科学家们期望通过搜寻地球以外的宜居行星乃至地外生命，来最终回答"人类在宇宙中是否孤独""地球是唯一的吗"等重大科学关切。

系外宜居行星与生命标记及其搜寻、证认也是空间望远镜系统发展与工程实施的主要动力之一，牵引着基础研究取得一批"0到1"原始创新，支撑取得"诺奖级"重大科学发现。

寻觅系外宜居行星　开启太空探索新纪元

1　探索系外行星提升人类对宇宙的认知

　　行星是宇宙中的基本天体之一，同时也是生命的载体，吸引各国科学家不懈求索，探索系外行星是解答宇宙起源、生命演化等一系列重大科学问题的关键抓手。近年来，太阳系以外行星（简称系外行星）的搜寻和刻画成为国际天文学研究的热点前沿领域之一，是吸引全球公众及科技工作者不懈求索、为之奋斗的重大关切与科学问题，将带来具有重大国际影响力的原创科学成果，提升人类对宇宙以及自身在宇宙中所处位置的认知水平。

　　系外宜居行星探测是航天强国竞争合作的焦点，也是宇航领域重大工程重要策源地。作为航天科技、信息科学与基础科学领域交叉前沿，系外宜居行星探测也将驱动变革性技术发展，引领各航天大国竞相在太空探索领域拼搏奋斗。

2　系外宜居行星与生命标记前沿研究进展

　　系外宜居行星搜寻及宜居性刻画帮助人们认识到系外行星的多样性，理解地球在宇宙中位置，是未来产生重大科学发现的"富矿"。自从 1995 年瑞士科学家马约尔和奎罗兹首次在类太阳恒星周围探测到行星，颠覆了人们对系外行星形成的普遍认知，彻底打开了系外行星搜寻的窗口，也因此获得诺贝尔物理学奖。随着系外行星探测方法的不断完善，空间天文探测系统能力不断提升，人类在过去的近30年里已经发现5000余颗系外行星，也获得了越来越精确的系外行星各项参数。所发现的系外行星中既有比地球更大的岩石行星，也有轨道十分靠近恒星的热木星，以及海王星的较小版本"迷你海王星"。2017年，天文学家在距地球39光年的一颗恒星（TRAnsiting Planets and PlanetesImals Small Telescope，TRAPPIST-1）附近发现了七颗类地行星，其中三颗位于宜居带内，并可能存在液态水（图1）。

图1　TRAPPIST-1系统与太阳系宜居带示意图

在此基础上，科学家们认识到行星在银河系普遍存在、数量众多，多数恒星附近存在岩石行星（即类地行星），系外行星物理参数及其宿主恒星类型存在多样性，为未来系外行星多样性研究、理解行星宜居性乃至搜寻宜居行星提供大量样本。针对其成分、结构、大气、形成与演化过程，尤其是宜居性探测方法与生命标记的研究是当今前沿与热点研究方向。

3 宜居行星搜寻任务规划

3.1 间接探测任务

系外行星的探测技术主要分为直接探测和间接探测两类，目前国际上系外行星探测任务主要采用凌星法、径向速度法等间接探测的方法。凌星法是在一定观测时间内探测恒星光变曲线，作为行星掩食恒星的证据，因此该方法往往容易发现满足观测几何条件的短周期系外行星。间接手段对仪器设备要求较宽松。以凌星法为例，大到哈勃空间望远镜、詹姆斯·韦伯空间望远镜，小到微纳卫星乃至立方卫星望远镜，均可通过凌星法开展系外行星探测。美国喷气推进实验室与麻省理工学院联合研制的 6U 立方卫星 ASTERIA 重量约 12 kg，于 2017 年发射，在轨成功探测到巨蟹座 55 恒星附近的系外行星。

近年来，美欧相继开展了众多系外行星凌星观测，其中最为成功的是开普勒空间望远镜。但受仪器与观测水平制约，现有发现中只有小部分是类地行星，大部分是气态行星。2018 年 4 月升空的 TESS、2019 年 12 月发射升空的 CHEOPS 以及计划 2026 年发射的 PLATO 也都采用凌星法进行系外行星探测。2021 年年底发射的詹姆斯·韦伯空间望远镜（JWST）及预计 2028 年前后发射的 ARIEL 望远镜在对系外行星搜寻的基础上，更着重对其大气进行刻画（图 2）。

3.2 直接探测任务

由于间接手段在探寻系外行星及其物理参数时存在选择效应，在系外行星研究以及宜居行星搜寻方面存在局限性，目前通过凌星法和径向速度法发现的行星大多是大于地球质量、且距离主星较近的热行星。即使作为迄今最大的空间望远镜，JWST 仍不足以系统分辨系外类太阳恒星与其宜居带类地行星，在搜寻太阳系近邻的系外宜居行星方面至今尚未取得突破。

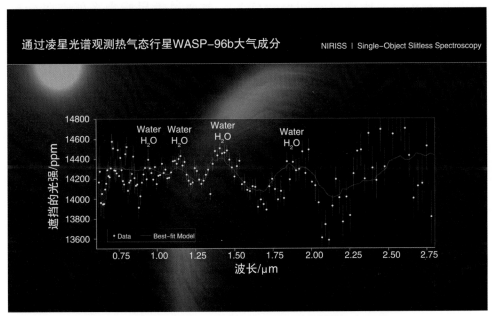

图 2　JWST 凌星光谱揭示了系外气态行星上水的存在

相比间接探测方法，通过直接成像技术对系外行星进行探测不仅能够获得行星存在的有力依据和系外行星的轨道信息，还能直接获取行星发射的光子。来自行星直接辐射的光谱特征蕴含了行星宜居性乃至生命指征确认所依赖的多种分子组合信息，是探测行星大气特征，分析其成分温度、气候环流，确定其宜居性及证认系外生命标记的关键。

近年，美国与欧洲陆续发布太空探索及宇航领域中长期规划，均以直接成像探测系外宜居行星作为布局重大工程、前沿技术与交叉学科的核心重要抓手，推动宇航领域战略规划，组织先进探测系统开发，引领前沿技术发展。根据美国国家科学院近期发布的《2020 至 2030 天文学与天体物理学发现之路》中长期规划，NASA 计划于 2035 年发射新一轮空间大型天文台 HabEx，以及于 2039 年发射 LUVOIR 空间多波段大型天文台等旗舰级空间科学任务，首要科学目标为系外宜居行星与生命标记搜寻。相应的，ESA 近期发布的"远航"2050 中长期规划也将系外宜居行星探测专用望远镜任务等级从上一轮 M 级（中等规模）提升为 L 级（大规模），预计将与 NASA 旗舰级空间天文任务规模相当。

我国计划 2024 年发射空间站巡天望远镜（主镜 2 m），将利用引力透镜、星冕仪等手段开展系外行星探测。任务预期在系外行星探测方面将发挥作用，进一步丰富人们对系外行星多样性的认识、深入对行星宜居性的理解，但受限于口径、光谱范围等因素仍然难以发现并证认系外宜居行星。我国学者经过多年研究和反复论证，由郑晓静、包为民等院士专家牵头提出"觅音"——宜居行星搜寻空间计划（图 3），期望对太阳系近邻 65 光年内的宜居带类地行星开展直接成像与光谱探测，率先发现并证认太阳系近邻"另一个地球"，此举将推动空间望远镜跨越式发展，开启高分辨率天文观测新时代。

4　系外宜居行星探测的关键难点与技术挑战

4.1　探测的关键难点

系外行星的直接成像虽然能给人们带来最直接和丰富的行星数据，但囿于技术能力，目前成功解析的系外行星数量屈指可数。由于系外行星距离地球遥远、信号微弱，特别是与宜居性及生命存在性有关的特征分子光谱范围宽，不仅要从宿主恒星本底中分离目标行星宜居性

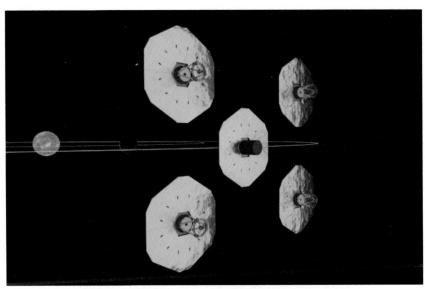

图3　"觅音"宜居行星搜寻空间计划概念图

及生命标记信号，还要在较宽的光谱范围内获得约束性、支撑性光谱信号，据此排除相关的假结果。因此，搜寻特别是证认宜居行星及生命标记，需克服 0.01 角秒高分辨率、亚微央斯基高灵敏度、中红外波段 $10^7:1$ 高对比度（可见光波段 $10^{10}:1$）与宽谱段探测技术难题。

为此，国际上规划了两条主要的空间望远镜工程实施途径。一条途径以美国规划的 10 m 大型可见光与紫外空间望远镜 LUVOIR 为代表，通过增加单口径望远镜的主镜口径，来提高望远镜的衍射极限分辨率、灵敏度；同时以星冕仪技术或外遮光体技术降低目标行星宿主恒星的视亮度，以此来实现高对比度。另一条途径则是以阵列望远镜来实现合成孔径光学干涉，通过变干涉基线探测来实现超越单一口径衍射极限的空间分辨能力，通过增加口径数量、单口径集光面积来提升灵敏度，利用消零干涉技术显著抑制恒星光，从而实现高对比探测。

4.2 相关技术挑战

4.2.1 合成孔径光学干涉成像技术

系外宜居行星直接成像的难点之一在于类地行星与其宿主恒星亮度的高对比度，导致来自行星的微弱辐射将被淹没在恒星信号背景下。为抑制恒星噪声影响，需要降低乃至消除恒星光。利用消零干涉手段，理论上能够同时满足高对比度、高分辨率的需求，但在实际光学系统中，需克服色散与条纹追踪等难题，实现无色差锁相消零干涉，进一步实现高阶消零干涉成像，从而实现宽谱段、高灵敏度、高对比度、高分辨率探测。

此外，合成孔径光学探测系统共相技术是阵列望远镜系统控制链条的关键环节，该项技术能达到的精度决定了干涉探测与干涉成像质量上限，不仅对系外宜居行星探测、高分辨率天文观测与高精度天体测量等科学探测具有重要意义，也是高分辨率大口径光学遥感器的关键核心技术，对能力提升起到关键作用。因此，需克服分布式合成孔径光干涉成像技术难题，为开展高分辨率、高对比度天基观测铺平道路，实现空间光学望远镜体系"跨代"发展。

4.2.2 高精度空间飞行器编队控制技术

为保证光学干涉成像过程的实现及稳定，必须精密控制空间飞行器间各器的光程差。除编队初始化与重构过程之外，阵列望远镜自然编队构型稳定性亦不满足长期、高精度需求，无法保证阵列望远镜光学系统长期稳定在共相干涉条件下。因此需根据任务需求，在轨道与力不确定性、测控导航与相对测量误差、位姿控制能力等约束条件下，针对构型初始化与重构速度、构型保持精度与能量消耗等优化目标，生成最优化编队控制策略，设计编队控制算法。

对编队构型的控制要求不但体现在相对位置，而且包含整体指向。构型控制包括构型保持和构型重构。需在分析控制精度的基础上，研究基于星间测距、测角的多自主体协同相对测量方法，同时发展高精度编队控制、微牛－毫牛高分辨率变推力推进、10 万小时寿命电推进、0.01 角秒精度指向控制、分布式超静超稳平台等前沿控制技术。

4.2.3　天文与深空通用低噪声中红外探测器技术

目前，天文与深空通用低噪声红外探测器包括碲镉汞、硅掺杂以及超导单光子，这几类探测器在物理特性及器件性能上各具优势，同时也面临着各自的技术挑战。

碲镉汞可以实现带隙 0~1.5 eV 的连续可调，材料光吸收系数大，量子效率可高达 90% 以上。另外，碲镉汞材料电子有效质量小，迁移率高，响应速率快，可做成高速响应器件。基于碲镉汞探测器方案需重点考虑的问题包括大面阵像素间、像素内响应不均匀性的标定，在轨服役周期性标定等。

硅掺杂探测器是利用硅的杂质能级实现红外探测，引入不同的掺杂元素可以实现不同谱段的红外探测。依赖于先进的硅材料技术和器件加工技术，硅掺杂探测器是实现低噪声、大面阵长波红外探测器的理想材料体系。基于硅掺杂探测器的方案研究重点考虑低温环境需求，特别是 10 K 以下制冷机引入的焦平面微振动问题。

超导单光子探测器是近年提出的新型单光子探测方法，是目前近红外波段综合性能最好的单光子探测技术，具有灵敏度高、探测速度快以及低温环境易实现等特点。现有研究已证实其可工作在中红外波段，通过行列读出可以实现阵列成像。超导单光子探测器主要工作温度在 2~4 K，同样需要考虑低温环境及制冷机问题。

因此，应根据系外宜居行星光谱特征及潜在生命指征，确定红外探测的光谱范围及灵敏度，根据阵列望远镜干涉成像方式，特别是瞳面或焦面采样量化方式，开展红外探测器量子效率、填充因子、阵列规模等需求分析，突破高灵敏度低噪声红外探测器技术，解锁与行星科学、生命科学息息相关的空间天文与空间探测能力。

5 未来发展与展望

纵观国际系外宜居行星探测领域近 30 年发展历程，"宇宙漫漫其浩瀚兮，人类将不懈而求索"，航天科技助力人类不断实现飞天梦、问天梦，而人类对探索太空的无限憧憬也是航天科技不断发展的创新源泉。我国在宇航领域重大工程方面不断取得举世瞩目的成就，进入空间、利用空间、探索空间的能力达到世界一流水平，在系外宜居行星探测领域发展空间巨大。上述工程技术难题的突破，将为面向世界科技前沿、面向国家重大需求，组织实施空间科学领域国际大科学计划奠定工程技术基础，并进一步产生重大科学和社会效益。

系统性搜寻太阳系近邻宜居行星。有望率先发现系外宜居行星乃至地外生命，回答"地球是唯一的吗""人类在宇宙中是否孤独"等重大科学关切，深刻揭示行星形成及演化过程，深入理解行星宜居性。

开启高分辨率天文观测新时代。针对太阳系天体、恒星、星系等各类天体开展高分辨率干涉成像、高精度天体测量及光谱探测，围绕各层次天体形成与演化、宇宙加速膨胀历史精细刻画、亚星系级暗物质分布等方向取得重大科学发现。

牵引前沿技术与航天装备系统跨越发展。实现空间分布式光学干涉技术、高精度自由编队技术从 0 到 1 突破，解决天文与深空通用低噪声中红外探测器等卡脖子难题，牵引超导单光子探测器、深空高动态范围高精度导航等变革性技术革新，以多学科多物理全耦合建模与数值仿真、数字孪生、融合现实等融合科学交叉研究，促进航天系统工程方法升级，推动分布式空间探测、可重构超大孔径遥感等新型航天装备系统跨域式发展。

作者：霍卓玺，刘冀林，张晓静，张志成

单位：中国航天科技创新研究院

三 航班化航天运输系统关键技术

重复使用航天运输系统是指可多次往返于地面与空间轨道、多次重复使用的航天运输系统，具有"自由进出空间、按需返回地面、多次重复使用"的典型特征。

现阶段无论是一次性运载火箭、可部分重复使用的火箭，还是航天飞机，都还远未达到航班化运输系统的要求，航班化航天运输系统是重复使用航天运输系统的高级形式，实现类似飞机航班形式的小时级准备、按需发射能力，对航天运输系统高可靠、低成本、重复使用、智能化、产业规模化等提出了更高的挑战，需要通过技术和管理的革新，实现跨越发展。

航班化航天运输系统是实现安全、可靠、快速、自由、低成本进出空间的有效途径，具有满足人类自由进出太空、开发和利用太空资源、寻求新的生存发展空间、降低发射成本等重要意义。

发展航班化航天运输系统面临的困难与挑战

1 什么是航班化航天运输系统

航班化航天运输系统是实现人类自由进出太空、开发和利用太空资源、寻求新的生存与发展空间的基础，能更好地服务于人类未来的生存与发展。像飞机一样实现航班化运营，是革命性提升航天运输系统能力的重要途径。

航班化航天运输系统复杂程度高，各系统间耦合紧，各国都在开展航班化航天运输系统的研究，但是航班化的概念、任务、路线等尚不清晰。航班化运营模式，具有高可靠、低成本、重复使用、智能化、模块化、标准化、产业规模化等基本特征。而航班化航天运输系统需要重复使用常态化、时效化和自由化。目前重复使用运载器方案和技术尚无法支撑如不限次数、小时级准备、良好载荷环境等具体要求。

航班化航天运输系统是重复使用航天运输系统的高级形式，通过技术和管理的革新，使其具备类似飞机航班形式的小时级准备、按需发射的能力，实现人类高可靠、高安全、高效率、低成本自由进出太空的梦想。

航班化航天运输包含全球快速运输和地面与轨道间运输，采用定期定线路的航班化运营模式，具有可靠、安全、经济、便捷、舒适、环保的基本特点，能够满足未来大规模进出空间、探索空间和开发空间的任务需求，从而促进航天产业的发展。航班化航天运输系统是实现全球快速运输、地面与轨道间运输的运载器总称，主要由 1 小时全球抵达运输、天地往返运输等运输系统组成（图 1）。1 小时全球抵达运输系统主要负责人员、货物往返地球表面与亚轨道之间的运输任务。天地往返运输系统负责地面与地球轨道之间的人员、货物往返运输任务，比如太空旅游。

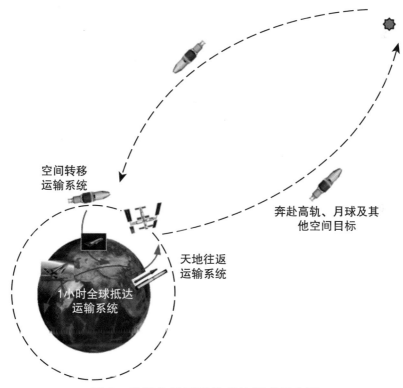

图 1　航班化航天运输系统组成示意图

2　航班化航天运输系统的现状分析

1 小时全球抵达运输系统、天地往返运输系统等均属于航班化航天运输系统范畴，将会引发人类生活方式的变革和太空探索活动方式的革命，能够对一系列关键技术的发展起到巨大的推动作用，牵引带动我国可重复使用天地往返技术领域的跨越式发展，也是可重复使用天地往返航天运输系统的载人拓展应用，研制中涉及的科学问题在于如何通过技术创新和设计理念变革实现可重复使用航天运输系统的低成本、高可靠商业航班化运营。

1 小时全球抵达运输系统的典型代表有美国 Boom 公司的超声速飞机，维珍银河公司的太空船 2 号，SpaceX 公司的星舰，蓝源公司的新谢泼德，以及德国的 SpaceLiner 和意大利的 Hyplane 等（图 2）。

天地往返运输系统的典型代表美国 ULA 公司火神火箭，SpaceX 公司的星舰，蓝源公司的新格伦火箭，波音公司的 XS-1 和欧洲的云霄塔（Skylon）等（图 3）。

航天飞机退役后，面对低成本、快速的载人航班化天地往返运输系统和廉价的全球范围内快速抵达航班成为人们关注的热点话题。目前，美国、欧洲等国家纷纷提出低成本的商业太空旅游发展计划，以维珍银河（VG）、蓝源（Blue Origin）为代表的多家私营航天公司已经建造了多个商业太空旅游基地，并完成了亚轨道商业载人旅游飞行试验验证。2021 年，维珍银河公司创始人理查德·布兰森、蓝源公司创始人贝索斯亲身参与，让亚轨道太空旅游正式迈入业务化运营阶段。

近年来，美国太空探索技术公司（SpaceX）快速发展，依托其高运载效率、高可靠性的运载火箭技术基础优势，不断开展重复使用技术验证，其 Falcon-9 火箭垂直起降重复使用技术日趋成熟，在发射效率和发射成本上逐渐体现出独特优势，同时发布并实践了一型面向未来航班化运输、两级完全重复使用的运载器：超重 – 星舰运输系统方

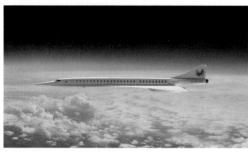

Boom

太空船 2 号

星舰

New Shepard

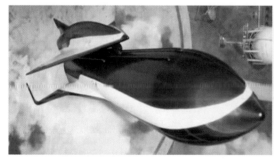

SpaceLiner

Hyplane

图 2　1 小时全球抵达运输系统典型代表

| Vulcan | StarShip | New Glen |

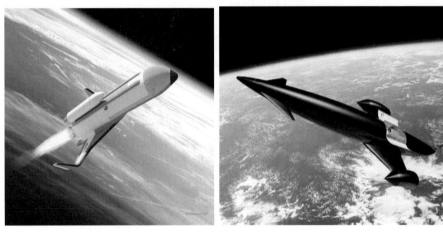

XS-1 Skylon

图 3 天地往返运输系统典型代表

案，引发业界广泛关注。该系统主要执行未来月球探测任务及火星移民任务，还可应用于超大规模卫星星座、大型航天器部署等，另外还具备地球表面"点到点"人员运输潜力，该方案是其管理效能、技术实力的综合体现。由于其超大的起飞规模、两级完全可重复使用的严苛要求，以及广泛的飞行任务适应性，必然带来工程研制上的巨大技术难度，其方案自提出之日起即不断进行迭代优化，整体构型发生了多次变化。

除 SpaceX 公司外，美国 ULA 公司、波音公司以及德国、英国、意大利等国家都在开展航班化航天运输系统的研究，航班化航天运输已成为发展的热点之一。

随着人类文明的进步和生活水平的提高，对交通运输的速度提出了更高要求。"1 小时全球抵达"已经提上日程，"航班化"航天运输系统的需求正在逐渐增加，巨大诱惑背后是技术难度和复杂度的成倍提升。

即使技术难度异常复杂，各航天大国和航天机构依然组织进行了大量研究、试验工作，试图在这一领域占领制高点。比如美国的 X-37B 轨道试验飞行器、XS-1 运输器等项目、英国云霄塔空天飞机计划等。

令人欣喜的是，我国航天运输系统经过 60 多年的发展，取得了举世瞩目的成绩。进入空间方面，构建了较为完善的一次性运载火箭产品体系，新一代运载火箭陆续开始应用发射。目前，我国正在持续开展新一代载人运载火箭、重型运载火箭和低温上面级等技术攻关。重复使用、新型动力等关键技术攻关取得显著进展，围绕垂直起降、垂直起飞水平返回、水平起降等开展了方案论证和部分飞行演示验证。同时，我国正在持续积极推进智慧火箭技术研究，通过智能技术赋能，进一步提升航天运输系统综合能力。以上所取得的成就为建设航班化航天运输系统奠定了一定的基础，但针对航班化航天运输系统的建设仍处于起步阶段。

天地往返运输方面，我国新一代运载火箭在飞行可靠性、发射成本以及发射准备时间等方面距航班化目标差距明显，尚且不具备重复使用能力。重复使用航天运输系统需要重点突破重复使用技术，是未来我国航班化航天运输系统的重要组成，但目前处于演示验证阶段，发展进度与航班化航天运输系统的预期目标要求还存在差距。

3 航班化航天运输系统的应用场景广阔

3.1 一天游全球的应用场景

通过乘坐快速抵达航天运输系统，实现在十几个小时内完成北京 – 洛杉矶 – 卡帕多西亚三地间的游玩和往返，享受一天游全球的奇妙体验（图 4）。由此，地球将真正缩小为一个城市，甚至为一个村子。

8:00

11:00

18:00

北京
享用早餐
当地时间早8点

洛杉矶
观看精彩橄榄球比赛
当地时间晚上7点

卡帕多西亚
体验奇妙热气球之旅
当地时间下午1点

图 4　一天游全球场景示意

3.2 太空旅游的应用场景

利用快速抵达航天运输系统关闭主动力的滑行段，感受亚轨道的失重环境，体验太空旅游，并能够在天上观测到地球昼夜交替的奇妙现象（图 5）。由此，人人都可以迈入太空，成为真正的航天员。

图 5　太空旅游体验示意

3.3　月球探测、火星探测和资源开发利用的应用场景

利用航班化航天运输系统，实现从近地空间到地月空间的转移，经历环月旅行、载人登月等环节，实现地月空间的航班化运输，同样可以拓展到载人火星探测、深空探测、资源开发（图 6）。

图 6　深空探测示意

4　实现航班化航天运输面临的技术挑战

重复使用航天运输系统是指可多次往返于地面与空间轨道、多次重复使用的航天运输系统，具有"自由进出空间、按需返回地面、多次重复使用"的典型特征。

现阶段的无论是一次性运载火箭以及可部分重复使用的火箭，还是可重复使用的航天飞机，都还远未达到"航班化"运输系统的要求，发射准备时间长，价格也相对高昂，尤其是航天飞机，并没有达到美国当初设计目标，每次发射费用非常高。航天飞机研制生产费用花费约 100 亿美元，一次飞行费用约为 5 亿美元，发射准备时间需数个月。

航班化航天运输系统作为未来航天运输的重要发展方向，性能指标要求高，采用"航班化"运输模式具有高可靠、低成本、重复使用、智能化、模块化、产业规模化等基本特征。航天运输达到"航班化"必须具备三个条件：一是"发车"数量远比以前多，准备时间应大为缩短；二是形成固定时间和周期，重复往返；三是价格大幅下降，在大部分普通人可承受范围内。

全球航天发展新浪潮方兴未艾，航班化航天运输时代加速来临，无论是从现实需求，还是从需要研究攻关的新概念和新技术来看，发展航班化航天运输系统机遇与挑战并存。如何实现航班化，需要重点研究航班化相较目前重复使用跨度的技术问题，不断储备技术能力，航班化航天运输系统性能指标要求高，给可靠性、性能和成本等方面带来了前所未有的挑战。需要我们颠覆现有设计理念，建立新体系，应用新技术和新方法，解决相关基础问题和瓶颈技术难题，实现跨越式发展。

4.1　航班化的小时级实现带来的挑战

如何达到小时级，对运载器免维护快检测、耗材更换维护、器上健康状态监测提出了较高的要求。需要攻克智能检测、快速维护、高效加注、健康管理等多项关键难点。

4.2　航班化与重复使用的关系

航班化是重复使用的高级形式，航班化需要重复使用常态化、时效化、自由化。目前重复使用运载器方案和技术尚无法支撑如不限次数、小时级准备、良好载荷环境等具体要求。随着技术发展和应用改进，重复使用运载器将最终走向航班化。目前重复使用所发展的动力、控制、结构等技术将支撑未来航班化需求。纵观当前世界各国的重复使用方案，航班化运输还需要增加重复使用次数，缩短检测检修周期，降低维修维护成本，进一步提升安全性和可靠性。

4.3　GNC 技术面临的新挑战

在发射、分离、入轨、返回等诸多阶段，飞行全程面临复杂力学环境、不确定性控制等多约束条件，需要 GNC（导航、制导与控制）技术实现新的功能与突破：满足高动态再入过程中热流、过载、动压等严苛条件及终端位置、速度、航迹偏角等终端约束条件下的在线任务规划和高精度优化制导问题；返回过程经历低、中、高动压区及影响飞行器的振荡频率和阻尼下的复合控制策略和再入鲁棒控制问题；亚轨道飞行期间空间辐射环境的影响及高速高动态大过载的飞行环境影响下的高精度导航问题；垂直着陆状态下发动机尾焰干扰及长时间在轨停留任务中惯组姿态漂移下的天文导航及复合导航问题等。因此，如何实现全程稳定控制是运载器面临的一大技术挑战。

4.4　载人安全性和舒适性要求带来的挑战

实现航班化运输，载人与载货相比，在安全性方面要求：每运送6000万乘客只死亡1人的水平，需要攻克冗余重构、智能技术、健康管理、可靠性提升工程等难点。在舒适性方面要求：对过载的约束，（2~3）g，略高于过山车，通过发动机推力条件和轨迹优化去实现；对姿态的约束，人员姿态尽量小范围变化，通过先进的座椅设计满足乘客舒适性要求。

4.5　航班化运输全程面临的环境挑战

运载器在大空域、宽速域飞行，航迹复杂，机身布局通常采用翼身融合体或翼身组合体，控制舵面布局需要考虑多种方式。对于此类运载器，提高飞行器升阻比的要求往往与降低热流密度的要求相互矛盾。同时，运载器还需要兼顾高速再入返回与低速进场着陆、稳定性/操纵性等难题，并且对于防热、控制等都提出了较高的要求。

4.6　新材料、新工艺和新技术的应用

航班化对运载器提出了高载荷、高周数抗疲劳、数万次百吨级疲劳载荷的要求，需要应用新材料提升部组件在恶劣环境下的工作性能，应用增材制造等新工艺来减少、消除非均质材料缺陷，并采用一体化精细化设计方法，提升运载器重复使用性能和长寿命工作能力。

4.7　重复使用评估技术

为实现低成本、高可靠航班化航天运输，需要构建适用于重复使用运载器的设计准则与标准、评价体系，具备准确判断运载器是否具备再次可靠完成飞行任务的能力。对于热防护材料以及轻质结构的重

复使用，需要通过无损检测等手段对不同部位、不同结构的材料进行有效检测，评价下一次飞行的结构材料可靠性水平。对于发动机的重复使用，重点需要明确快速检测评估与维修维护方法。

5 未来发展与展望

目前多个航天大国都在开展航班化航天运输系统研究，航班化航天运输已成为发展的热点之一，航天运输系统正迎来"航班化新时代"。

从发展形势上看，亚轨道飞行器已逐渐进入应用阶段，亚轨道飞行器的发展将间接推动空天飞机的发展，轨道飞行乃至星际旅行是未来太空旅游的发展目标。航班化航天运输系统的发展将从亚轨道起步，经历从轨道飞行到星际旅行的发展步骤，分步验证，梯次形成能力。

面向1小时全球到达、太空旅游等航班化任务目标，需要重点从加大重复使用次数、提升安全性可靠性、降低维修维护成本等难点出发，开展长航时、长寿命、高可靠、易维护设计，从而实现航班化航天运输系统从单次使用到多次使用、从定制化到批量化，从性能设计到寿命设计，从使用设计到维护设计的转变。

发展航班化航天运输系统，通过航班化运营的方式，可大大降低发射费用，作为降低航天发射成本的有效途径，可实现安全、快速、机动、环保地进出空间，支撑我国航天高密度发射任务，有效服务国民经济建设，推动社会经济快速发展。发展航班化航天运输系统，能够满足人民对快速全球抵达和太空旅游等美好生活向往的需求。

作者：蔡巧言，张化照，吴莉莉，闻悦，汪小卫

单位：中国运载火箭技术研究院

四 近地小行星快速监测预警与防御技术

近地小行星撞击地球的风险是全人类共同面临的重大威胁，给国际航天界、天文界等多个领域带来重大挑战，具有非常迫切的现实需求和深远的战略意义。开展快速监测预警与防御技术研究，建设国家级近地小行星防御系统，是推动构建人类命运共同体的重要举措。

监测预警是防御应对的基础，是防范化解撞击风险的最基本要求，也是后续在轨处置、灾害救援的工作前提。在轨处置是主动应对的必然选择，但目前工程实施难度大。需重点构建专用监测网络，快速部署天基监测系统，扩大轨道编目比例，降低漏警率，提高预警精度，通过精准落点预报，降低危害损失；同时，逐步发展在轨处置技术，开展在轨演示验证，形成主动应对能力。

近地小行星防御系统推动构建人类命运共同体

历史上，小行星撞击地球事件频发，地球曾发生过 22 次不同程度的生物灭绝，其中至少 11 次与小行星撞击相关，其撞击危害形式包括进入大气层空爆、撞击陆地或海洋等，可能引发地震、海啸、火山爆发等，还可能导致全球气候环境灾变，甚至造成全球性生物灭绝和文明消失。21 世纪以来，国际社会高度重视行星防御工作，联合国成立多个机构专门负责协调应对近地小行星撞击风险，各主要航天国家也积极致力于相关工作，并有力牵引推动空间科学研究、空间技术探索、空间资源利用。

近地小行星撞击风险概率虽小，但危害极大，几乎与国家安全体系中所有领域安全息息相关。2022 年，我国明确将着手组建近地小行星防御系统，共同应对近地小行星撞击的威胁，为保护地球和人类安全贡献中国力量。

1 近地小行星分类与物质组成

近地小行星可分为 4 种类型，即阿波罗型、阿莫尔型、阿登型和阿提拉型。

1）阿波罗型（Apollo）小行星：轨道近日距小于等于 1.017 AU、轨道半长轴大于等于 1.0 AU 的小行星；

2）阿莫尔型（Amor）小行星：轨道近日距在 1.017~1.3 AU 之间的近地小行星；

3）阿登型（Aten）小行星：轨道远日距小于等于 1.0167 AU、轨道半长轴小于 1.0 AU 的小行星；

4）阿提拉型（Atira）小行星：轨道远日距小于 0.983 AU、轴道半长轴小于 1.0 AU 的小行星。

从轨道类型上来看，潜在威胁小行星绝大多数是阿波罗型和阿登型。阿莫尔型和阿提拉型小行星的轨道和地球的轨道未交叉，但是它们的轨道未来可能会因摄动力作用发生改变，从而和地球轨道交叉（图 1）。

阿波罗型
1.0 AU≤半长轴
近日距≤1.017 AU
与地球轨道有交叉

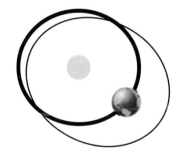

阿登型
半长轴<1.0 AU
远日距≤1.0167 AU
与地球轨道有交叉

阿莫尔型
1.017 AU≤近日距≤1.3 AU

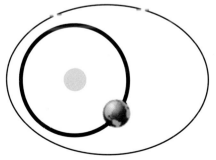

阿提拉型
远日距<0.983 AU
半长轴<1.0 AU

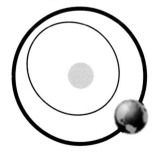

图 1　近地小行星轨道分类特征

根据光谱测量及反照率分布可以研究近地天体的物质组成。目前的分类研究把小行星分为 S、C、X 三大群以及一些次要的异常类型。S（Silicate）群小行星的表面主要成分为硅酸盐，常称为石质小行星；C（Carbon）群富含碳质和有机质成分，常称为碳质小行星；X 群成分比较复杂，多指金属质小行星。不同类型近地小行星对应的密度、内部结构、力学强度等存在很大差异，极大地影响近地小行星防御策略选择。因此，物质组成等特征参量的获取对近地小行星撞击风险分析和防御效果评估的准确性至关重要。

2　近地小行星撞击危害

潜在威胁小行星：是指距离地球最小距离约 750 万千米内、直径为 140 m 以上的近地小行星。这类小行星可能受地球引力影响，撞击地球概率和威胁大幅增加，目前全球已监测到的潜在威胁小行星有 2200 余颗。

近地小行星撞击地球危害与撞击能量直接相关，后者与近地小行星质量、撞击速度和角度等有关，质量最早可通过等效直径估算，因此国际上常用等效直径来初步表征撞击危害：

1）等效直径为 km 级，可引发全球性灾难，这类事件约 1 亿年发生 1 次。

2）等效直径为 140 m 级，可引发区域性灾难，这类事件约千年发生 1 次。

3）等效直径为 50 m 级，可引发大型城市灾难，这类事件约百年发生 1 次。

4）等效直径为 10 m 级，可引发城镇级灾难，这类事件约十年发生 1 次。

5）等效直径为 m 级，大多发生空爆事件，这类事件频繁发生。

根据目前的估计，有近 1000 万个大于 20 m 的近地天体，其中许多在进入地球的大气层之前极难被探测到。直径 20 m 的近地小行星撞击可能会产生严重且代价高昂的影响。例如，2013 年直径约 18 m 的小行星在俄罗斯车里雅宾斯克上空 25 km 爆炸。爆炸产生的能量约相当于 30 颗广岛原子弹，超过 1600 人受伤，造成约 3000 万美元的财产损失。

据国际已有数据分析，已完成轨道编目的 700 余颗短期威胁小行星中，经综合评估，100 年内威胁最大的是约 370 m 的阿波菲斯小行星，目前分析预测 2068 年接近地球时撞击概率最高，约百万分之七；2035 年前威胁最大的是约 29 m 的近地小行星，预计 2027 年接近地球，撞击概率约万分之二。未来可能与地球交会的小行星，其亮度暗弱、分布广泛、难以发现，运动轨道易受到大行星牵引而改变。未完成轨道编目的近地小行星中，140 m 以上的约 70%，50~140 m 的超过 97%，10~50 m 的超过 99%。应对未轨道编目近地小行星撞击地球风险已经成为影响人类生存发展的重大威胁挑战。

从历史情况看，等效直径 1 km 以上的撞击事件发生概率较低，短期内难以有效在轨处置，而 10 m 以下的撞击事件危害较小，因此 10 m 至 1 km 的近地小行星是关注和应对的重点。

3　应对场景与工作模式

监测预警可以分为三种任务场景：一是日常编目，采用巡天搜索捕获待轨道编目的近地小行星，通过跟踪监测开展轨道编目；二是威胁预警，针对较高威胁等级近地小行星，开展精密跟踪，获取其精密轨道等参数，细化评估撞击风险和危害；三是短临预报，针对高威胁等级近地小行星（距地球小于 750 万千米，撞击概率大于 10%），开展加密跟踪和物理化学特性测量，并预报撞击区域（中心点）等信息。

在轨处置可以分为两种任务场景：一是在轨验证，逐步形成技术能力；二是真实应对，区分应急和长期两种模式。前者采用动能撞击、核爆等瞬时作用方式，进行以偏转或摧毁为目的的在轨处置；后者采用拖曳、激光等长期作用力方式，进行以偏转为目的的在轨处置。

4 近地小行星快速监测预警与防御技术的发展历程

主要航天国家高度重视小行星防御工作，持续加强顶层谋划和体系能力建设，重点围绕近地小行星监测预警和在轨防御能力，加强统筹和国际合作，形成天地一体、协同高效的体系能力。

监测方面，国际社会相继成立小行星防御组织机构，广泛开展撞击风险应对国际合作。2014 年，联合国外空委成立国际小行星预警网和空间任务咨询小组，2018 年中国加入以上两个组织。美国于 2005 年发布《乔治布朗近地天体监测预警防御法案》，目标是在 2020 年年底完成 90% 以上直径超过 140 m 近地天体的发现及编目管理，但目前只完成约 45%（图 2）。

美国先后启动实施了卡塔琳娜、泛星计划和阿特拉斯等多个地基巡天计划，国际编目贡献率超过 98%，远超其他国家。目前，美国正在建设地基大型综合巡天望远镜 LSST，填补南半球设备不足；计划 2028 年发射 NEO Surveyor，采用 1 台 0.5 m 口径望远镜，工作在红外双谱段，部署于日地 L1 点轨道，加速提升对 140 m 级近地小行星的编目完成率。此外，欧洲空间局正在建设 Fly-Eye 系统，目标是提升短临预报能力。目前，我国紫金山天文台在盱眙观测站的近地天体望远镜是中国贡献共享数据的主干设备，该望远镜有效口径为 1.04 m，可监测直径 300 m 以上的近地小行星，已累计发现 32 颗近地小行星，但与国际先进水平以及我国航天强国建设要求相比仍存在较大差距。

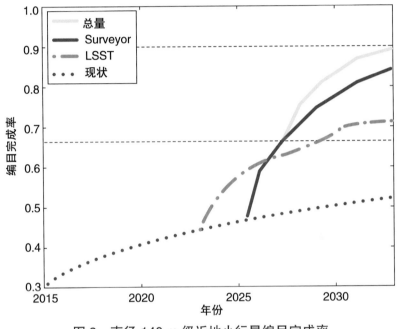

图 2　直径 140 m 级近地小行星编目完成率

（图片来源：NEO Surveyor Investigation Team. NEO Detection and The Future of Planetary Defense[C]，7th IAA Planetary Defense Conference，2021）

预警方面，对近地天体撞击风险的准确评估是预警关键。碰撞威胁程度由风险指数表征，包括都灵指数和巴勒莫指数两种主要模型，影响因素包括撞击概率、能量、预警时长、背景风险等。都灵指数只考虑由近地天体轨道参数及尺寸质量等特征参数确定的撞击概率与撞击能量的影响，将近地天体撞击地球的风险分为 0~10 之间的 11 个整数等级值，数值越大表示危险性越高；巴勒莫风险指数则增加了对预警时长和尚未发现的近地天体构成的背景风险两项因素的考虑，同样是数值越大，表示危险性越高（图 3）。

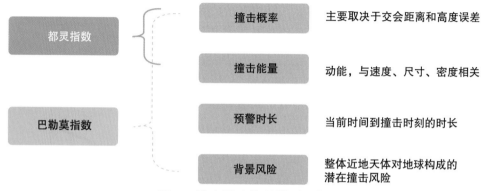

图 3　撞击风险指数模型比较

在轨处置方面，人类历史上还没有通过在轨处置主动化解近地小行星撞击威胁的先例，国际上仍处于关键技术发展验证阶段。目前，国际上发展了两类在轨处置技术，一类是以动能撞击为代表的瞬时作用技术，已开展在轨演示验证；另一类是以拖船、激光烧蚀驱动等为代表的长期作用技术，尚处于概念研究阶段。

美国于 2005 年实施深度撞击任务，以 10 km/s 相对速度击中坦普尔 1 号彗星，证明了近地小行星动能撞击可行性；美国与欧空局正在联合实施小行星撞击和偏转评估任务，其由双小行星重定向试验（DART）和赫拉（HERA）组成。其中，DART 已于 2021 年发射，并于 2022 年 9 月 26 日以 6.5 km/s 的速度撞击了直径 160 m 的迪莫菲斯小行星，在轨验证了动能撞击偏转技术（图 4）。欧空局负责的 HERA 将于 DART 撞击小行星 4 年后抵达，评估撞击效果。此外，欧空局也启动了太空态势感知计划，利用其成员国的地基设备监测卫星、空间碎片和潜在威胁小行星。日本利用隼鸟二号探测器在轨开展了撞击龙宫近地小行星试验，形成直径 15 m 的撞击坑（图 5）。我国提出了"以石击石"等动能撞击防御方案构思。

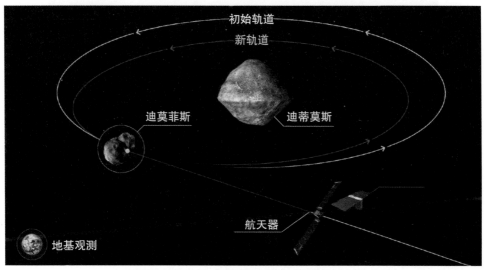

图 4　双小行星重定向试验（DART）

（图片来源：Thomas Statler. Overview of the DART mission 7 months to launch，7th IAA Planetary Defense Conference，2021）

5　实现近地小行星防御需要解决的难题

撞击风险预测的重要前提是轨道编目，低编目率导致漏警率较高；已编目的受轨道变化影响和监测预警能力所限，需进一步提高预警精度。对于未编目及现有技术手段难以完成编目的近地小行星，还需要构建专用监测网络，天地协同实现迫近告警，逐步提升撞击风险预警能力；对于已编目的近地小行星，需要深入开展相关科学问题研究和关键技术攻关，逐步深化对近地小行星运行规律及其变化的认知，提升预警精度。

图 5 "隼鸟二号"撞击试验

（图片来源：Artificial impact crater on Ryugu formed in the gravity dominated regime[C]，7th IAA
Planetary Defense Conference，2021）

近地小行星在轨处置包括推演预测、处置实施、效能评估。推演预测是在接收到撞击预警信息后，通过地面仿真分析小行星撞击可能产生的危害，推演在轨处置措施，评估判断不同类型处置方式的处置效能，为在轨处置决策提供支撑信息。处置实施是根据处置决策开展在轨处置准备工作，研制、发射、部署在轨处置探测器，实现快速处置、长期处置等在轨处置操作。

综上所述，形成近地小行星快速监测预警与防御能力，其主要关键技术如下：

（1）天地协同组网高效监测技术

围绕近地小行星监测天地协同组网高效运行需求，突破基于时空协同的天地监测体系能力评估、天地联合监测网协同效能与资源调度技术、编目精测预警多场景观测策略优化技术、天基监测星座布局优化、多轨位技术可行性和贡献率分析等关键技术，提升天地协同组网观测效能，为天地协同监测组网体系的优化设计提供科学支撑。

（2）天基高灵敏度探测技术

地基监测是当前已完成编目的近地小行星主要方式，但因地基监测存在只能夜间监测的可视盲区，且存在大气扰动影响观测精度、大气吸收限制可用观测谱段等制约，仅靠地基监测手段无法快速完成高比例编目和全天区告警。针对近地小行星暗弱运动目标探测的高灵敏度发现，精确轨道、尺寸等高精度属性获取需求，迫切需要开展天基高灵敏度探测载荷设计、主被动深低温制冷、长积分时间指向稳定控制等技术研究。

（3）近地小行星编目预警与落点预报技术

大气进入危害效应是指小行星超高速进入大气层产生的冲击波效应、爆炸解体效应、光热辐射效应及它们对地表产生的危害。为了准确评估进入危害，需要研究建立大气进入危害效应模型，开展进入大气与解体空爆机理、撞击地球效应与环境影响机理、大型人造空间物体烧蚀、解体与陨落规律研究，开展近地小行星精密轨道演化机理、物理特性的观测与反演等研究，建立近地小行星轨道运动和特征模型、小行星轨道识别模型、风险评估模型、虚警漏警评估模型、撞击危害评估模型等，建立编目数据库和近地小行星编目预警技术验证系统。

（4）超远距离高精度导航、制导与控制技术

重点需要解决高速撞击末制导撞击器质量小、目标体积小、撞击速度快以及复杂不确知环境下位置、姿态精准估计困难等难题，开展

超高速精确撞击测量导航与制导一体化、复杂空间环境下面向全过程目标尺度大范围变化的智能目标探测、不规则天体探测与特征识别、大动态高容错自主导航、撞击交会复杂多约束最优轨道规划等技术研究。

（5）近地小行星在轨处置技术

围绕瞬时作用撞击偏转与毁伤、长期作用拖曳与驱离等在轨处置方法研究，需重点开展超高速撞击、爆炸等实现小行星偏转与摧毁的作用机理、小行星物理特性参数与撞击器参数耦合影响下的偏转规律、长时间大推力推进、小行星锚定附着以及超大质量不规则组合体控制等技术研究，评估在不同预警时间、不同尺寸和物理特性小行星的约束下各种在轨处置方法的防御效果，丰富在轨处置手段，提升在轨处置应对能力，最大程度地避免次生灾害，为开展近地小行星的在轨处置演示验证奠定基础。

6 未来发展与展望

近地小行星防御系统是探索深空前沿科学问题的重要载体，将在动力学起源与演化、物质组成和太空风化研究、力学性质和内部结构反演研究、撞击地球效应与环境影响机理以及轨道姿态和结构耦合演化等方面取得突破进展，树立人类探索宇宙的新的知识丰碑。

近地小行星防御系统是牵引深空探测工程技术突破的创新引擎，可带动长期深低温热控技术、高灵敏度红外探测器技术、高精度导航制导与控制技术、大功率高比冲电推进技术、新兴材料制造、新兴电源制造等众多新兴技术的发展。同时，新兴材料制造、新兴电源制造等技术还可转化应用到新能源汽车等众多民用产业当中，带动相关行业技术的发展。

　　建立近地小行星防御系统是推动构建人类命运共同体的重要举措，实施近地小行星监测预警与防御工程，可以逐步突破近地小行星监视预警、撞击预测与落点预报、撞击偏转等技术，建设健全近地小行星监测与防御体系，提前发现来自太空的撞击威胁，保护地球人类文明。

作者：康庆，宋政吉，王晓宇，李群智，高峰

单位：北京空间飞行器总体设计部

航天东方红卫星有限公司

五 面向地外生存的人工光合成材料制备及应用

随着重返月球、载人火星等极具挑战性的航天任务逐步开展，世界进入到"大航天时代"的历史机遇期。我国在载人航天和探月工程等重大科技专项实施的基础上，2022年将完成空间站的在轨建造，并将进行载人登月和月球科研站的建设。长期地外生存是人类将要面对的重大挑战，特别是地外极端环境下氧气的获取和二氧化碳的转化等问题，目前科技水平距离未来可实施航天任务的要求仍有很大差距。

地外人工光合成是我国率先提出的新概念和研究方向，通过基础理论研究、关键技术突破和复杂系统构建，将促进相关学科和领域的快速发展，另一方面，有望实现长期地外生存中氧气和燃料原位补给。面向地外生存的人工光合成材料研究与应用，也将支持人类绿色可持续发展，并产生更大规模的社会效益。

地外人工光合成在太空实现高效二氧化碳转化利用

1 地外原位二氧化碳转化利用支撑人类长期地外生存

地外生存作为载人深空探测的核心技术之一，是人类实现长期太空飞行和地外移民的基本能力。人类脱离地球开展太空探索的活动中，必须具备足量的氧气、燃料和适宜的温度、营养等的长期持续供应能力。将人类呼吸产生的二氧化碳转换为氧气，实现密闭空间的废弃资源原位再生循环，可大幅度降低载人空间站、载人飞船的物资供应需求。同时进一步利用火星等地外大气环境丰富的二氧化碳和水等原位资源生产氧气和燃料，可满足人类在其他天体上长期生存，有助于实现深空往返推进运输的物质供给，是支撑可承受、可持续的载人深空探索任务的重要基础。因此，地外原位二氧化碳转换有望在解决上述问题中发挥重要作用。

2 地外二氧化碳转化利用的现状和挑战

美欧等国为解决载人空间站和深空探索关键问题，在继承传统地面技术的基础上，持续开展了二氧化碳转换技术的研究。例如，为解决国际空间站的氧气供应，采用电解水的方式为航天员补充氧气；为实现航天员排出的二氧化碳再利用，美国国家航空航天局（NASA）在国际空间站上开发了一套二氧化碳还原和氧气获取装置，其中，氢气通过电解水装置获得，利用萨巴蒂尔（Sabatier）方法将二氧化碳、氢气转化成甲烷和水。Sabatier反应装置（图1）为气固两相过程，核心装置温度为250~450 ℃。其中空间站上应用的反应器装置质量约41 kg，总功率超过100 W，每天可转化超过3 kg二氧化碳气体，并已经于2010年10月完成在轨测试。目前，空间站上的电解水装置采用工业上较为成熟的质子交换膜电解技术，在微重力条件下的工作效率远低于地球重力环境。针对以上问题，研究人员开展了大量研究，试图阐明微重力条件下的多相物理化学过程并设计改进和优化方法。日本宇宙航空研究开发机构利用抛物线飞行和落塔试验进行了大量微重力电解水研究，发现过溶气体在电极表面附近聚集形成的过饱和层，明显降低反应过程中的物质输运速率，对物质输运速率和反应效率具有非常重要的负面影响。虽然通过优化现有电解水装置的运行参数，包括电解池工作温度、气液分离膜压强、电解质组分、工作电压和电流等，可降低微重力环境的负面影响，但是目前电解水装置在微重力下的工作效率远低于重力环境，仍需要进一步优化并开展空间试验研究。

对于更具挑战性的月球和火星等载人探索任务，美国最早提出了利用原位获取的水和二氧化碳等资源制造氧气和燃料的原位资源利用方案。针对火星大气中的二氧化碳资源，NASA在2001年提出了"火星原位推进剂生产"计划，利用高温电解技术将二氧化碳还原成为氧气。2013年进一步提出火星原位资源利用的"马可波罗"着陆任务，将综合利用火星大气和火壤资源，采用Sabatier和电解水过程生产氢、氧和甲烷燃料。2020年搭载于毅力号火星探测器上的火星氧气原位资源利用实验（MOXIE）载荷，采用固体氧化物电解池装置，在800 ℃条件下将火星大气中的二氧化碳还原成为氧气（图2）；该载荷已经于2021年在火星表面实现产氧6 g/h。同时，NASA还支持了Bosch反应和连续 Bosch 反应装置的开发，欧洲空间局开展了等离子体作用下二氧化碳的转化研究，但目前仍处于实验室测试阶段。总体上看，国外的二氧化碳转换利用发展路线主要采用工业界比较成熟的高温（电）化学转换技术；虽然具有较高的技术成熟度，但需要在极高的温度条件下（900~1600 ℃）进行，能耗大，运行条件苛刻，也难以在地外环境下长期运行。

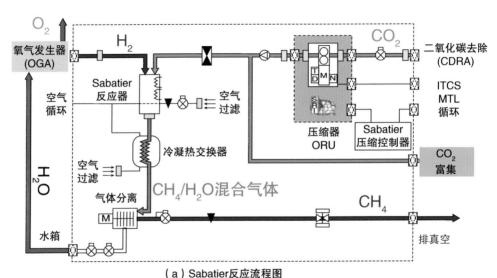

（a）Sabatier反应流程图

（b）Sabatier飞行样机 　　　　（c）Sabatier安装过程

图 1　国际空间站上采用的 Sabatier 反应装置

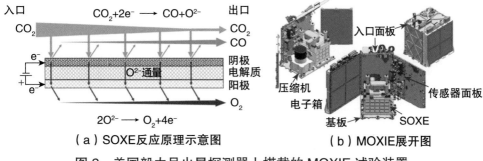

（a）SOXE反应原理示意图 （b）MOXIE展开图

图2 美国毅力号火星探测器上搭载的MOXIE试验装置

3 地外人工光合成技术的发展与挑战

3.1 地外人工光合成技术的优势

近年来，随着光催化技术的快速发展，由钱学森空间技术实验室和南京大学提出并发展的地外人工光合成技术（图3），可在温和条件下实现低能耗的水和二氧化碳的转换，并有望实现应用。地外人工光合成是通过光电催化，原位、加速、可控地将二氧化碳转化成为氧气和含碳燃料的化学过程。相比于传统的二氧化碳转化技术，地外人工光合成利用太阳能作为能源输入，半导体材料作为催化剂，在常温常压下进行反应，获得氧气和作为推进剂的甲烷及其他清洁化学能。以上反应过程中，除太阳能外不耗费其他辅助能源，并且半导体催化剂材料的原料易在地外天体中原位获取，被认为是一种可在地外实现的高效二氧化碳转化利用方法。

3.2 地外人工光合成技术的发展

在地球可持续发展面临的能源与环境等问题的推动下，利用太阳能的人工光合成技术近年来取得重要进展，为地外人工光合成技术的

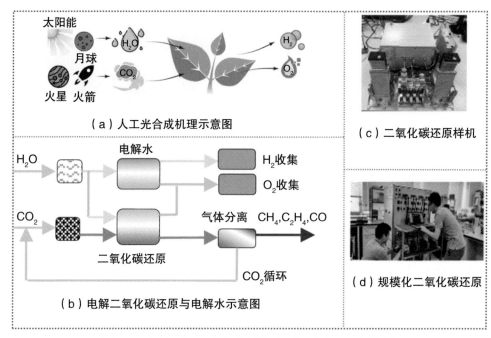

图 3 "地外人工光合作用"概念、原理和装置图

实现提供了有力支持。目前，光催化粉末还原二氧化碳、光电化学电池还原二氧化碳和光伏 – 电催化还原二氧化碳是人工光合成的 3 种主要途径。邹志刚院士团队长期研究人工光合成材料的制备与应用，利用能带调控发展了一系列的可见光响应新型光催化材料，突破了传统紫外光响应型材料体系，将可见光的能量转化为氢能，为光催化高效太阳能转换开拓了新途径。并通过构建材料内的电子传输通道，消除光生电子 – 空穴复合中心，将光催化分解水制氢的太阳能转换效率从0.1% 提高到 8%。邹志刚院士团队还率先开展了模拟植物光合作用的研究，利用光催化反应将二氧化碳转化成碳氢燃料，开拓了获取非化石燃料的碳中和新途径，为二氧化碳的利用提供了新思路，也为人工光合成技术的发展提供了重要支撑。

经过研究人员近年来的不断努力，地外人工光合成技术也取得了快速发展，并显示出良好的应用潜力，有望为未来载人航天探索和长期地外生存提供支撑。钱学森空间技术实验室团队建立了通用化的技术试验平台，研究了不同二氧化碳还原反应类型和相关材料体系，实现了常温、常压环境下二氧化碳还原和氧气制备。通过设计特殊结构功能的流动式反应器，对包括金属铜、金和银等二氧化碳还原催化材料进行了优化研究，高效获得了包括乙烯、甲烷等气相产物和甲酸、乙醇等液相产物。在材料和器件研究的基础上研制了地外二氧化碳还原样机和规模化的试验装置，其中规模化的试验装置利用 4 组堆栈式二氧化碳还原反应器可实现产氧 860 g/ 天，超过了一名航天员一天的氧气需求。地外人工光合成技术具有工作温度低、产物种类可调和装置系统复杂度低等优势。在规模化试验装置的工作过程中，产氧反应和二氧化碳还原反应同时进行，且产物分别从不同电极出口排出，因此不需要再配置电解水装置。另外，反应产生的氧气纯度高，不需要进一步分离纯化，也降低了系统组成和能耗。针对微重力环境下气液分离对反应的影响，研究团队利用微流体控制技术对反应器开展结构优化设计，通过调控微通道流体反应过程中的表面张力和流动剪切力，加速了产生气体的脱离。以上结果表明，地外人工光合成技术有望为未来载人航天探索和长期地外生存提供技术基础。

在人工光合成材料的原位利用方面，南京大学和钱学森空间技术实验室研究团队利用嫦娥五号月球探测器获得的月壤样品，首次提出并设计了基于月壤的地外人工光合成技术路线（图 4）。研究团队通过详细分析嫦娥五号月壤的元素组成和矿物结构，选择了作为人工光合成的优良催化剂钛铁矿、氧化钛、羟基磷灰石以及多种铁基化合物等 8

种材料，并发现月壤表面具有丰富的微孔和囊泡结构，这种微纳结构进一步提高了月壤的催化性能。从光伏电解、光催化和光热催化三个方面对嫦娥五号月壤的人工光合成性能进行了评估，并基于月壤人工光合成性能提出了可行的月球地外人工光合成策略，为实现"零能耗"的月球生命保障系统奠定了物质基础。

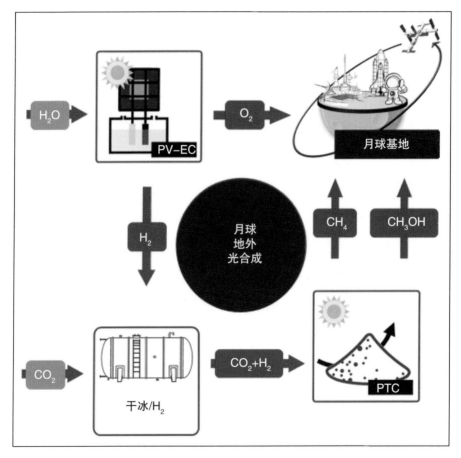

图 4 利用月壤进行基于月球人工光合成技术的原位资源利用概念图

3.3 地外人工光合成技术亟待解决的重大科学问题

太空探索活动中面临低微重力、强辐射、极端温压等特殊环境，为地外人工光合成技术的应用带来一系列挑战。随着火星二氧化碳利用验证试验的成功，关于空间二氧化碳转换的研究方兴未艾。但是，目前尚未有近地轨道和地外天体环境条件下对二氧化碳转换的关键材料、反应过程和系统设计的全面总结和评价。因此，只有通过长期有效的天、地一体化试验研究，配合地面模拟、在轨验证和其他星球环境下的试验验证，才能加快地外人工光合成技术的进展，并在理论方法和技术应用等层面实现重大突破。

地外人工光合成技术的实现将有力支撑可承受、可持续的太空探索任务，并使人类具备"脱离地球的生存能力"。地外人工光合成也面临着一系列重大科学问题，同时也是前沿领域发展重大机遇。

（1）适应太空条件下太阳辐射光谱和高辐照强度的新型光催化材料体系

外太空太阳辐照强度及光谱分布与地球表面辐射条件有很大差异，当前针对地面太阳光谱条件开发的光催化材料在外太空环境中并不能高效、稳定地发挥作用。因此，需要针对性地开发适用于地球外空间太阳光谱、聚光高辐照强度下的新型宽光谱响应的光催化材料体系，以及适应宇宙辐射、满足长期太空探索任务要求的长寿命、高稳定的光催化材料。

（2）低/微重力下光催化物理化学过程耦合机制

人工光合成反应中产生的气泡引起的界面电阻（欧姆降）增加，将影响电极的表面覆盖，低微重力条件下的传质过程将变得更加困难，降低了系统的能量效率；气体反应物和产物在电极三相界面附近聚集形成的气体过饱和层，对反应过程、物质输运和反应效率等都有非常重要的影响。因此，需深入探索低微重力下反应工质在电解质中的扩散传递过程，催化气体产物气泡成核、生长、界面脱离、气液两相流动、气液分离等关键机理以及对光催化过程的影响。

（3）太阳能全谱利用的光热电耦合催化机理

太阳能 99.9% 的能量集中在红外区（43%）、可见光区（50%）和紫外区（7%），现有的光电材料带隙过大，大多吸收紫外和近紫外区光谱，太阳能利用率不高，光催化整体效率低。需深入探索太阳能光热电耦合催化机理，发展多谱段吸收、全谱段利用的复合光催化能源材料体系，提高光合成反应速率和光化学转化效率。

4 未来发展与展望

近年来，在绿色可持续发展的推动下，人工光合成技术得到快速发展。地外人工光合成是我国科学家提出的新概念，在太空探索活动中可实现二氧化碳的原位转换和高效利用，制备人类地外长期生存所需的氧气和推进燃料等基本物资，有望成为未来太空探索的核心能力，也将成为新兴学科方向和前沿研究方向。通过对地外人工光合成材料、反应过程和机理的不断深入研究，突破关键技术，研制试验装置并开展空间试验，将大大推动该领域的发展。以地外人工光合成为代表的地外原位资源利用技术的突破，将为后续载人航天和深空探索等任务提供新技术新途径。

作者：姚颖方，张策、姚伟，邹志刚
单位：南京大学现代工程与应用科学学院
中国空间技术研究院钱学森空间技术实验室

六 远距离大功率无线能量传输技术

　　19世纪末，信息传输实现从有线到无线的跨越，为人类社会发展带来了巨大的革命性变化，而电力的无线传输必将在更大范围更深刻地改变人类生活和生产方式。与传统电缆输电方式不同，远距离无线能量传输技术采用大功率微波波束或激光光束进行远距离电能传输，该技术涉及传输过程中的能量损失及交换、高效能量转换、与传输介质相互作用等复杂物理问题，面临重大的技术挑战。

　　远距离大功率无线能量传输将电磁波、光波的应用从信息传输拓展到能量传输，其与空间太阳能发电相结合，打开了人类能源产生和利用的新窗口，形成了灵活创新的电能传输和分配方式。远距离大功率无线能量传输技术是能源和航天领域具有引领性和变革性的前沿技术，具有重大的产业前景。

远距离大功率无线能量传输助力空间新能源开发和碳中和战略

1 远距离大功率无线能量传输促进空间太阳能开发利用

为了应对气候变化问题，2015 年 12 月巴黎气候变化大会正式通过《巴黎协定》，确定了"在本世纪后半叶实现净零排放"的长期目标。2020 年 9 月，习近平主席在第 75 届联合国大会上宣布："中国将提高国家资助贡献力度，采取更有力的政策和措施，二氧化碳排放力争于2030 年前达到峰值，努力争取 2060 年前实现碳中和。"

电能是人类社会生活和生产最重要的能源。2021 年中国全社会发电总量达到 8.11 万亿千瓦时，其中火力发电量占到 71.13%，而作为绿色能源代表的太阳能发电量仅占 2.26%（约 1.83 千亿千瓦时），这个占比距离 2030 年碳达峰能源结构中的 27%、2060 年碳中和能源结构中的 47%，差距还相当大。常见的地面太阳能光伏发电因为日夜循环、气象条件、大气损耗等因素影响，光照利用效率非常低；而空间太阳能发电光照利用效率远远高于地面光伏发电，因此有望成为太阳能发电产业的新增长点。

空间太阳能开发和利用需要解决的一个核心问题是如何将空间太阳能电力远距离传输回地面。从 36000 km 高的地球静止轨道到地面，利用电缆传输电力是不可想象的，无线传输成为唯一可能。1890 年，N.特斯拉就产生了利用电磁波以无线方式传输电能的思想。

1964 年，W. C. 布朗成功利用微波功率驱动一架无人机模型，建立了微波功率传输的技术内涵和系统架构。美国、日本、英国已经宣布，将分别于 2023 年、2025 年和 2030 年前开展近地轨道星地微波功率传输演示验证。

远距离无线能量传输可以采用的载波包括微波和激光。目前普遍认为频率在 300 MHz~300 GHz、对应波长范围在 1 m~1 mm 的电磁波都属于微波。常用于无线能量传输的微波频率包括 2.45 /5.8/10/35 GHz 等。激光功率传输则常采用 800 nm 波段或 1064 nm 波段。

2　远距离大功率无线能量传输的系统架构

无论采用微波还是激光作为能量载波，远距离大功率无线能量传输系统都分为发射和接收两大部分，如图 1 所示。

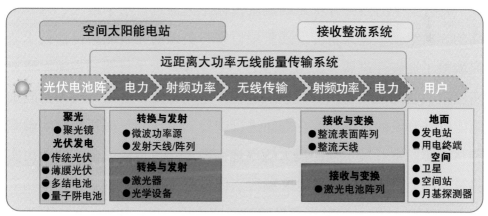

图 1　远距离大功率无线能量传输系统架构（以空间太阳能电站为例）

对于微波能量传输系统，能量发射部分的主体是大尺度微波能量发射阵列，它完成将直流功率向微波功率的高效转换、微波功率向接收部分的高效发射。能量接收部分的主体是大尺度微波整流阵列，它完成微波能量波束的高效接收、微波功率向直流功率的高效转换。导引信号发射装置位于整流阵列处，向能量发射部分指示整流阵列的位置；导引信号接收和处理装置接收到导引信号，解算来波方向并控制微波能量波束精确指向整流阵列。

对于激光能量传输系统，能量发射部分的主体是大功率激光器和大口径光学设备，它完成将直流功率向激光功率的高效转换、激光功率向接收部分的高效发射。能量接收部分的主体是大尺度激光电池阵列，它完成激光能束的高效接收、激光功率向直流功率的高效转换。导引信号发射装置位于激光电池阵列处，向能量发射部分指示电池阵列的位置；导引信号接收和处理装置接收到导引信号，解算来波方向并控制激光能量波束精确指向电池阵列。

3　远距离大功率无线能量传输研究迎来新高潮

美国至今仍然保持着无线能量传输距离最远、功率最大、效率最高的 3 项纪录。进入新的发展阶段以来，美国的无线能量传输技术研究取得了突破性进展。2020 年 5 月，X–37B 空天飞行器携带海军研究实验室研制的光伏射频天线模块进行了空间试验，这是专门为空间太阳能电站开发的设备首次在空间进行试验。2021 年，海军研究实验室和林肯实验室开展了远距离大功率地面微波功率传输试验，这两次实验是国际上第一次频率高达 X 频段、传输距离超过 1 km、传输电功率大于 1kW 的试验。在激光能量传输研究方面，PowerLight 公司于 2019 年开展了激光能量传输试验，发射激光 2 kW，传输距离 325 m，接收电功率约 400 W。2022 年 6 月，美国国防高级研究计划局（DARPA）发布"机载能源井"需求，使用 100 kW 以上的激光为无人机进行无线充电。

日本对远距离大容量连续微波功率传输进行持续深入研究，制定了长远规划。2015 年，分别开展了地面远距离微波功率传输试验，之后进入垂直传输验证阶段。2019 年，日本宇宙航空研究开发机构提出计划，将于 2023 年发射应用于月球极地阴影区探测的激光无线传能装置，实现 0.5~1 km 巡视车充电，供电功率 20 W。

韩国从 2000 年前启动了微波功率传输研究。2019 年，韩国参加了韩美微波功率传输联合试验，在暗室内用微波能量波束为浮空器供电。2016 年 10 月，俄罗斯能源火箭航天公司采用新型光电接收装置，对 1.5 km 外的手机进行了激光充电试验，光电转换效率高达 60%。2020 年 5 月，ESA 报道了其激光动力月球车项目。

中国的无线能量传输研究在空间太阳能电站等应用牵引下已呈现出多点开花的态势。目前国内已有多家单位开展了 2.45/5.8/10 GHz 等波段的微波能量传输验证试验，其中西安电子科技大学、重庆大学、中国空间技术研究院西安分院的验证试验受到广泛关注。在高功率密度激光传能方面，国内也进行了大量的试验研究。

图 2 所示为国内外远距离大功率无线能量传输典型试验系统性能。

4　远距离大功率无线能量传输需要攻克的重要技术难题

4.1　空间巨型天线超柔性控制技术

空间公里级口径微波功率发射天线是典型的巨型星载天线，它的纵横比将达到 10000 左右，表现出超柔性特性。同时，在太阳光压、微重力、空间热循环等环境要素和工作热环境的综合作用下，空间公

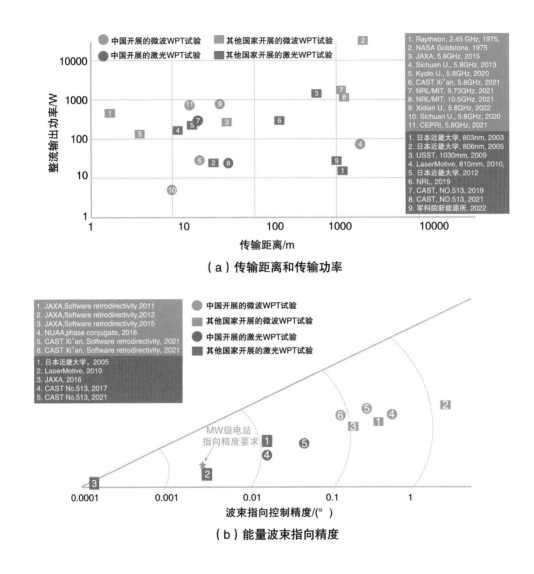

（a）传输距离和传输功率

（b）能量波束指向精度

图 2　国内外远距离大功率无线能量传输典型试验系统性能

里级口径微波功率发射天线将表现出怎样的动力学行为，这是远距离大容量微波功率传输面临的重大科学问题。公里级口径微波功率发射天线动力学特性将导致天线型面产生时域变化，这种变化无疑将引起微波功率波束合成效率和指向精度降低，这是远距离大容量连续微波功率传输系统要尽量抑制的效应，因此超柔性动力学行为的控制自然成为远距离大容量微波功率传输面临的一个技术问题。

对于公里级口径微波功率发射天线动力学行为及其超柔性控制，因为存在复杂因素的影响、超常规的结构尺度，这种超柔性动力学及其控制的研究极具挑战性，尤其表现在试验验证方面。

4.2　有源相控阵天线高密度集成技术

空间大容量微波功率传输发射端的主体是大口径有源相控阵天线，其主要发展需求是低面密度和高效率，而低面密度的实现途径是高集成度和先进材料应用。当前，多功能结构和薄膜天线都得到了快速发展。美国加州理工学院在 2019 年报道了开发的微波能量发射有源相控阵，有源部分进行了 CMOS 工艺集成，阵列的面密度达到 1 kg/m^2。日本 JAXA 从 2017 年开始着手开展高集成度有源相控阵天线研究，目标是达到 3.3 kg/m^2 的面密度。

多功能结构有源相控阵本身的支撑技术，如多功能综合背板的开发、结构内三维互连，也存在一些挑战。而适应薄膜有源阵列的柔性电子技术发展还存在明显差距，对薄膜相控阵的集成工艺提出了挑战。有源相控阵天线高密度集成面临的问题还有：连续波工作模式引起热管理条件更为严苛，阵列口径尺寸增大后阵面形状保持难度急剧增大等等。需要在有源阵列集成技术与工艺基础上进行机电热综合分析，借鉴地面和机载有源阵列分析方法，面向系统要求和空间环境发展创新集成研究。

4.3　高效直流 – 微波转换技术

微波功率器件与电路的转换效率是决定微波功率传输效率的关键

因素之一。面向空间应用的微波能量发射功率源最适用的是固态功率放大器。在固态器件方面，第三代半导体已经广泛应用，研究主要体现在效率的提升。实际应用中，一方面需要继续提升末级功放的效率，另一方面驱动功放也进行效率增强，此外还要通过整个功率通道的集成化设计，尽量降低微波功率通道的损耗。

日本电气通信大学基于 GaN HEMT 器件，利用谐波阻抗调控原理，为微波功率传输研制的 5.8 GHz 功率放大器转换效率已经达到 79%，输出功率为 21.3 W。但该指标仅指末级功放的转换效率，而非整个功率通道的效率。后者当前的水平约为 60%，距离应用系统要求的 80%~85% 的转换效率还有不小差距。

其次是电真空功率器件，这类器件实际达到的效率也仅有 60%~80%，而且因为需要注入功率信号，表现出较低的增益。另一方面，目前这类器件工作寿命仅为数千小时，对于地面应用系统也不够长，大幅度延长寿命是这类器件面临的技术挑战。

4.4 高效微波整流技术

微波整流器件与电路的转换效率是决定微波功率传输效率的又一关键因素。目前可采用的微波整流器件主要是肖特基二极管和晶体管。2021 年年初，京都大学基于 GaAs 工艺研制出了 2.45 GHz 肖特基整流器，在 5 W 输入下整流效率达到 91%，创下了新的效率纪录。利用时间对偶原理，用晶体管也可以开发微波整流器；还有一类电真空器件即快回旋电子束波整流器，可用于大功率微波整流。

对于肖特基二极管整流器件，当前国际水平 91% 的转换效率可以满足应用系统要求，但需要进一步开展以下工作：一是提高工作频率，上述效率是在 2.45 GHz 获得的，但 C 频段、X 频段甚至毫米波功率传输都要求在更高频率上获得同样的效率；二是向产业化发展，对成功的设计方案需要固化下来，进一步与工业界合作，实现批量制造，并提高成品率。在使用整流二极管中，应分析二极管串联电阻、结电容等因素对效率的影响权重，并权衡金属 – 半导体结的面积对结电阻和结电容的影响效应，保证在提高工作频率后保持整流效率；同时，提高击穿电压，助力实现高效率和高功率容量的微波整流。

大功率整流的回旋波整流器也需要投入一些研究，但国内研究基础都不够，试验验证条件高，这是研究所面临的重要挑战。

4.5 高精度无线功率反向波束控制技术

反向波束控制是保证微波功率传输波束收集效率的主要技术措施，软件化方向回溯和相位共轭是 2 种基本的反向波束控制技术。软件化方向回溯的指向精度取决于相控通道的数量和相位偏差特性，未来一方面首先要达到高精度指向要求，另一方面还需要满足巨型发射阵列动态特性的响应要求，实现快速波束指向控制；此外，还要实现模块姿位偏差补偿、散焦等多功能复合。

4.6 大功率高效高光束质量激光器

激光器的输出功率、光束质量是决定激光无线能量传输性能的关键因素之一，半导体激光器和光纤激光器是目前常用的激光能量传输系统的激光源。800 nm 波段半导体激光器具有的体积小、电光转换效率高、与 GaAs 光电池响应度高等特点对激光无线能量传输系统提供了良好的传输效率基础，可进一步通过光谱合束、空间及偏振合束等技术实现高功率、高光束质量、高亮度激光输出。光纤激光器，是激光功率传输最具前景的发展方向之一。

对于空间激光器，目前的主要挑战是如何把高能激光器集成进对重量、体积敏感的空间飞行器平台上，并能够在空间环境中正常运转。研制具有足够大功率、光束质量好、适于激光功率传输使用的小型化、轻质化高能激光器，是空间激光功率传输装备的关键。

4.7 高效激光电池

激光光伏电池的转换效率不仅影响激光功率传输系统的效率，而且影响着具有一定输出电功率的功率传输系统中电池组件的面积、组件对散热的要求、对激光器功率的要求等。

激光电池面临的技术难题包括：1）组件中电池占空比偏低。目前采用的密集封装激光电池组件制备工艺，电池片占空比约为 75%，照射到激光电池组件上的激光能量有 25% 无法参与光电转换，大大降低了激光功率传输系统转换效率。2）组件的散热能力不足。照射到激光电池上的激光能量约有一半的激光转换成热量，造成激光电池组件温度升高，若不采取有效的散热措施，温度升高引起光电转换效率下降，产生更多热量，恶性循环，极易引起器件损坏。

4.8 无线能量传输安全评价技术

为了实现远距离大功率无线能量传输的应用，需要对能量波束与传输媒质相互作用机制、环境安全及生物安全性问题及其评价方法开展深入研究。

5 未来发展与展望

远距离大功率无线能量传输需要突破传统无线系统设计理论限制，

解决大功率能量波束形成、高效能量转换、环境安全等重大技术难题，不仅涉及多项关键技术，而且涉及深刻的科学问题，还与产业界相关联。远距离大功率无线能量传输研究将促进多学科融合、多系统耦合、多部门联合。需要进一步加强远距离大功率无线能量传输技术的顶层设计和发展规划研究，并将其纳入我国航天工程及新能源发展规划中。

发展空间远距离大功率无线能量传输将直接推动空间太阳能开发利用。远距离大功率无线能量传输将从根本上改变人类利用和获取能源的方式，提供社会基础能源新的支柱，为高新技术融合发展、国家能源安全战略和解决全球环境问题作出重要贡献。

作者：董士伟，王立，董亚洲，王颖，李小军
单位：中国空间技术研究院西安分院
　　　钱学森空间技术实验室

七　利用月壤资源实现月面原位建造

　　在月球上建立安全持久的月球基地是人类进一步开展地外空间探索与开发活动的基础。月球基地建设需要大量建筑材料，由于地月空间运输成本高昂，难以依赖地球获取。因此，如何利用月壤资源开展月面原位建造成为月球基地建设和运营的关键难题。

　　由于特种月壤材料、极端月面环境、设备规模、航天员参与等方面的限制，月面建造面临一系列新问题、新挑战，需揭示月壤成型关键机理，探索月壤增材制造基本原理，建立月面自主建造理论方法，研制轻量化月面原位建造装备，支撑未来载人深空探测和月面科研站建设等重大任务。

月面原位建造助力未来登月驻月计划的实现

1 就地取材原位建造为月球基地建设提供可能

月球科学探索与资源开发将开拓人类新疆域，推动科技、经济和社会全面发展，已成为大国博弈的战略新高地，被纳入各国月球计划的发展路线图。美国主导实施阿尔忒弥斯计划，联合西方大国重返月球并建立月球基地。欧洲积极开展月球南极探测，发起了国际月球村计划。俄罗斯提出月球南极 5 次探测任务，拟最终建立月球基地。我国将在圆满完成载人航天与探月工程国家科技重大专项的基础上，进一步实施探月工程四期和载人登月任务，分步建立无人和有人月球科研站并开展科学探测和资源开发。2021 年，经中俄两国政府批准，正式启动中俄国际月球科研站的合作。在全球空间探索大会期间，中俄共同举办了国际月球科研站路线图全球网络论坛，联合发布了《国际月球科研站路线图（V1.0）》和《国际月球科研站合作伙伴指南（V1.0）》，计划 2036—2045 年间，有望建成综合型的月球基地，实现人类长期月面驻留，并完成全面大规模的科学探测、技术试验与月球资源开发利用。

在月球上建立安全持久的月球基地是人类开展月面活动的基础。地月空间运输成本高昂，月球基地建设需要大量建筑材料，难以完全依靠地球获取。月球具有丰富的资源储备，因此利用月壤资源开展月面原位建造是月球基地建设和运营的首要途径。广义的月壤是指覆盖在月球基岩之上的所有月表风化物质，狭义的月壤则是根据月球样品的粒径来定义的，即直径 ≥ 1 cm 的团块称为月岩，直径 < 1 cm 颗粒称为狭义上的月壤，直径 < 20 μm 的颗粒尘则称为月尘。

月壤的化学成分、岩石类型和矿物组成非常复杂，几乎每一种月壤样品都由多种岩石和矿物组成。其粒径分布宽、结构异形、附着性强，并且在太阳风的作用下月壤颗粒往往带有一定量净电荷。受特种月壤材料、极端月面环境、设备规模、航天员参与等方面的限制，必须变革地面建筑方式，创新开展月面建造技术研究。可能的实施途径包括基于月壤材料的 3D 打印（增材制造）成型、基于月面地形的地下或半地下基地挖掘建造技术，以及利用预成型月壤砖进行拼装建造等方式。由于月面建造环境严苛，严重威胁航天员生命安全，采用人工建造的难度较大，因此月球基地建设需要大量自动化建造技术的支持。采用月面机器人原位利用月球表面月壤资源进行基础结构的 3D 打印，是月面建造基地的有效途径。通过可移动的 3D 打印平台，配合月壤采集、筛选、处理、输运、打印等系统，共同完成月面建造。月壤 3D 打印可实现月球基础设施的原位建造和关键部件的月面原位制造，将大大降低月球探测任务的成本和风险，是当前月面建造的主要技术方向。根据所用添加材料的不同、成型过程及方法的不同，基于月壤原材料进行月面基础设施及基地关键部件 3D 打印主要包括月壤混凝土挤出、月壤粘接、月壤烧结/熔融等技术路线。

1.1　月壤混凝土挤出技术

月壤混凝土挤出固化成型技术是采用月壤基水泥材料进行 3D 打印的建造技术，所采用的原材料是由月壤与粘合剂混合而成的浆料。月壤材料本身熔点较高，将月壤与粘合剂混合，可通过控制粘合剂的固化，实现月壤材料的沉积成型。预先混合形成的浆料通过 3D 打印装置的喷嘴挤出到打印位置，而后浆料固化成型。重复挤出固化过程，通过逐层累加形成最终打印制件。

该技术代表为美国国家航空航天局（NASA）提出的轮廓工艺（Contour Crafting，图 1）。NASA 轮廓工艺借助移动机器人，采用挤出式增材制造工艺，实现月球混凝土的层合成型。研究人员提出了多种挤出打印的混凝土配方，受原位材料种类及能源限制，NASA 进一步采用硫作为粘合剂。硫在月面元素重量丰度中排第 11 位，有望通过月面原位资源提取获得，且硫的固液相变温度低，热成型过程所需能耗少。将其与月壤材料混合并加热制得无水月壤混凝土，冷却成型后可获得具有相应强度的打印制件。然而已有 NASA 试验表明，在真空环境中硫容易升华，导致骨料暴露、材料失效等问题。其他种类混凝土亦存在这类问题，混凝土轮廓成型工艺的原位应用仍需进一步研究。

1.2　月壤粘接成型技术

月壤粘接成型技术则是将液体粘合剂直接喷射到月壤颗粒层上，液体粘合剂将在颗粒层表面润湿，并在毛细作用下向颗粒层内部渗透，在粘合剂液滴对颗粒材料的润湿和渗透过程中伴随着液滴对粉末的固化。重复供粉、粘合剂喷射、固化等过程，逐层进行打印成型。

该技术最早是由 ESA 提出的，其代表为 ESA D-shape 技术（图 2），利用喷射出的液体粘合剂将月壤颗粒相互层合粘接，形成所需建造构型。英国 Monolite 公司使用 D-shape 3D 打印机构成功打印出一块质量为 1.5 t 的蜂窝结构样件。打印样件的抗压强度和抗弯强度分别可达到 17~20 MPa 和 1.5~3.5 MPa，孔隙率约为 13%。为了测试 D-shape 粘合剂技术在真空中的适应性，ESA 在真空中进行了实验，真空中的打印样品显示出中空的多孔结构，该多孔现象可能是由于真空中放气引起的。

图 1　轮廓工艺挤出建造示意图

1.3　月壤烧结 / 熔融成型技术

月壤混凝土挤出和月壤粘接技术依赖从地球携带的大量粘合剂，地月间昂贵的物资运输成本成为了制约其发展的重要因素。月壤烧结 / 熔融技术则仅以原位月壤为原材料，通过施加能量束进行选择性地烧结或熔化月壤粉末层区域，按照预设轨迹打印成型，从而创建预期形状的结构或者进行实体填充。激光、电子束、离子束、微波、太阳辐射等均可作为能量输入进行月壤原材料热成型处理。

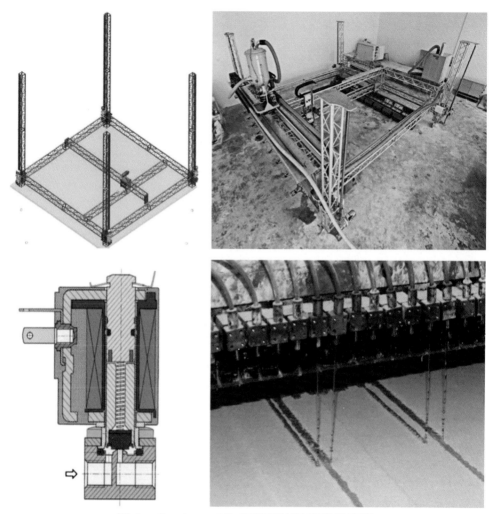

图 2　D-shape 3D 打印系统及喷嘴示意图

　　NASA 研究了微波烧结技术，在月球表面原位利用微波能量控制烧结 / 熔融月球表面月壤。相关研究认为，由于月壤中纳米相铁（np-Fe^0）的存在，使得微波烧结 / 熔融月壤更易实现。月壤经微波加热烧结 / 熔融，冷却后固化成型，其密度、硬度增加，可以用于铺路减少月球表面的扬尘，或制造大型结构。根据在月球南极沙克尔顿环形山处建设基地的需求，NASA 提出 SinterHab 月壤 3D 打印技术方案。其核心部位的刚性构件通过微波烧结成型，从而形成墙、拱等结构元素，其内部设置一层充气膜，结构轮廓采用轮廓工艺进行 3D 挤出打印。

月球表面太阳光充足，特别是极地的一些撞击坑边缘几乎全年都能接收到恒定的光照。利用表面抛物线镜面可有效地收集太阳能，通过光纤可将汇聚所得高能光束精确定位在需熔融的月壤表面。聚光加热温度可以超过月壤熔点，无需其他加热热源即可实现月壤烧结 / 熔融成型。2011 年 NASA 的喷气推进实验室（JPL）设计将配有太阳能聚光烧结月壤的 ATHLETE 系统作为移动平台进行地外原位建造（图 3）。德国宇航中心（DLR）的科研人员也尝试了利用选择性太阳能聚光烧结月壤进行 3D 打印（RegoLight 项目，2016 年），旨在利用月壤建造月球基地防护罩。所获得的构件易碎，平均抗压强度为 2.49 ± 0.71 MPa，脆性是由于月壤的不均匀烧结而产生的高孔隙率造成的。

图 3　配有太阳能聚光烧结月壤的 ATHLETE 移动打印平台

由于在月面条件下其原位能量来源只有太阳辐射，因此采用太阳能聚光的月壤烧结 / 熔融技术，能够更大限度地利用月球原位资源、减少对地依赖、降低任务成本。

1.4 我国月面建造技术进展

我国相关单位也开展了月面建造技术的研究工作。华中科技大学基于原位预制拼装建造方式，结合烧结月壤砖力学性能强的特点，设计了拱形月面建筑结构及互锁式模块结构，并进行了建造和服役过程的力学和热工分析，论证了月面原位预制拼装的可行性。东南大学对水泥基打印材料的流变学和界面等关键技术开展研究，揭示了界面形成机理，提出了基于硅溶胶渗透的界面强化方案。航天五院总体设计部针对月面建造轻量化大型自主重构 3D 打印系统开展了研究工作，并于 2021 年在该方向上获得了国家重点研发计划批复立项，旨在建立轻量化可重构月面建造装备与方法。钱学森空间技术实验室针对月面环境与月壤资源特点，提出了静电输运 – 聚光熔融月壤 3D 地外天体原位建造技术（图 4），探索发展适应月面环境和月壤材料特殊要求的打印方法，从月面极端环境和月壤材料特殊性质带来颗粒物质流变、多组分熔融凝固相变、熔滴铺展融合等科学问题入手，针对月壤颗粒的精准操控与输运、太阳能高倍聚光与光热转换和月壤材料的致密化成型等关键技术开展研究。

2 基于月壤资源的月面原位建造亟须攻克关键难题

要想在月面上实现真正意义上的原位 3D 打印建造，可使用的原位材料只有原位月壤及月壤提取物，能量来源只有太阳光。同时，建造

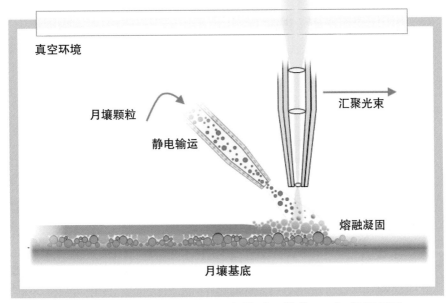

图 4　月壤材料静电输运—聚光熔融一体化 3D 打印原理图

过程还受到月面极端环境的多重制约。在这些限制条件下，各月面原位建造技术的发展面临着诸多难题，其需要解决的关键技术问题也与地面 3D 打印显著不同。

2.1　月壤材料独特性质带来新挑战

我国嫦娥五号（CE-5）采样返回首批月球样品，经研究发现，真实月壤不仅与地球土壤和地面建筑材料显著不同，而且与地面模拟月壤也有显著差异。1）真实月壤是多异形、复杂级配的颗粒物质。CE-5 月壤颗粒形态多样，包括针状、棒状、椭圆形和球形，中值粒径在 55 μm 左右。2）真实月壤富含多种矿物、多种相态的复杂组分。CE-5 样品包含辉石（44.5%）、长石（30.4%）、橄榄石（3.6%）、钛铁矿（6.0%）和非晶态（15.5%）。含有玻璃珠和独特的由囊状流变玻璃胶结而成的粘合集块岩，表面富含单质纳米铁等特殊成分，是当前月壤模拟物中所缺乏的主要成分。

月壤材料独特性质给月面建造带来新挑战。1）如何操控月壤精确送粉？月壤颗粒具有异形、多粒径级配以及带电特征，要实现"定向、定量、堆积可控"，需探索场力作用下的月壤流变、堆积特性、单颗粒运动规律、碰撞与粘附特性、颗粒体系动力学等基础问题，对颗粒动力学研究带来新挑战；尚需在明晰机理的基础上，发展月壤精确可控送粉新方法。2）如何控制月壤成型过程？对于月壤热成型过程而言，具有多组分特征的月壤材料在高温下形成具有宽沸点分布的多元非共沸混合体系，使得在真空环境下极易形成大量气泡并最终成为气孔缺陷；月壤熔体呈现与玻璃材料相似的粘流态特征，其粘度高且随温度变化大（几个数量级），高粘度使熔体的铺展融合缓慢，致使层间融合差；同时，月壤材料导热系数低、热膨胀系数高、延展性差，热成型过程中产生局部热应力，易形成微裂纹，对打印温度控制提出较高要求。3）如何进行月壤制件的缺陷控制？月壤材料的粘性、表面张力等关键热物性具有大温变特点，在热成型技术中，其高质量成型面临非常窄的热参数窗口，需量化分析 3D 打印过程中的送粉量、粉末流态、能量输入和扫描速率等对缺陷形成的影响。

2.2 极端月面环境引发新问题

极端月面环境给月面建造带来新问题。与地球宜居环境显著不同，月球面临高真空、高低温交变、微重力、微流星轰击、强辐射等极端特殊环境。月球大气非常稀薄，在月球的夜晚，宁静的大气密度只有大约 2×10^5 分子 /cm³，而白天则降到了 10^4 分子 /cm³，这大约比地球大气的密度小 14 个数量级。由于没有大气作用，月球表面白天与夜晚的温差很大，白昼温度约为 400 K，太阳不能照射到的阴影区和夜晚期间的月球表面温度约为 90 K，并以昼（14 d）夜（14 d）周期温变循环。月球大气压约为 3×10^{-10} Pa，高真空的条件使得任何液体添加材料的保存和使用变得极为困难。月球表面几乎全部暴露在微流星的轰击下。流星体撞击到月面的速度约为 13~18 km/s，高速运动的微陨石会对建筑结构有破坏性影响，并同时受到太阳风、太阳宇宙线和银河宇宙线等的辐射，这种极端环境必将对月面建造全过程的各个环节都带来严峻的挑战。持久暴露在月面的建筑物，其建筑结构和材料性能也将受到月球高真空、极端温度变化和强辐射等极端服役环境的考验。

3　未来发展与展望

月面原位建造直接支撑我国探月四期、国际月球科研站、载人登月驻月等重大任务，对深入开展月球和火星等地外天体探测与资源利用等活动具有重要的意义，将为人类在地外天体长期居住提供固定场所，是实现月球开发、地外移民、走向更深远的太空的基础。月面原位建造催生的一系列新理论、新方法和新技术，也将带动地面无人自主建造、太空 3D 建造等新兴技术和产业的发展，成为新的经济增长点从而带来更大规模的经济和社会效益。

作者：姚伟，顾君苹

单位：中国空间技术研究院钱学森空间技术实验室

八 跨域飞行器的强适应控制技术

跨域飞行是实现自由进出和充分利用空间的重要手段，飞行器在飞行过程中可以通过控制自身构型的变化和组合式动力，实现全空域和空水介质切换的自主飞行，关于跨域飞行器的研究也成为当前新的热点，飞行环境以及本体变化引起的不确定性，对飞行器强适应控制提出了新的挑战。

跨域飞行器具有速度高、灵活应变性强的特点，不同空域、介质域的飞行带来环境、气动特性的不确定，组合式动力系统也存在力学特性不确定，构型变化导致被控对象模型呈现的非线性特征将影响控制精度。传统控制技术对模型的依赖程度高，无法解决跨域飞行的不确定影响。因此，大力发展航天强适应控制技术，将直接推动跨域飞行器的发展，丰富和扩展控制理论与方法的创新。

打造跨域飞行器智慧大脑　实现强适应控制

随着航空航天技术研究的深入以及对空间安全认知的深化，如何自由进出空间和利用空间成为越来越多国家研究的新领域、新热点。跨域飞行器，作为一种实现自由进出和充分利用空间的重要手段应运而生，它能够依据具体的飞行环境和任务要求实时调整外形结构，凭借速度高、灵活应变性强等典型优势，在未来航天领域中将发挥巨大的应用潜力。

跨域飞行过程中，飞行器将受到空域、介质域变化带来的环境影响，速域、本体构型变化带来的气动力、力矩作用影响，相比传统飞行器，跨域飞行过程需要考虑更加复杂以及严苛的影响因素，任务的复杂增加了对飞行器稳定控制的难度，对于系统的适应能力提出了很高的要求，需要适应来自环境以及本体不确定性的影响。

众所周知，大脑是支配人类一切生命活动和思维活动的基础，航天控制系统作为飞行器的"大脑"，也将直接影响飞行器能否实现跨域自由飞行，因此提高飞行器"大脑"的智慧水平尤为迫切。航天强适应控制技术作为航天控制系统一种关键技术，将有效提高飞行器控制系统的鲁棒性，支撑实现飞行器空间自由往返。

1　未来实现空间往返，飞行器从单一域飞行发展为跨域飞行

日常生活中，人们熟知的飞机等传统飞行器，飞行速度较低且飞

行过程不会涉及飞行环境介质的切换，其飞行控制策略相对简单。为适应未来飞行器空间往返、水下航行、远程投放等多种任务需求，需要飞行器从单一域向多域飞行能力提升，在跨域环境下实现飞行任务的有效完成。

跨域飞行器是一种可以在低空、临近空间和外层空间进行跨空域飞行，在水和空气两种介质间进行空水介质切换飞行的飞行器。当前跨域飞行器可按照飞行范围是否跨越介质大体分为两大类：一类是不跨越介质，仅进行跨空域（图 1）、跨速域机动的空天跨域飞行器；一类是跨越水和空气两种介质，兼具飞行器和高速潜航器的优势特点，能够进行空水介质切换机动的空海跨域飞行器。

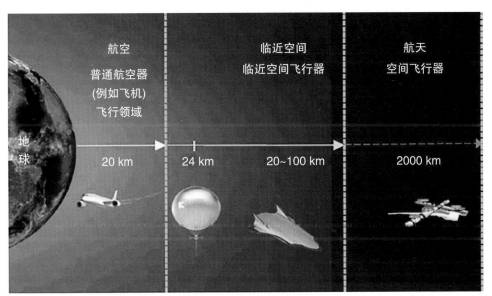

图 1　空域划分示意图

1.1　空天跨域飞行器

传统航空域一般指 20 km 以下的空域，主要是飞机等航空器的活动范围，100 km 以上为传统的航天域，主要部署卫星等航天器。空天跨域飞行器的飞行高度涵盖 0~200 km，速度覆盖 0 m/s~ 第一宇宙速度，能够自由往返于稠密大气、临近空间和近地轨道，打破了传统航空器与航天器之间的明显界限，使得空天跨域飞行器相较于传统航空器具有航程远、速度快等优势，相较于传统航天器具有大过载机动能力强、发射窗口宽等优势，更能适应飞行任务需求（图 2）。

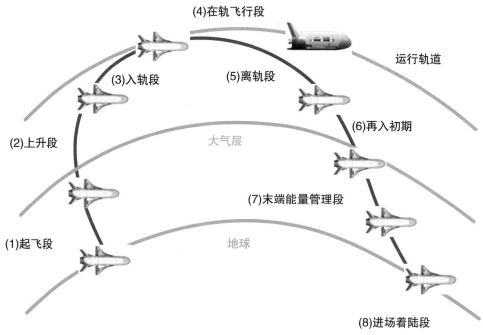

图 2　空天跨域飞行器的任务剖面

　　空天跨域飞行器可以根据入轨级数、动力形式、起降方式和重复使用程度进行分类（图 3）。其中组合动力空天跨域飞行器综合利用多种发动机的优势，可保证全空域、全速域的可靠性能，且能够大幅提高飞行器的使用灵活性，受到了空天跨域飞行器研究学者的广泛关

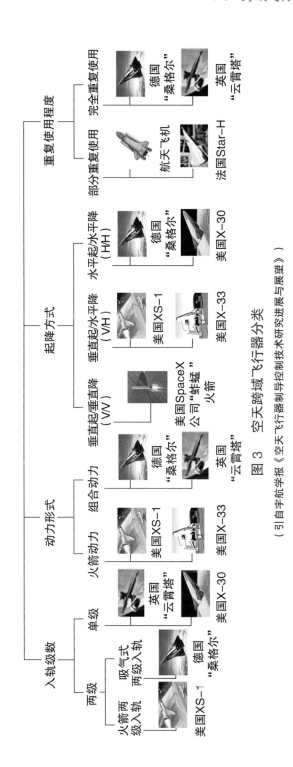

图 3　空天跨域飞行器分类

（引自宇航学报《空天飞行器制导控制技术研究进展与展望》）

注。目前主流的组合动力类型包括：火箭基组合循环发动机、涡轮基组合循环发动机、空气涡轮火箭发动机、预冷类和三组合等（图 4）。我国已于 2022 年开展了组合动力飞行试验，试验取得圆满成功，标志着我国成为世界上少数几个掌握组合动力技术的国家之一。

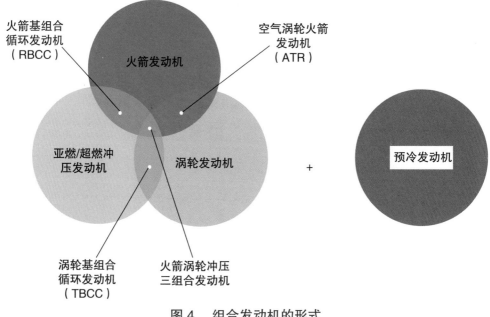

图 4　组合发动机的形式

（引自宇航学报《组合动力空天飞行器关键技术》）

空天跨域飞行器兼具航空技术与航天技术的优势，能够满足天地运输的需求，依托空天跨域飞行器，可建立低廉、可靠的空天往返系统，进一步巩固我国航天强国的地位。

1.2　空海跨域飞行器

空海跨域飞行器是一种既能高速飞行，又能在水下潜航的新概念飞行器。它兼有飞行器的速度、快速部署能力和潜航器的隐蔽性，可在水和空气两种差异显著的流体介质中灵活机动（图 5）。

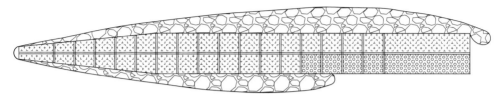

图 5　跨介质飞行器壳体结构工作原理示意图

　　根据任务的不同，空水介质切换主要分为从空气入水的介质过渡（图 6）以及从水进入空气的介质过渡（图 7）。由空气进入水中的过渡方案一般可以分为两类：一类是靠自身的初始动能直接进入水中，广泛使用的是俯冲式入水（例如，2012 年由麻省理工学院研制的SCOPE 空水介质切换飞行器）；另一类是分步式入水，将整个入水过程分为两个步骤，先降落到水面上，然后通过压载系统或者自身具有的中性浮力实现下潜，其中降落方式主要有垂直降落（例如，2015 年奥克兰大学设计的四旋翼空水介质切换飞行器）和水面滑行降落（例如，2015 年北京航空航天大学设计的鲣鸟水空两栖飞行器）。

　　空海跨域飞行器集飞行器、高速潜航器等多重功能于一身，进一步拓宽了飞行器的活动范围，可助力我国未来的深远海勘探项目建设及海洋旅游经济发展。

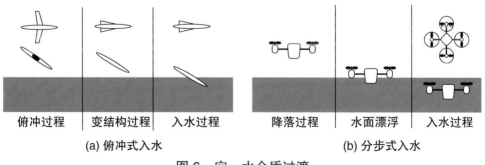

（a）俯冲式入水　　　　　　　（b）分步式入水

图 6　空—水介质过渡

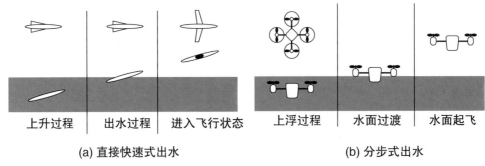

(a) 直接快速式出水   (b) 分步式出水

图 7　水—空介质过渡

　　无论是空天跨域飞行器，还是空海跨域飞行器，均打破了传统飞行器无法跨越不同飞行域的界限，进一步拓宽了飞行器的空间活动范围。不同于传统飞行器，跨域飞行器将适应多种飞行任务需求，服务于人类未来自由进出和充分利用空间。

2　实现跨域飞行存在诸多难点，需要打造一颗智慧大脑

　　跨域飞行器具有飞行距离长、速度快和高机动等复杂飞行特点，是一个集强耦合、强时变、强非线性等动力学特性于一身的非线性系统。为保证跨域飞行器在复杂的飞行条件下具有稳定的飞行能力，必须要求其控制系统具有较快的响应速度和抗干扰性能。这也对飞行器"大脑"提出了新的要求——越来越智慧，利用先进控制技术为飞行器赋能，通过持续学习训练弥补程序化控制策略带来的局限性，从而实现飞行器对环境以及本体的适应能力持续提升，支撑跨域飞行的多类型场景以及任务。

2.1　跨域飞行器面临的难题

　　快时变：跨域飞行中较高的飞行速度会产生高速气流，与飞行器原有气动特性之间的相互作用引起飞行器气动参数的时变；飞行过程

中强耦合的存在会产生弹性形变、燃料消耗会产生的质心变化，引起质量特性时变；飞行器动力学特性和模型参数在飞行过程中较为明显的变化会引起飞行器参数时变。

不确定性：飞行器高速飞行，会引起飞行器本体弹性形变的不确定性；飞行器在进行数学模型构建时难以获得精确的解析形式，造成未建模动态的不确定性；飞行器大规模地面实验测试限制带来的试验数据不足引起的不确定性；飞行中受到大气密度扰动、热流、燃料激荡，以及外界的风场干扰等随机扰动的不确定性。

强非线性：高速飞行过程中带来的动压、热流、过载、突防等各种约束，对飞行器的影响都是非线性的；飞行器舵机、惯性装置等单机设备存在间隙、灵敏度不高等特性，无法用线性模型描述。

强耦合：飞行器本体形变、发动机推力变化、舵机效率不足等引起的飞行器额外力矩及附加攻角变化，带来的机身结构与发动机、舵机之间的强耦合；跨域飞行过程中存在轻质细长结构引起的弹性形变、液体燃料大范围晃动等带来的刚体 – 弹性 – 晃动强耦合。

介质切换：飞行器跨水域飞行中存在入水或出水等典型场景，大气和海水两相的相互效应使得飞行器力学环境更加复杂；飞行器介质密度发生大阶越时，会带来惯量差以及较大的附加力矩，使得飞行器姿态变化剧烈；飞行器受到海浪的强烈的随机干扰，极大影响飞行器入水或出水姿态，给跨介质飞行过程的稳定控制带来巨大挑战。

2.2　跨域飞行器需要打造智慧大脑

控制系统作为飞行器的"大脑"，是支撑飞行器多个系统正常运转、实现飞行目标的核心，其智慧水平将直接影响飞行器的性能以及任务实现能力。为了更好地实现跨域飞行器自主、灵活进出空间，飞得聪明、飞得巧妙，打造一颗智慧大脑尤其关键。

智慧大脑的特征包括自监控、自诊断、自学习、自适应、自决策等。结合不同飞行器的发展需求，按照特征智慧程度的递进，航天智能控制技术梳理了四个发展阶段：智控 1.0——适应能力提升，智控 2.0——学习能力提升，智控 3.0——想象能力提升，智控 4.0——演进能力提升（图 8）。当前跨域飞行器的研究正处于适应能力提升向学习能力提升的阶段，通过"自适应控制 + 人工智能技术"的融合为大脑持续赋能，实现飞行器应对复杂飞行任务、飞行环境、自身模型、外部干扰、非致命故障等各种不确定及扰动情况的不断自主学习与进化。

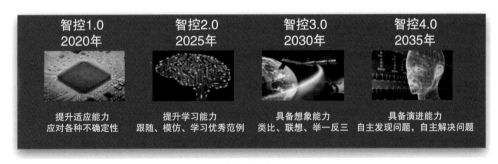

图 8　航天智能控制技术路线图（智控 1.0~4.0）

针对跨域飞行器快时变、不确定等难点，控制系统需要具备状态在线辨识与感知能力，利用参数、干扰在线辨识等策略，实现对飞行器模型参数、本体及环境干扰的精准辨识，降低控制参数设计的保守性，提升控制系统的适应性，让飞行器能够"自知者明"。

为解决跨域飞行过程中的强非线性、介质切换等难点，需要探索适应能力更强、控制品质更高的先进控制方法与策略，以降低传统控制保守性，让飞行器不断提升对飞行过程中本体、环境切换、任务变化的适应能力，实现飞行过程的"随机应变"。

3　航天强适应控制技术作为飞行器智慧"大脑"的核心，亟须加速突破

为确保跨域飞行器成功执行不同类型飞行任务，需要不断挖掘飞行"大脑"的潜能，对控制系统关键技术不断攻关探索，支撑跨域飞行器技术指标与适应能力的不断提升。

航天强适应控制关键技术如下：

1）基于参数在线辨识的强适应控制技术：考虑跨域飞行器复杂性增强、任务多样化发展以及参数变化无法预知等特点，需要深入利用辨识技术，在线获取本体信息和实时调整控制参数，实现飞行强适应控制。借助高效激励指令、多源信息融合等方法，进一步提升辨识准确度，减少对模型的依赖，将辨识等效模型的方法与传统控制理论方法，或现有模型参考自适应控制等现代控制理论方法相结合，逐步实现基于在线辨识的飞行强适应控制。

2）非致命故障在线辨识与控制重构技术：针对跨域飞行器主发动机一度故障模式，采用三通道信息融合的方法对发动机推力进行辨识。基于惯组敏感的箭体系视加速度和角速度信息，以及舵摆角指令，利用扩张状态观测器（ESO）估计得到角加速度，通过含遗忘因子的最小二乘算法对发动机的推力进行精确辨识。同时基于发动机推力故障下降程度，离线分挡设计控制器，根据诊断的故障信息进行控制器的切换或控制器参数自适应时变，来实现针对动力系统故障的自适应

控制。

3）基于稳定裕度在线辨识的参数重构控制技术：跨域飞行过程中飞行器质心变化、推力变化、不确定性气动环境变化均会对控制系统稳定裕度带来影响，通过对闭环系统施加最优多正弦激励信号，在线观测输入输出数据并求取系统稳定裕度，建立控制参数与稳定裕度的映射关系，制定调参策略，通过采用频域辨识方法求解系统的频率特性函数，进而得到系统的稳定裕度，从而提高火箭对本体不确定性的适应能力。

4）基于光纤测量的弹性模态参数在线辨识与自适应调参控制技术：当跨域飞行器本体形变发生变化，利用光栅光纤传感器，通过光的折射率变化转换到形变量计算，在线感知本体的模态变化，并将辨识结果引入到控制方程中，基于弹性信息辨识结果对校正网络参数进行自适应调整，实现控制指令在线修正，可以提升飞行器对复杂飞行环境的适应能力，减少控制系统对精确弹性模型的依赖。

5）制导控制一体化设计技术：针对跨域飞行器执行机动要求高、相对运动关系变化快等特点，需要完整引入飞行器的动力学环节，深入分析并补偿制导与控制之间的耦合机理，充分利用飞行器状态信息，有效发挥机动能力，确保成功完成各项任务。在充分认识并利用导航、制导与控制系统机理基础上，将其视为一个整体，采用一体化设计方法，提升跨域飞行器的整体性能。

强适应控制技术的持续突破，弥补传统控制方法带来的局限性，让飞行器"大脑"更加智慧，增强跨域飞行器适应复杂飞行环境及应对突发事件的能力。随着智能技术的迅速发展，基于人工智能的强适应控制技术将是破解跨域飞行控制各类困境、实现智慧大脑跨越式升级的必由之路。

4　未来发展与展望

　　面向未来发展，跨域飞行器的强适应控制技术还面临一系列新的技术挑战：如何充分利用系统全生命周期数据挖掘出高价值信息？如何实现控制系统架构、方案与参数设计方法与智能技术深度融合？如何实现飞行器不断自我学习与进化以提升跨域飞行器的适应能力与智能化水平？

　　基于关联规则算法的数据管理与挖掘技术：对同系列、多批次的历次仿真、飞行、测试数据进行收集整理，形成全生命周期数据，搭建试验数据管理与分析平台。采用数据挖掘技术，从不同角度挖掘数据特征，实现参数间关联规则抽取并获取信息、飞行试验数据关系挖掘定性分析，并挖掘出控制系统模型参数信息，为跨域飞行器控制方案及参数智能优化提供支撑。

　　基于全生命周期数据的控制系统自我学习技术：通过数据的挖掘与认知，将全生命周期数据转化为经验化数据池，依次进行经验归纳与提炼、经验样本泛化，最终形成批量经验样本，实现对系统模型的学习。通过采用数据驱动、神经网络、深度学习等算法，对控制律进行学习，实现控制系统的自我学习，支撑实现跨域飞行任务。

　　基于自学习的控制系统持续优化技术：通过对全生命周期数据进行挖掘，并利用专家库经验，形成不断改进与演化的系统模型，研究多种集群智能算法，实现控制方案和控制参数的不断优化，达到实时自主优化系统设计参数的目的，为飞行器提供智慧"大脑"。

　　尽管存在诸多问题与挑战，以航天强适应控制技术赋能跨域飞行器，使其具备传统飞行器不具备的能力，将使让飞行器变得更聪明、更自主，支撑我国跨域飞行器飞得更可靠、更灵巧、更精彩。

作者：禹春梅，李竞元，黄万伟，张惠平，黄聪

单位：北京航天自动控制研究所

九 基于天地学习泛化的空间星群智能自主协同作业技术

　　智能自主协同作业技术是引领空间领域发展的战略性技术。据不完全统计，目前已发射的上千颗航天器中，绝大多数航天器的任务决策和行为/轨迹规划都依靠地面人工生成或程序控制。面对空间碎片捕获、在轨精密装配、星际航行、地外星体探测等高动态、高精度、强未知不确定性的复杂空间任务，以及用户日益增长的数字化、网络化、智能化应用需求，现有采用在轨自动控制和地面遥控操作的工作模式效率较低，很难适应。人工智能支撑卫星系统技术正是解决这些问题的有力手段。

　　为此，应开展基于天地学习泛化的空间星群智能自主协同作业技术研究，面向亟待解决的空间星群航天器智能自主、协同作业、学习泛化等工程技术难题，一方面推动前沿新技术落地，另一方面为通信、导航、遥感、空间服务、深空探测、载人航天等领域航天器研制提供新的应用模式。

人工智能技术赋能空间星群自主协同

1 基于天地学习泛化的空间星群智能规划与自主协同

目前，航天器系统普遍存在着"能力有余，智力不足"的现象。受限于计算能力、环境感知能力、操控能力以及对环境的主动适应能力等，世界范围内地外空间协作与作业效率相对低下，探测手段相对单一。需要研究和发展具有较高智能自主能力的星群航天器，具备主动适应复杂、未知、动态的地外天体环境的能力，在不需要地面人为实时干预的条件下高效高可靠地完成地外空间任务。

基于天地学习泛化的空间星群智能规划与自主协同技术，面向新一代航天器平台的发展，应使其具备感知、学习、推理、认知、执行、演化等类人行为属性。该技术在复杂不确定环境或不可预见环境变化出现的情况下，能够自主协同完成复杂任务；能够在经验中学习，利用数据提升系统性能；能够实现天地学习迁移泛化，解决航天器在轨资源受限问题，最大化星群航天器系统的整体效能（图 1）。

该技术面向亟待解决的空间星群航天器智能自主、协同作业、学习泛化等工程技术难题。一方面，可以推动星群航天器自感知、自认知、自协同、自规划、自组织、自执行等前沿新技术落地；另一方面，可以拓展星群协同巡视、星群协同规划、星群协同作业等航天场景应用，为通信、导航、遥感、空间服务、深空探测、载人航天等领域航天器研制提供新的应用模式。

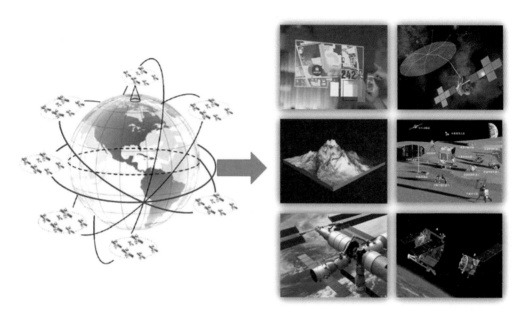

图 1 星群航天器及应用示意图

2 面向未来航天应用的星群航天器协同作业模式逐渐兴起

星群航天器是近几年继星座、编队之后兴起的一种分布式航天器系统，结合了航天器编队飞行的优点，又融入了模块化航天器的理念，使其设计更为灵活多变、响应更快速、生存能力更强、功能可重构，为通信、导航、遥感、空间服务、深空探测、载人航天等领域航天器研制提供新的应用模式。

一方面，随着航天事业飞速发展，航天器所承担的各类空间科学探索任务愈发复杂多样，传统依赖单颗大航天器的空间任务解决方案成本高昂，灵活性差，难以满足当前日益增长且复杂多变的航天任务需求。另一方面，人工智能是引领未来的战略性技术，将会是国家空间领域的颠覆性力量，其影响可与核、航空航天、信息和生物技术比肩。当前，新一代人工智能处于第三次爆发期，也是人工智能在航天落地生根的最佳时期（图 2）。

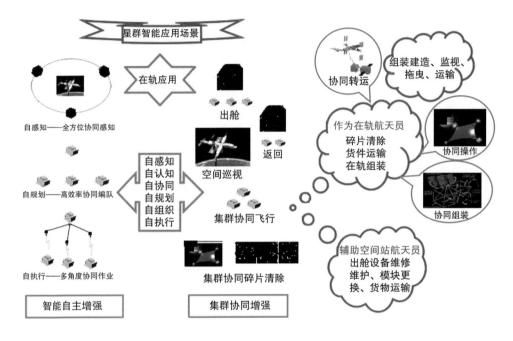

图 2　空间星群智能应用场景示意图

考虑到目前单颗大卫星面临的问题以及多颗微小卫星组网协同工作的优势，以及遥感、通信、导航等传统领域的技术约束，空间星群的智能自主技术已经在"星链""黑杰克""鸽群"等得到初步应用，通过星群能力重构与星群能力增强，实现单个航天器力所不能及的任务。未来星群的智能化自主、系统间交互、系统内耦合度等要求更高，因此面向空间应用领域，以在轨智能星群新平台演示验证为示例并进行展望，为将来实现星群技术在空间新兴领域的牵引与应用的落地提供支撑。

3　基于学习的自主协同控制和天地学习泛化等共性关键技术亟待落地

面向星群航天器的协同飞行、协同编队、星群探测、星群通信、星群作业等空间任务，以及新一代航天器平台的发展，需要有针对性地开展星群共性关键技术研究（图3）。其中，星群自主协同规划和控制是实现星群航天器协同在轨操控任务的基础，而实现高精度的星群协同自主相对导航则是其前提。考虑到每个航天器配置的测量载荷是有限的，其通信、空间态势感知、轨道和姿态的机动能力也是有限的。如何利用有限的资源实现编队导航与协同规划控制是星群航天器开展空间任务的核心问题。

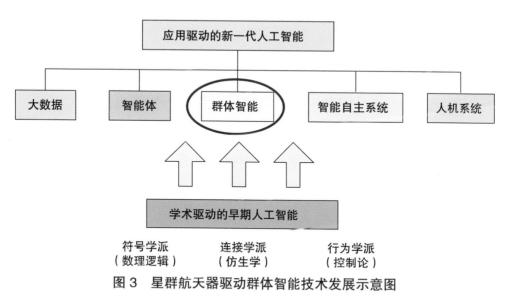

图3　星群航天器驱动群体智能技术发展示意图

直面基于学习的自主协同控制和天地学习泛化等问题，实现在轨精细协同作业，牵引星群智能等新技术落地。当前国内外基于学习的智能控制和天地泛化等问题，由仿真到实物系统的有效移植（学习泛化）

是其最大的技术壁垒，现有算法由于其对任务条件的高敏感性而难以逾越仿真和现实间的鸿沟。一旦突破这个关键问题，由于学习算法具有普适性，就可以以点带面，使大量类似任务的学习控制难题迎刃而解，进而在深空探测、载人登月、空间在轨服务等任务中大大提高系统的效能和自主适应能力。

随着以深度强化学习为代表的人工智能理论和方法研究的不断深入，以及深空探测、载人登月、空间在轨服务等空间大型工程的开展，面对空间任务的环境复杂、不确定因素多的应用场景，智能自主协同作业航天器新一代平台将是人类最得力的助手。人类将会在不久的将来实现"解决智能，并用智能解决一切"的目标。

4   人工智能技术赋能空间星群引领发展方向

4.1   航天器由单体智能到星群智能

基于多智能体系统理论的星群技术是未来的发展方向。2017 年，国务院关于印发"新一代人工智能发展规划的通知"，到 2030 年前形成较为成熟的新一代人工智能理论与技术体系，在类脑智能、自主智能、混合智能和群体智能等领域取得重大突破。*The power of crowds*（Science vol.351 issues 6268）一文指出基于网络下的群体智能时代即将到来，随着人工智能以及各种智能控制算法的不断发展，基于多智能体系统理论的星群技术在充分发挥数量优势的情况下，可以完成协同感知、协同作业等一系列空间任务，并在此基础上构建起新型空间作业方法。未来将重点解决发展协同算法，提升星群编队的自主协作能力；开发软件开放架构和支持框架；更广泛适用于空间站、分布式星群、月球或火星基地建设等场景（图4）。

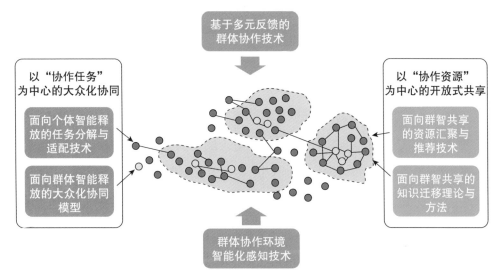

图 4　基于多智能体系统理论空间星群应用示意图

4.2　自主协同控制、自主优化决策、自主组网通信

由于航天器系统的远程操控特性，要求航天器系统具有一定智能决策能力。人工智能的核心是从数据到决策的转化。智能控制的核心在高层控制，即组织控制，求解过程与人脑的思维过程有一定的相似性，即具有一定程度的"智能"。基于赫伯特·亚历山大·西蒙（Herbert Alexander Simon）提出的程序化与非程序化决策，美国麦肯锡公司（McKinsey & Company）又加了一个维度：决策对业务的影响和范围。相应的，航天器在可预见的未来与人工智能会持续并存、相辅相成，在智能决策与控制的道路上越走越远。星群智能展示了智能体之间在空间任务环境下协同工作的新概念，是目前人工智能领域在空间科学领域的重要发展。星群协同工作将是未来技术发展的必然，自组织通信技术可以智能分配通信资源，将各航天器信息进行快速、准确共享，

确保空间星群能力快速响应，有效发挥。自组织通信技术还具备无中心、网络动态重构、柔性节点等能力，可以避免单个节点失效导致整个通信网络失效，提升整个系统的效能。

4.3 从深度学习到迁移学习、从专用智能到通用智能

在人工智能技术的基础算法方面，按照深度学习完善和新算法提出两条发展主线：高级深度学习，重点突破自适应学习、自主学习、零数据学习、无监督学习、迁移学习等方法，实现高可靠性、高可解释性、强泛化能力的人工智能技术，应用于空间星群的智能自主协同作业系统中；通用人工智能，具备减少对领域知识的依赖性、提高处理任务的适用性以及实现机器自主认知的纠偏性等特点，具备处理多种类型任务和适应未知场景的能力，其实质进展将真正开启智能化革命的序幕，与现有物理及信息世界高度融合，实现空间星群的智能自主协同作业的拓展与应用。

5 实现空间星群协同作业需攻克的重要技术难题

5.1 大范围复杂场景数据多粒度多模态理解技术

基于空间探测小样本数据，结合空间感知、通信等知识进行关联猜测，理解目标航天器行为特征和隐藏的行为特征，实现对目标航天器行为的认知。其难点包括多航天器信息多源异构融合难、场景复杂多变导致建模难、关注目标表观信息缺乏导致识别难、目标轨迹变化不确定导致行为目标预判难、环境不确定性导致模型适应性差等。为了实现大范围复杂场景的深度感知与理解，针对星群航天器信息多源异构融合难的问题，研究多模态大数据信息融合技术。针对场景复杂

多变导致建模难的问题，研究基于场景数据和知识双驱动的深度神经网络模型自适应建模理论。针对关注目标表观信息缺乏导致识别难的问题，研发远距离跨视域多模态视觉特征融合的关注目标重识别技术等。

其中，跨模态通用天体训练模型不仅可实现跨模态理解（比如图像识别、运动轨迹预测、在编目标位置定位等任务），也能完成跨模态生成（比如从视觉到运动轨迹等任务）。灵活的自监督学习框架可同时支持三种或任两种模态弱关联数据进行预训练，有效降低了多模态数据收集与清洗成本（图5）。

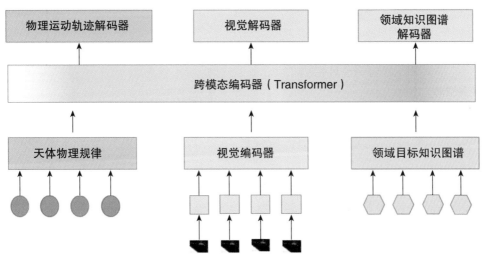

图5　跨模态通用天体训练模型框架示意图

5.2　不确定非线性环境多智能体协同技术

直面顶层多智能体星群协同作业规划问题，在轨系统统筹规划，提高控制系统灵活性以及可扩展性，实现空间星群的智能自主管理和协同作业。其难点包括高度动态性（环境、作业双方状态）、非完全信息性（即时数据、历史数据）、高度约束性（燃料、时间、计算能力的约束）等。为满足动态不确定环境下星群的智能自主协同控制，面向星群作业任务，考虑动态不确定空间环境、有限资源等约束，建立星群协同控制系统架构，实现顶层的星群任务分配调度以及底层的单星自主规划控制，通过分析顶层规划以及底层控制模块的接口，为应用人工智能技术提供交互基础，提高控制系统灵活性以及可扩展性，从而实现空间星群的智能自主管理和协同作业。

其中，构建多星协同作业训练与仿真网络，生成网络 G 用于生成协同作业任务轨迹，判别网络 D 用于判断任务成功率（图 6）。

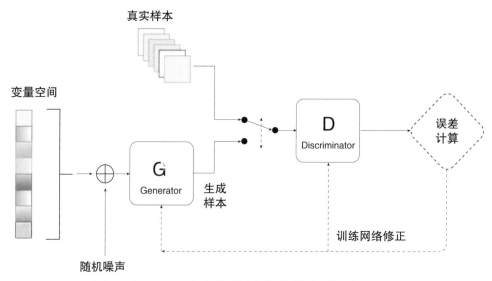

图 6　基于协同作业神经网络的多星协同网络示意图

5.3　星群航天器天地学习泛化技术

针对星群航天器天地学习泛化技术难题，基于决策的协同作业神经网络，以孪生网络和元学习的方法解决信息非完全问题。其难点包括由仿真到实物系统的有效移植（学习泛化），现有算法由于其对任务条件的高敏感性而难以实现；基于显式－群隐式变换的方式，在轨形成自组织、云共享的星群系统，提高泛化能力、加快作业学习速率；以天地协同－星群协同的方式合理调动计算资源，以燃料、时间、环境等为优化目标进行预规划，形成高适应性、多协同性、强进化性的空间智能协同作业系统。

其中，迁移学习是把已训练好的模型（预训练模型）参数迁移到新的模型来帮助新模型训练（其算法如图 7 所示）。考虑到大部

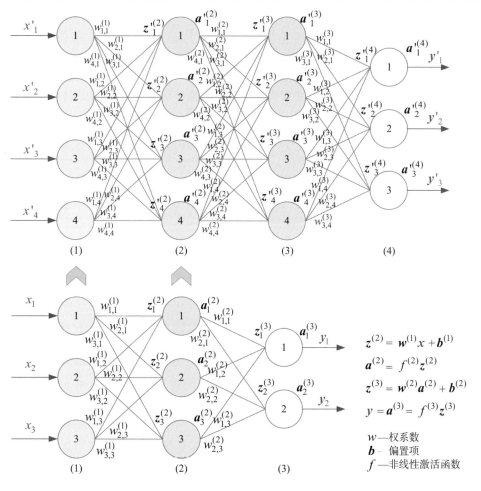

图 7　迁移学习算法示意图

分数据或任务都是存在相关性的，通过迁移学习可以将已经学到的模型参数（也可理解为模型学到的知识）通过某种方式来分享给新模型，从而加快并优化模型学习效率。不用像大多数网络那样从零学习，便可具备多任务学习的能力，满足小样本关联猜测算法的构建需求。

5.4 复杂动态空间分布式星群自组织编队维持技术

面向复杂动态空间环境下分布式星群自组织编队维持的需求，可通过去中心化的方式提高自主协同效能。其难点包括星群系统需要在执行多器协同控制的基础上，具备冲突预测、冲突在线检测以及冲突消解的能力；需要保证相关多器协作系统协同控制、体系结构设计、构型维持以及通信协议设计等技术，以满足任务需求；分布式信息处理系统由各个航天器的信息处理系统构成，各节点通过无线通信链路连接，系统处理流程复杂，系统设计难度大。航天器的集群组网方式包括完全集中式、集中反馈式、分层分布式和完全分布式，集群的鲁棒性和灵活性依次增加（图8）。

基于虚拟主星的分布式集群架构与构型优化技术，结合了集中反馈式和完全分布式的控制思想，并在此基础上有进一步的改进（图9）。集群内多个独立智能节点航天器以无线通信方式构建具有自发现、自配置和自运行功能的信息共享系统。基于智能节点的虚拟主从式集群系统架构通过多星共轨、节点星间高速互联、分布式自主协同、资源虚拟化等关键技术，实现空间系统能力增强，多星合成覆盖，在轨智能自愈，可构建成未来稳定可靠的空间分布式异构星群系统。

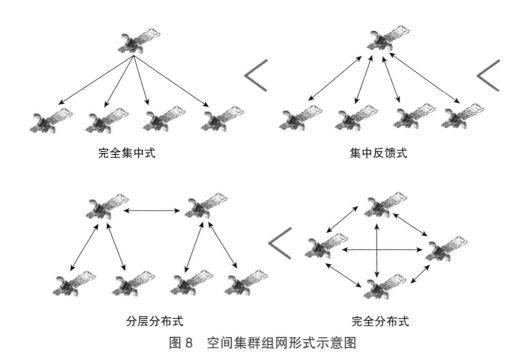

完全集中式　　　　　　　　集中反馈式

分层分布式　　　　　　　　完全分布式

图 8　空间集群组网形式示意图

6　总结与展望

人工智能是引领未来的战略性技术。星群智能自主服务技术是人工智能技术引入航天领域的重要体现，并可最大化其技术优势。人工智能技术引入星群协同服务领域可大幅提高星群的智能化、自主性，促进航天领域运营模式变革。

基于天地学习泛化的空间星群智能规划与自主协同技术，面向新一代航天器平台的发展，重要意义体现在以下几个方面：全方适用，即满足通信、导航、遥感、空间服务、深空探测、载人航天等领域发展需求，对航天器系统的时效性、安全性和稳定性等要求更高；协同高效，即平台可执行空间任务的基本能力趋向成熟，智能自主的多方协同应变能力有效开拓，航天器在轨自主生存能力有效提升；效能提

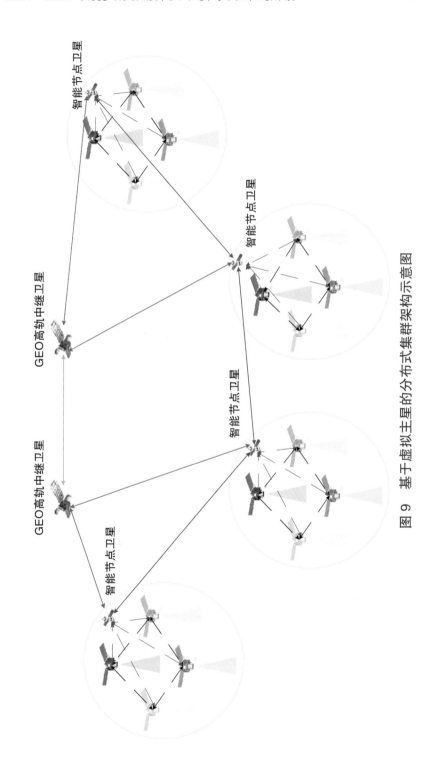

图 9　基于虚拟主星的分布式集群架构示意图

升，即满足空间任务日益复杂多变，学习泛化、聚散分布、星群协同、高效可靠等能力可全方位提升航天器系统应用能力；前沿牵引，即引领航天技术发展新方向，牵引我国航天器研制新模式，推动星群航天器智能自主、协同作业、学习泛化等工程新技术难题落地。

作者：李群智，马超，罗毓芳，张思博，汪路元
单位：北京空间飞行器总体设计部

十　地球高空大气流场演变规律的高精度预测技术

　　航天工程是人类摆脱地球摇篮束缚的实践活动。不论离开或返回地球，高空大气流场对航天活动的影响都是客观存在的，且不以人的意志为转移。常言道"天气不是朋友，就是敌人"，谁能驾驭或掌握它，它就是谁的朋友；谁忽视或对抗它，谁就将遭受惩罚。

　　作为一种自然天气条件，高空风是地球大气流场复杂运动的产物，是由许多时空上随机变化的中小尺度扰动叠加在大尺度较规则气流之上而形成的一种三维分布矢量场。目前航天发射气象保障能力仍存在高空风测量精度偏低，测风周期较长，预报有效期较短，且对高空风演化规律认识较浅等问题。通过研究，掌握地球高空大气流场演变规律，建立高精度的高空风预测手段，就能科学地利用天气，有效地实施气象保障，从而提升航天工程实施的技术水平。

如何揭示地球高空大气流场演变规律及设计高精度预测模型

1 天有不测风云

风是四维时空的一种自然现象，体现为空气随"时 – 空"变化的多尺度三维运动。根据分布高度可将地球大气层的风分成浅层风和高空风，两者并无严格高度界线。浅层风是指地表近地层大气形成的风，通常关注距离地表 100 m 高度以下的风；高空风则指近地面层以上大气层中的风。浅层风主要影响航天器在地面竖立状态的操作安全性，而高空风影响航天器飞行安全，其中距离地面 5~20 km 的高空风风速较大，对航天器飞行安全影响尤为显著。在航天器设计中，既要考虑各海拔高度下的最大风（风速和风向），也要考虑不同高度之间风的切变，还要考虑它们的时间变化及空间变化。

高空风具有随季节变化和随月度变化的统计特征。以中国内陆地区为例，冬季西风急流强劲，夏季减弱甚至变为东风，春秋季则介于其间。由于航天器发射时间具有不确定性，在型号设计研制中既要考虑冬季的强大西风，又要考虑各月之间的差异以确保航天器对自然风场条件的适应性。

风的空间变化表现在地域和高度上。从地域上说，受大尺度全球环流控制，中纬度高空出现了急流强风带，自西向东运行，宽度可跨 5~10 个纬度。在我国，冬季青藏高原两侧上空北支急流和南支急流并

行向东流动，南支急流比北支急流更快一些。从高度上说，对流层顶
（9~21 km）以下，风速一般随高度增大，直至对流层顶达到最大；之
后风速随高度减小，约在 20~25 km 高度达到最小，再向上风速又逐渐
增大。风随高度的这种变化就是所谓的"风切变"，风切变也是随高
度变化的，最大风切变通常出现在最大风速对应的高度附近（图 1）。

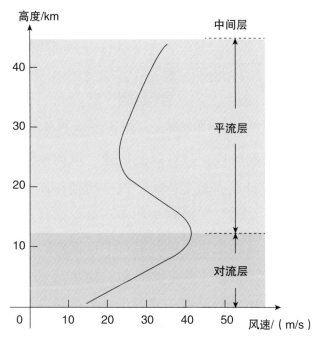

图 1　地球高空风速随高度的典型变化趋势

2　高空风对航天工程实施的影响

航天器从地面起飞至入轨的飞行过程必然穿越大气层。高空大气
风场是影响航天器弹道、姿控及结构载荷设计的关键因素，直接决定
航天发射任务能否予以放行（图 2，图 3）。

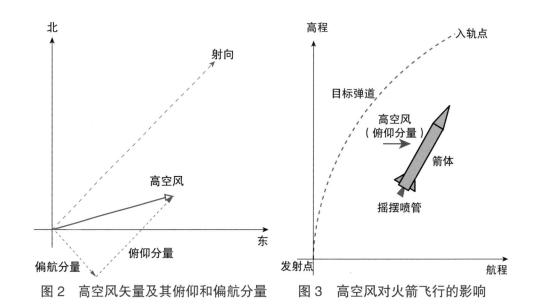

图 2　高空风矢量及其俯仰和偏航分量　　　图 3　高空风对火箭飞行的影响

在航天器设计研制阶段,高空风的风速、风向及其随高度的变化特征对弹道规划和设计具有重要影响。高空风使得航天器在飞行过程中偏离其标准弹道。为满足入轨精度要求,势必消耗更多能量以消除弹道偏差,进而在一定程度上影响运载能力。同时,为了确保发射放行概率满足指标要求,设计工作必然针对一定出现概率的风场包络而开展,高精度的高空风场数据对于降低由于参数偏差而引入的设计方案裕度余量而言具有工程应用价值。

高空风也是影响航天器姿态稳定性的重要因素。航天器通过发动机喷管摇摆提供控制力以确保风激扰动下飞行姿态保持稳定。高空风速越大,干扰力矩就越大,则要求发动机提供的横向控制力也越大。在发动机型号一定的情况下,横向控制力越大势必要求喷管摇摆角度越大,从而对伺服机构及整个姿控系统动态响应性能提出更苛刻的要求。

高空风还是箭体结构载荷设计的关键决定性因素。航天器发射飞行的跨声速时刻、最大动压 q 时刻及"动压 q- 攻角 α"乘积最大时刻通常出现在高空风速较大的高度范围，这三个飞行秒态的轴力、弯矩和剪力载荷直接影响航天器结构设计及重量。以运载火箭为例，作为薄壁的细长体，火箭主结构受载破坏的主要模式是在轴向压力和横向弯矩联合作用下结构局部受压失稳。飞行过程中，火箭结构部段承受的轴向压力相对固定，因此，箭体害怕受到大的横向弯矩。高空风越大，风攻角就越大，箭体承受的弯矩也越大，从而要求航天器结构承载能力越强，导致结构死重越大，最终影响运载能力。

在航天发射任务工程实施阶段，高空风预测水平是决定发射任务能否放行的决定性要素。为确保发射飞行安全，航天器飞行过程实际遭遇的高空风不得超出设计阶段所考虑的许用上限水平。由于航天发射是个复杂系统工程，从决定进入发射流程到火箭点火起飞之间存在数以天计的时间差。航天器系统规模越大，该时间差通常越大。决策时刻的实测风场总是早于飞行实际遭遇的风场，这也是航天工程存在高风险的一个重要体现。高空风场预报有效期越长，精度越高，对实际飞行中航天器将要经受的结构载荷的评估就越准确，从而越有利于精准实施发射放行决策。

国内外航天事业的发展进步对于高空风探测、数据分析与预报技术提出了越来越高的要求。提高高空风探测精度、缩短测风周期、提升高空风演化规律认识、提高风场预测精度，对于提升航天器总体性能、提高运载效率及发射放行概率均具有重要意义和实用价值。

3   探测技术是高空风研究的基石

地球大气的运动复杂且多变，几乎每时每刻都在不停变化，导致高空风的探测和预报充满挑战。

在风场的探测和研究方面，国内外均做了大量卓有成效的工作。但整体来看，对于近地面风场的研究较多，对高空风场的研究相对较少。与此同时，对高空风速和风向的研究多采用已公开的有限分析资料，时空分辨率偏低。

实际上，早在 18 世纪中叶人类就开始了高空气象探测的历史，测量项目主要有气温、气压、湿度、风速、风向，以及特殊项目（如大气成分、臭氧、辐射、大气电场等）。人们先后利用风筝和气球携带探测仪器进行高空气象探测的试验。到 19 世纪末，西方国家发明了探空气象仪。进入 20 世纪 20—30 年代，在电报、短波无线电技术发展的基础上研制了无线电经纬仪和测风雷达，这为建立全球高空观测站网奠定了坚实的基础。到 20 世纪 40 年代，气象火箭开始应用于高空探测，使探测高度达到了 100 km 以上。20 世纪 60 年代以后，气象卫星和雷达遥测遥感技术的发展大大提高了全球性的高空气象探测水平。20 世纪 80 年代后，卫星导航定位技术的出现和蓬勃发展，为高空气象探测领域提供了新的发展契机。GPS 高空气象探测系统研制成功以来，利用全球卫星导航定位技术的 GPS 高空气象探测系统已成为当今世界高空气象探测的发展主流。近年来，随着北斗导航系统的建设和应用，基于北斗导航的高空气象探测系统也逐渐开始应用于气象探测当中。

当前，高空风场测量技术主要有两类，根据是否依据示踪物随空气运动的轨迹实现风速辨识，可将高空风测量技术分为间接法和直接法。

间接测风法通常根据随大气飘动的物体（示踪物）在空中运动的轨迹来进行高空风的探测。间接探测主要采用以下几种手段：光学测风经纬仪、无线电经纬仪、探空雷达、无线电导航等。随着卫星定位技术的成熟和商业化发展，探空仪配备 GPS 或北斗接收机就可完成定位工作。

间接测风法是一种传统方法，受限于其测风原理，存在测风周期长的固有缺陷。一方面，为了减小示踪物相对大气运动而引入的风速误差，要求示踪物尽可能随空气同步运动，这就使得为获取 150~15000 m 高度范围内的高空风数据，通常需要耗费 1~2 h；另一方面，为了分析高空风时频特性，研究高空风演变规律，并基于 CFD 仿真开展大气流场动态演化的建模与仿真，需要得到各高度在同一时刻下的高空风数据作为初始输入条件和修正比对依据。

间接测量法获取的高空风测量数据也是当前航天发射的主要依据。从国内外航天发射所用高空风数据比对来看，国内航天发射所用高空风的精度略微偏低。

Atlas-I 火箭首次商业发射（Atlas/Centaur，AC-69）于 1990 年 7 月 25 日在美国卡纳维拉尔角发射场升空，发射当日在射前 25 min 时通过释放气球测量了高空风场数据（图 4）。气球用时 55 min 爬升到 60000 ft 高空；火箭可能遭遇的最严重风切变发生在 45000~60000 ft 高度区间。在此区间之上动压随着海拔高度上升而开始显著降低。从文献图片资料中折线拐点数判断，以俯仰方向 30000~40000 ft 高度范围内的测风结果为例，拐点数目约为 30 个，折算对应的高度分辨率约为：10000*0.3048/30=101.6 m。实际测风数据的真实高度分辨率应该更低。国内长征 5B 火箭首飞任务（2020 年 5 月 5 日）开展的海南文昌高空风适应性分析所使用的高空风场测量数据的高度分辨率与此水平相当。

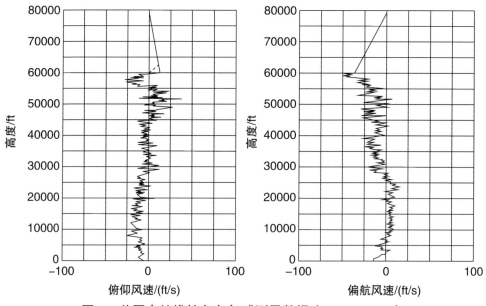

图 4　美国卡纳维拉尔角气球测风数据（1990.07.25）

（图片来源：Mohamed，Journal of Spacecraft and Rockets，1992）

　　国内某航天发射场高空探测使用的 L 波段雷达测风与 GPS/ 北斗导航测风均为气球测风（间接测风）。通过探空气球携带的探空仪，实时将气球的位置信息（包括实时的经纬度和海拔高度）发送至地面，地面站接收到位置信息后，便可计算出不同高度的风向和风速。目前，北斗导航测风系统为发射场高空探测主要业务系统。以该发射场北斗导航测风系统为例，常用的探空气球为 750 g 标准胶面气球，气球平均升空高度不低于 25 km，气球充气后平均升速为 5~7 m/s，探测用时约为 60 min，高度方向的垂直分辨率小于 200 m，风速测量精度误差小于 0.5 m/s。在实际业务中，气球释放后，将随着实际风场移动。气球在航向上漂移的距离与大气水平风速有关。水平风速越大，气球水平移动的距离越远。如探测时间为 60 min，高空平均风速为 10 m/s，则水平移动总距离约为 36 km。

直接测风法，顾名思义是不需要释放气球等媒介携带示踪物，而直接测量风场数据的技术。该技术通常基于先进的测量原理和测量设备，目前仍在不断发展当中。风廓线雷达和多普勒雷达是两种通常应用于工程实践的直接测风方法。

风廓线雷达是一种基于相控阵原理探测高空水平风场和垂直风速的测风雷达，能提供高时空分辨率的空中风场连续资料。作为目前高空风探测十分有效的工具，它能提供高时空分辨率的高空三维风场信息。国内某基地风廓线雷达的最低探测高度为 150 m，最大探测高度约 17000 m；水平风速最大测量能力约 80m/s，测量精度小于 1.5 m/s；垂直风速最大测量能力为 –20~20 m/s，测量精度小于 0.25 m/s。风廓线雷达通常有 3 种测风模式：低模式、中模式和高模式。经风廓线雷达所配套的数据处理软件综合分析可形成各高度层不同高度分辨率的风场数据，其中 150~3300 m 高度可采用低模式测风数据，高度分辨率为 75 m；3300~5550 m 高度采用中模式测风数据，高度分辨率为 150 m；5550~16650m 高度采用高模式测风数据，高度分辨率为 300 m。风廓线雷达每 6 min 即可提供一组高空风场数据，基本认为可获取各高度层准同时的风场信息。

多普勒雷达通过测量大气中的粒子（灰尘、云层和雾气中的水滴、污染的气溶胶、盐晶体、生物质燃烧气溶胶等）对激光辐射后向散射的多普勒频移来实现对径向风场的测量。受限于其探测原理，多普勒雷达测风的有效高度通常相对较低。多普勒气象雷达测风的优点是可实现连续测量，缺点是当空气中粒子较少时效果不好，故比较适用于在雨天或空气含水粒子较多的条件下使用。2008 年 9 月 24 日至 28 日，神舟七号飞船回收气象保障试验期间，采用多普勒激光雷达开展了距地面 8~9 km 高度以内的高空风场探测。多普勒激光雷达测风数据与神舟七号飞船主着陆场附近的探空资料进行对比的结果表明，多普勒激光雷达的测风数据时空分辨率高，是一种可信的高精度大气风场探测手段。

4 高空风演变规律预测技术的发展方向

针对高空大气流场运动的数值计算仿真、演变规律及精确预测模型等方面的研究，国内外鲜有文献报道，急需通过相关研究提升国内航天工程设计和研制的基础条件。

地球高空大气流场演变规律的高精度预测技术研究的主要内容和关键挑战主要体现在以下五个方面：

1）高精度高空风测量技术研究，目标是获取高精度的高空风样本。面临的难题是被测对象在时间和空间上均存在多尺度随机扰动，准确捕捉到对航天器设计构成影响的最大风、风向、风切变和阵风等信息在理论上和实际上均存在挑战。

2）多源测风数据的时频统计分析方法研究，目标是建立航天发射场高空风时域和频域统计特征数据库。主要难点有两个：一是大中扰动尺度平稳风和切变风的统计分析面临多源、海量风场数据分析的自动化、精细化及数据库化的困难；二是小尺寸阵风数据存在合理提取阵风谱的挑战，既要适当简化以便于工程设计和研制，又要覆盖阵风扰动特征随高度变化的差异。

3）高空大气流场运动的数值仿真，目标是突破变密度、变压强、变温度的高空粘性大气流动的数值仿真能力。面临的主要挑战在于高空风关注高度范围内大气的标称密度、温度和压强均随高度变化，同时对一定研究区域空间开展 CFD 仿真研究时流场的边界条件难以确定，导致高空大气流场仿真计算面临挑战。

4）高空风演化规律分析及研究，目标是探究影响大气流场运动的关键因素（如温度、湿度、压力、季节、天气等），从而揭示高空风演变规律。面临的挑战在于影响高空风演变的因素众多，定性辨识对高空风变化构成影响的所有主要因素是一个开放性问题，尚待深入研究；另外，量化研究各种因素对于高空风演化的影响规律也面临挑战。

5）高空风精确预测模型研究，目标是获取高精度的高空风预测能力。难点主要有两个，一是高空风演变预测模型建模困难，二是预测模型具体参数难以确定。传统显式表达式模型难以表征如此复杂的空间多尺度流动及扰动问题，基于人工智能算法的拟合模型也面临模型训练和校准优化的实际挑战（图 5）。

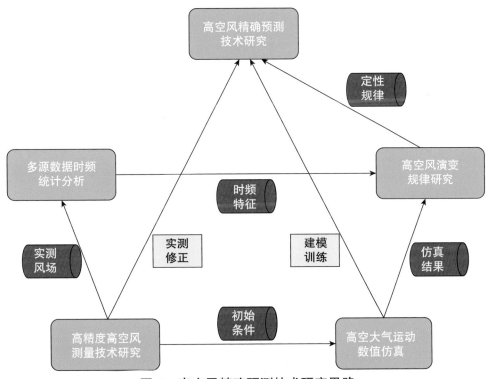

图 5　高空风精确预测技术研究思路

5 总结与展望

地球高空大气流场演变规律及高精度预测模型研究，可提升地球大气运动规律的认识水平以及高空风演变动态的预测能力，对于气象科学自身发展和航天工程研制均具有重要促进作用。通过该项技术能够更准确地掌握影响航天器飞行的关键因素高空风，提高高空风场测量精度，缩短测风周期，延长预报周期，提高预报精度，进而为弹道风修减载技术和控制系统设计提供高精度依据。对于未来新一代载人、重型、重复使用等新研制火箭，精确风场相关技术的应用能够降低新研火箭结构须承受的飞行载荷，从而降低结构质量占比，提升结构效率和总体性能；对于在役成熟火箭，精确风场相关技术的应用也能够主动降低风干扰载荷影响程度，大幅提升我国火箭在冬季大风天气下的发射放行概率。总之，高空风演变规律及高精度预测模型研究可为科学利用天气条件、高效实施气象保障提供有力支撑。

作者：胡鹏翔，曾耀祥，郭学文，何巍，牟宇
单位：航天科技集团一院总体部
中国人民解放军 63796 部队

附　录

国际宇航科学院近 10 年前沿科学问题和技术难题

国际宇航科学院（International Academy of Astronautics，IAA），是非政府性的国际宇航学术组织，由世界著名科学家冯·卡门教授倡导，于 1960 年 8 月 16 日成立于瑞典斯德哥尔摩，总部设在法国巴黎。国际宇航科学院的宗旨是：以和平为目的促进宇航科学技术的发展，表彰在宇航科学及技术领域做出突出成就的个人，与国家科学院或工程研究机构合作，推动航天领域的国际交流与合作。国际宇航科学院的科学活动委员会负责所有科学活动的管理，例如，成立课题研究小组、举办学术会议等。科学活动委员会下设了空间物理、空间生命、空间技术与系统、空间系统运行与应用、空间政策法规与经济、空间与社会等 6 个专业委员会。截至 2021 年年底，6 个专业委员会共成立了 135 个研究小组，吸引了来自世界 86 余个国家的近 1700 名专家参与。其中已经完成或即将完成的研究小组为 54 个。

每个研究小组的课题都是全球宇航领域内的科学家经过思考、交流和研讨后，认为该课题代表着全球宇航领域的研究发展方向，感兴趣的科学家们不分国界，不分年龄组成研究小组，对课题开展跨国跨领域的研究。

本书从已完成或即将完成的 54 个研究课题中选取近十年的 23 项课题进行简要介绍。这些课题作为国际宇航科学院前沿科学问题和技术难题的研究代表，可对我国的宇航领域科学问题和技术难题的提出和发展发挥参考作用。

1. 人造重力在生物学和医学中的作用

该课题由美国阿波罗项目名誉教授 Laurence R. Young 牵头，来自美国、德国、日本、加拿大、俄罗斯、中国、法国等国家的近 30 名科学家共同参与。

该课题主要是对空间人工重力的相关方案、模型等进行研究，并对未来的载人航天任务设计方案提出建议。其中包括分析长期在轨飞行条件下，航天员受到辐射等因素的影响而产生的行为压力和心理失调；研究了人工重力设施如何防止相关反应发生，减缓潜在危险；通过人类或动物，制定从地面人工重力研究到飞行验证的过渡计划。

该课题提出，失重是长期载人航天飞行中影响航天员健康的重要的因素之一。人造重力设施是一种能在在轨航天器上产生与地球上相似重力环境的设施，是解决失重问题的有效手段，也是长期在轨载人航天器未来的发展趋势。利用短臂离心机实现间断性人造重力，由于技术难度相对较小，而且成本可负担，因此成为目前比较可行的一种方式，也是当前人造重力研究的重点。人造重力的研究应将地面实验与空间实验相结合，提高飞行成功的可能性。

2. 短期商业太空旅行的乘客医疗安全保障

该课题由美国联邦航空管理局民用航空医学中心主任 Melchor J. Antuñano 教授牵头，来自美国、德国、巴西、俄罗斯、加拿大、希腊、奥地利等国家的 26 名科学家共同参与。

该课题主要是为参与短期载人航天的乘员提供一个体系化的医疗健康安全指南，涉及加速度、气压、微重力、电离辐射等多种因素。

该课题详细分析和确认了因在发射、飞行和着陆期间遭遇的环境和操作风险等因素而加重的医疗状况，评估其对人体骨骼肌肉系统畸形、疾病、受伤、感染、肿瘤的影响；概述了有关未来轨道空间乘客的病史评估、体格检查和医疗测试的相关建议，以及对那些不适合参加太空飞行的乘客提供医学建议；提出了飞行前、飞行中和飞行后的相关医疗注意事项，以及适用于载人商业轨道太空航班医疗责任的其他法律方面问题。

该课题提出，太空旅游是商业航天的重要组成部分，通过将航天运载技术转化为太空旅游产业，不仅可以创造利润反哺航天事业发展，还可以使航天产业链更好地融入国民经济建设，是商业航天发展的一条重要途径。太空飞行潜在风险较大，商业空间飞行器运营商必须建立完善的乘客医疗体系，其飞行器必须符合政府认可的安全要求，并对乘客的病史及身体状况进行评估，尽可能降低飞行风险，保证乘客安全。太空旅游发展需要法律的保障，现有空间法律的缺失将影响太空旅游的发展，因此应重新审视现有空间法律，以适应未来空间活动的发展。

3. 应对小行星与彗星对地球造成的威胁

该课题由 NASA 深空探测办公室高级工程师 Bekey Ivan 博士牵头，来自美国、加拿大、法国、日本、英国、乌克兰等国家的 22 名科学家共同参与。

该课题主要是针对近地天体撞击地球的威胁，研究如何监测和应对这些威胁，涉及空间监测、预警、防御等相关技术。该课题论述了近地天体对地球的威胁；定义、讨论并完善了撞击问题的性质和范围，以及提供潜在危险天体（PHO）监测、跟踪和表征所需的关键能力；减缓天体撞击危害所需发展和部署的国际能力，包括技术方案、组织管理、政策法规方面；对拦截前、撞击中以及撞击后三个阶段在行为、社会以及心理方面的影响进行了阐述；制定明确的缓解方案，并为适当的国际政治和社会响应准备共识框架。

该课题提出，应积极发展深空探测系统、开展天体灾害防御研究，促进近地物体探测、跟踪和识别，提前发现来自太空的撞击威胁并采取有效措施，降低撞地风险。加强基础设施建设及系统部署，以地面监测系统为基础，构造低轨监视卫星和高轨监视卫星相配合的任务协同系统，提高天体撞击预警准确性。鉴于近地天体灾害的全球性以及任何有效应对要达到的规模，加强国际间合作能够更好地为可能发生的小行星碰撞事件做好应对措施。

4. 实现近期星际先驱任务的关键技术

该课题由意大利罗马萨皮恩扎大学 Claudio Bruno 博士牵头，来自美国、德国、意大利、英国、法国等 5 个国家的 17 名科学家共同参与。

该课题主要研究的是未来 10 至 30 年间的星际探索主要目标以及相关推进技术。该课题详细描述了这类太阳系以外尚未到达其他恒星的深空任务，以及综合考虑时间、距离、现有技术以及空间环境特点，研究制定星际探索的主要目标以及未来 10 至 30 年间相关推进技术，包括太阳帆、核电推进等。

该课题提出，为实现未来载人深空探测目标，从缩短任务周期、提高有效载荷、保障航天员人身安全的角度考虑，核推进必将成为未来空间探索和星际航行任务的首选动力系统。目前深空探测以月球和火星探测为主线，适当兼顾太阳、小行星、木星系统等其他天体的探测，任务类型将趋于多样化并向载人探测方面发展。

5. 太空升降机：技术可行性评估及未来的方向

该课题由国际太空升降机联盟主席 Peter Swan 博士牵头，来自美国、英国、德国、捷克、伊朗、加拿大、澳大利亚、荷兰、意大利等 9 个国家的 30 余名科学家共同参与。

该课题主要研究太空升降机概念的可行性，以及相关的设计方案和关键技术的进展情况。该课题概述了太空升降机基础设施的主要构成元件，以及相关的设计方案和关键技术的进展情况；探讨了太空升降机具体构成元件的技术成熟度，分析风险概率，评估该工程项目所面临的困难，并展望其发展路线图；提出了太空升降机的法律和监管框架，并对市场和未来需求进行预测，探讨在财务概算框架内可以实现的愿景，最后提出了建议的行动措施。

该课题提出，太空升降机是一种将有效载荷从地球表面运输到空间的低成本、完全重复使用的解决方案，其发展或将革命性地改变整个航天运输领域的模式。太空升降机具有简易快速发射的能力，能满足大型空间设施的快速发射需求，对未来大型空间平台的建设（太阳能电站等）具有不可替代的优势。太空升降机现在还处于概念探索阶段。关于太空升降机相关技术和政策法律问题的研究，现阶段各国航天领域主要以关注为主，对一些基础技术领域，包括纳米材料等可进行相关技术研究，以验证该概念在未来能否实现。

6. 低成本快速交付小卫星的要求与定义

该课题由日本集成系统工程应用科学研究所主任 Cho Mengu 教授牵头，来自马来西亚、西班牙、奥地利、荷兰、法国、巴西、美国、意大利、中国、新加坡、日本、加拿大等 10 余个国家的 36 名科学家共同参与。

该课题主要研究快速交付小卫星的概念和内涵、需求情况及主要技术特征。该课题研究重点完成了 ISO 20991 "空间系统 – 小型航天器需求" 标准草案。该草案作为国际小卫星的需求情况和技术特征标准，为各国在该领域内开展合作确立了标准。

该课题提出，随着技术的发展和商业模式的创新，小卫星研制领域已经实现了由 "试验应用型" 向 "业务服务型" 的阶段转化，政策机制上的统筹规划能够推动微小卫星技术创新发展。为追求低成本和快速交付的目标，微小卫星及其产品配套研制必须加快推进设计实现统一化、接口控制标准化、系统匹配简单化、产品实现通用化。随着技术的发展和应用模式的改变，微小卫星所具有的开放式设计理念、集群式应用方式，以及商业化的发展模式，将会促进未来空间技术创新。

7. 空间碎片环境治理

该课题由德国布伦瑞克工业大学空间系统研究所名誉教授 Klinkrad Heiner 博士牵头，来自法国、意大利、美国、英国、日本、德国、荷兰等 7 个国家的 16 名科学家共同参与。

该课题主要研究地球轨道中的空间碎片现状、主要的空间碎片清除技术及其效率、空间碎片相关的国际法律问题等。该课题对近地轨道、中地球轨道、地球同步轨道碎片环境现状进行了全面的分析，并预测了地球轨道环境变化趋势；论述了空间碎片治理方法的现状。详细分析了十余种不同技术和方法在相应轨道的适用性与局限性；评估了空间碎片环境治理措施的有效性，通过这些措施降低灾难性碰撞的能力以及空间碎片相关的国际法律问题等。

该课题提出，空间碰撞频繁发生，空间碎片已对航天活动形成严重威胁，为保持空间碎片环境稳定、保障航天员生命安全和航天器在轨安全运行，空间碎片移除势在必行。空间碎片威胁航天器安全的主要物理特征之一是高速撞击导致的机械损伤效应，因此应对航天器采取必要防护措施以确保其在轨安全运行。因此，无论是从外空发展战略实现，还是从促进全球航天事业可持续发展以及完善国际空间立法体系的角度来讲，积极推动空间碎片技术合作与规则制定的国际谈判都具有重要的意义。

8. 空间领域区域合作比较评价：政策、管理、法律

该课题由联合国外空委第一副主席 Arevalo Yepes Ciro 博士牵头，来自奥地利、意大利、巴西、尼日利亚、南非、西班牙、美国、乌拉圭、法国、加拿大、印度、中国、奥地利、哥伦比亚、墨西哥等 15 个国家的 27 名科学家共同参与。

该课题主要研究航天国际合作开展情况，航天区域性国际合作组织和政策，以及主要航天国家的航天国际合作政策。该课题详细梳理了当前北美、南美、欧洲、非洲、亚太等多个地区、国家的航天国际合作政策、国际合作组织以及航天国际合作开展的情况。

该课题提出，航天的国际合作深受国家政治、外交等政策的影响。

航天国际合作的发展必须要融入各国整体的政治、外交等战略，各国开展航天国际合作，应以本国的政治影响话语权、科学技术创新和经济产业发展为主要导向。例如，非洲国家的航天国际合作应以助力本国的脱贫、农业和经济发展为核心，各国可在遥感产业方面开展合作；东南亚地区国家的航天合作，主要以国家整体安全以及地缘影响力和话语权为主要考虑因素。

9. 空间交通管理实施路线图

该课题由国际空间法学会前任主席 Schrogl Kai-Uwe 博士牵头，来自法国、荷兰、奥地利、美国、中国、捷克、印度、德国、日本、俄罗斯等 10 个国家的 14 名科学家共同参与。

该课题主要对地球轨道的空间碎片情况进行了分析研究，并提出了建立相关协议的必要性，还对协议的主要内容进行了梳理。该课题根据目前运载火箭、卫星和载人航天等空间活动计划，分析了 2016 年至 2030 年的全球空间活动趋势及其对空间交通的影响，并对未来空间碎片环境进行了预测；概述了现行空间法条约中涉及的空间交通管理要素，分析了国际法软法和"外交举措"的其他领域如何为空间交通管理提供支持，并且列举了可比较的交通系统监管制度；提出了建立国际空间交通管理体系的途径，包括相关法律文书结构草案的要素及其路线图和相关体制方面的问题。

该课题提出，空间交通管理涉及发射阶段、在轨运行阶段和再入阶段，尤其强调碎片减缓，发展可回收航天器有利于控制空间碎片的产生，维护空间交通安全。太空被认为是现代化战争的战略制高点，空间基础设施逐渐成为国防建设的核心，外层空间尚未看到直接的军事行动，但不排除未来会产生新的空间活动类型。空间国际立法停滞不前，全球航天的法制建设日益受到重视。制订国家战略政策并适时调整来应对新时期的空间挑战，并以法律形式落实空间战略，为空间活动的开展保驾护航。

10. 外空架构学的作用

该课题由法国空间中心 Arnould Jacques 博士牵头，来自俄罗斯、法国、美国、丹麦、加拿大、日本、印度、英国等 8 个国家的 44 名科学家共同参与。

该课题主要研究伴随着载人航天的发展，航天器技术、载人技术、航天员系统、专业发展教育等几个领域均面临新的问题。这些问题的解决不能仅仅依赖传统的航天工程技术，还需要融入心理学、文化伦理、教育培训等相关的专业知识。该课题从人、外空任务模拟器、艺术、教育培训等四个维度，分析了未来以"长期载人航天"任务为核心的航天活动任务设计中所必须解决的一系列问题，并给出问题相关的建议和实例。

该课题提出，长期载人航天飞行、外星人类栖息地等航天项目不能单纯依靠技术方案来实现。而是需要从人文、艺术、工程技术等多个维度进行统筹考虑。空间站设计应该将这些人文、艺术等因素纳入考虑范围。外空架构学是一门新兴学科，其目标是为未来长期载人航天设施的研制提供一个跨学科的顶层指导纲领。

11. 轨道 / 亚轨道商业载人航天

该课题由联合国外空司司长 Di Pippo Simonetta 博士牵头，来自美国、中国、法国、德国、英国、日本、澳大利亚、印度等 8 个国家的 20 余名科学家共同参与。

该课题主要研究轨道和亚轨道商业载人航天的发展态势，详细梳理了商业载人航天方案相关的主要技术特点；针对商业载人航天安全方面阐述法律和管理相关的问题；研究了在成本、商业计划以及融资方面商业载人航天所涉及的问题，以及客户动机、预计市场、心理学要求和人机界面约束等相关问题。

该课题提出，未来 10 至 20 年，轨道商业载人航天市场将逐渐成熟，航班化载人航天运输系统在未来将可能大规模应用。轨道商业载人航天市场的发展将会有力推动全球航天产业融合深入发展。

12. 轨道碎片清除：政策、法律、政治和经济思考

该课题由德国科隆大学 Stephan Hobe 博士牵头，来自日本、美国、德国、法国、英国等国家的近 20 名科学家共同参与。

该课题主要总结当前轨道碎片环境的特征，预测了未来轨道碎片环境的变化情况，分析识别可用的空间碎片清除技术及其效率和应用效果，推荐高效空间碎片清除技术和清除策略。课题重点研究了轨道碎片清除涉及的政策、法律和经济方面的因素，提出实现安全、可持续的轨道环境所需采取的行动建议。

该课题提出，进行在轨服务操作不仅可以获得显著的经济效益，而且在促进国防建设、空间技术的发展上具有重要意义。目前国际尚无法对主动移除空间碎片达成一致认识，并且敏感和警惕主动移除空间碎片技术可能存在的军事化问题。加强空间碎片主动清除相关法律依据研究，争取国际规则制定的话语权。空间碎片清除具有广阔的市场前景，需积极引导军民各界协同布局空间碎片清理市场。

13. 失调环境下宇航飞行中各种生理应对措施的效能评估

该课题由美国的 John Baker 教授牵头，来自美国、中国、法国、德国、英国、日本、澳大利亚、印度等国的近 20 名科学家共同参与。

该课题主要研究目前太空飞行中应用的针对生理影响的主要措施和有效性评估，重点分析了头低位卧床和干浸期间的对策试验。课题分析了三类用于减轻空间任务的生理影响的措施及有效性评估，以及预防体位不耐受、肌肉损失和骨损失以及在卧床和干浸期间保持运动能力的有效对策，例如多种体育锻炼方式的结合，以及体育锻炼和药物干预的结合。相反，营养补充剂（包括氨基酸、过量能量、高钠和低蛋白质）的摄入会对肌肉力量、骨骼和体重产生负面影响。此外，每种对策都有很大的个体差异，未来的研究应评估每种对策在不同对象人群中的差异化效果。

该课题提出，未来载人飞越火星和火星登陆任务都需要一整套的对策措施。由于火星引力较小，对载人飞行的要求更加苛刻。相关对策建议主要包括：利用国际空间站设备进行有氧训练和抗阻训练，以减轻肌肉退化和有氧运动能力下降；自我监测和自主训练；适当的营养与运动配合；计算机模拟运动感觉训练计划和抗晕动病药物；通过下肢佩戴环状物、下体负压、人造重力等手段减缓或逆转与 SANS 综合征相关的头部液体转移；补充营养成分，维持骨骼、肌肉和心血管系统，防止氧化应激和损害以及免疫缺陷（omega-3 脂肪酸、PRO/K、抗氧化剂，限制盐和铁的摄入量）；减少骨损失或骨合成代谢药物能够在一定程度维持飞行前骨量；压缩服、口服等渗液措施能够缓解着陆时的立位不耐症；测量血液、尿液和唾液中的生物标志物，以监测骨骼、肌肉、心血管系统、免疫系统和细胞的损伤状态；利用超声波和其他成像技术监测骨骼和心血管健康；基于健康监控数据，通过计算机建模研究评估相关的对策措施，并根据相关任务场景和突发事件给出相关应对措施预案。

14. 大规模低成本进入空间的现状与未来

该课题是由中国的鲁宇研究员牵头，由来自中国、法国、荷兰、美国、印度、俄罗斯、日本等国的 10 余名科学家共同参与。

该课题主要研究开展大规模低成本进入空间的策略，对于识别未来进入空间发展态势，如何应对新时期大规模低成本进入空间的挑战，以及引领和推动科技发展，促进大规模开发和利用空间，具有十分重要的意义。课题通过对不同空间任务的发展现状与未来趋势开展需求与价值分析，明确了未来大规模低成本进入空间不仅将成为发展的必然，也契合了全球商业航天市场发展需求与创新驱动的价值需求；指出了当前实施大规模低成本进入空间存在的主要问题，提出了未来实现技术途径，并梳理了相关关键技术；论述了基于运载火箭的大规模低成本进入空间的任务模式；指出了应对未来实施大规模低成本进入空间的企业管理、国际合作新模式；分析了未来大规模低成本进入空间行为驱动国际空间法律政策的发展方向。

该课题提出，进入空间的能力已成为大规模开发和利用空间的一大制约因素，需要不断探索大规模低成本进入空间的途径。首先需要正确判断未来大规模进入空间的需求，分析当前进入空间途径所存在的问题，再提出后续实施的可行的技术途径，以及相适应的企业管理、国际合作模式和法律政策保障。面向未来大规模低成本进入空间需求，本书系统性地总结了近年来相关研究成果，从技术、管理和法律政策等多个方面提出了相关策略，并创新地提出"航天运输革命"等概念和相关内涵。

15. 航天员空间辐射剂量限值标准可行性研究

该课题是由爱尔兰 McKenna-Lawlor Susan 教授牵头，由来自加拿大、中国、德国、日本、印度、波兰、俄罗斯、美国等国的 20 多名科学家共同参与。

该课题主要对各航天机构制定的近地轨道飞行航天员辐射剂量限值进行考虑和比较研究。该课题对不同空间合作机构制定的国际空间站航天员的暴露限值进行了相关说明；指出了确保地磁场屏蔽以外（对月球、火星和更远的地方）载人空间飞行安全还需解决的科学和技术问题，提出了许多近地轨道以远飞行潜在健康风险的防护措施，为载人任务提供及时发现危险粒子环境达到限值的在线快速检测方法；制定了对航天器上辐射达到有害水平时响应的策略；支持建模／模型验证，以确保对远程航天器中辐射有害水平到达限值情况做出可靠的预测；紧急情况下，利用定位支持航天器为远程载人飞行器及时传递粒子报警信息。

该课题提出，通过航天机构、空间公司、私营企业组织等，解决所需关键技术（例如，快速运输、航天器定制设计）；IAA 在处理全球国际合作的过程中，可利用新兴国家在研究、解决相关问题方面的优势和设施（例如，先进的空间辐射建模、模型验证；预测太阳能量粒子到达及其对航天器的影响）组织一些补充研究。建议由航天机构和国际天文学会每年组织两次联合审查，了解平行计划所取得的进展，以便在全球范围内进行深入持久的载人星际飞行可行性研究。

16. 空间矿产资源

该课题是由来自中国航天科技国际交流中心的张振军研究员和美国海因莱因基金会受托人 Arthur M. Dula 教授共同牵头，来自美国、中国、俄罗斯、法国、德国、英国、意大利、澳大利亚、乌克兰、以色列、西班牙、爱尔兰、日本、韩国等国的近 30 名科学家共同参与。

该课题主要研究政府和私营企业的外空矿产资源开发的运营模式，包括开采技术、法律及运营架构。该课题对外空资源开发进行了详细描述。外空资源给全球经济带来的增长潜力是指数级的，是应对马尔萨斯人口理论的长期解决方案。外空资源开发代表着一种积极务实的新经济发展方向，也是让全世界瞩目期待的一项新使命。该课题从技术角度提出开采外空矿产资源的实现路径，以降低开采相关项目的风险。

该课题提出，1967 年联合国发布的《外空条约》，明确禁止对外层空间及其天体提出任何领土要求，这对政府授权开发外空矿产资源有着种种限制。美国《2015 年外空资源探索和利用法》明确外空矿物资源开采后的所有权归属，由于美国立法的推动，联合国外空委开始正视这一法律问题，积极推动国际社会通过协商来解决外空治理新问题。

17. 核电站放射性废物太空处置的可行性分析

该课题是由来自乌克兰的 Olexandr Degtyarev 教授牵头，来自乌克兰、意大利、法国、美国、德国等国的近 20 名科学家共同参与。

该课题从运输工程、成本和收益、法律等方面，对放射性废物空间处置的可行性进行分析研究。课题详细描述了随着核电事业的迅猛发展，核电站在创造经济效益的同时，也产生了很多问题，导致放射性废物排放量增加，给人们的生存环境带来了较大的破坏，也在一定程度上制约着核电事业的发展，从 20 世纪下半叶，针对该问题已经存在很多相关讨论及实践措施。

18. 航天员返回后生理健康动态评估与管理

该课题是由法国 Haignere Jean-Pierre 教授牵头，来自美国、日本、俄罗斯、法国、尼日利亚、加拿大、罗马尼亚等国的 14 名科学家共同参与。

该该课题主要研究特定的环境因素对人体产生不利的影响，例如微重力、空间辐射、极端温度、高真空、微磁场、噪声、振动和昼夜节律。这其中主要包括对航天员返回地球后身体状况的动态和系统评估、描述与生理功能受损相关的危险因素，以及为今后的预防和干预措施提供依据。

19. 如何利用月球开展火星探测

该课题是由来自意大利的 Giancarlo Genta 教授牵头，来自美国、意大利、法国、德国、比利时等国的 10 名科学家共同参与。

该课题主要研究如何借用月球引力发射火星探测器开展载人火星探测的方案。课题在过去 20 年月球探测研究成果的基础上，开展了利用月球进行载人火星探测的方案设计。在满足运载火箭要求的条件下将火星探测器送入经过月球附近的过渡轨道，再利用月球引力改变探测器的运动速度，使得火星探测器进入地火转移轨道。

该课题提出，火星登陆要比月球难度更大，气候条件比起月球更加复杂，对于探测器的要求也会更高。利用月球开展火星探测虽然会延长火星探测的周期，但该方案的经济性较好，而且可由政府与私营企业共同完成。

20. 国际空间太阳能：机会、问题和未来可能途径评估

该课题是由来自美国的 John C. Mankins 教授牵头，来自美国、俄罗斯、加拿大、日本等国的 14 名科学家共同参与。

该课题主要研究空间太阳能在满足能源需求方面的作用，以及对太阳能卫星相关的技术和风险做出评估，同时研究目前深空探测计划与太阳能卫星之间的潜在联系。课题概述了空间太阳能技术可为人类提供能源服务。通过火箭等将太阳能光伏设备发送至空间轨道，由其在轨道上接收太阳能，把能量转化成微波或激光，之后再通过无线的方式传输到地面接收终端，由终端输出到电网，在未来的能源领域这一技术将有极大的拓展空间。

该课题提出，空间太阳能电站技术的发展不仅有可能为清洁能源的发展提供一个有效途径，同时有可能引发新的技术革命，尤其是可以推动以航天技术和工业所引领的人类低太空经济的起飞。

21. 月球背面保护对称圆区域

该课题是由来自意大利的 Maccone 教授牵头，来自美国、英国、德国、荷兰、意大利等 9 个国家的 20 余名科学家共同参与。

该课题主要研究月球背面对称圆区域（PAC），该区域能够完全屏蔽来自地球的电波干扰，因而有科学家建议在月球背面安置一架大功率电波望远镜开展射电天文学的研究。无线电传播主要依靠地表传播和电离层反射传播，远距离时都采用电离层发射，也就是电台将信号发向天空，被电离层反射后射向地面，经地面反射再射向天空，再次

反射，如此反复。因此在月球背面背对着地球那一面是接收不到电磁波的。研究人员可以在该区域开展高精度的微弱射电信号测量，而这样的测量在其他地方会由于噪声信号干扰而难以进行。

该课题呼吁要开展保护 PAC 的行动，因为这片区域是全人类的财富。科学家只有在此区域可以使用低频无线电设备，用于测量来自太阳和宇宙深处的信号，而这样的测量在地球上或者月球正面将无法进行，因为电视、广播和其他人类活动产生的信号将对观测造成强烈的干扰。低频射电信号观测意义重大，它将有望帮助揭示宇宙早期恒星和黑洞形成时的一些信息，从而让天文学家们更好地了解宇宙大尺度结构在早期是如何逐渐形成的。

22. 火星探测任务的离子辐射风险

该课题是由来自爱尔兰的 Betaux 院士牵头，来自美国、爱尔兰、英国、法国等国的 10 名科学家共同参与。

该课题主要研究执行载人火星探测任务之前评估离子辐射风险，并给出切实可行的应对方案。航天员往返火星遭受的辐射相当于航天员一生接受最大限度辐射的三分之二，主要有两种辐射的威胁：宇宙射线和高能粒子。这两种射线会损害 DNA，增加癌症患病几率。在低轨道飞行时，航天员因为有地球磁场的保护而免于辐射造成的影响。但在行星之间飞行时，航天员不会受到这种保护。

该课题指出，航天员一生受到的辐射不应超过 1000 mSv，超过这个限度 5% 就有患致命癌症的可能。航天员做一次环火星旅行就会受到 662 mSv 的辐射。这一剂量相当于每隔五六天就做一次 CT 检查。航天员的健康关系到能否成功完成飞行任务。同时，这种高剂量的辐射表明，飞往火星的飞船需要良好的保护材料。

23. 全球载人火星系统探索任务——目标、需求和技术

该课题是由来自意大利都灵理工大学的 Kai-Uwe Schrogl 教授牵头，来自美国、中国、意大利等国的 10 名科学家共同参与。

该课题主要以未来 30 年左右实现载人火星探测为目标，详细论证了相关方案的可行性、技术实现路径和当前的技术瓶颈。课题详细描述了如何为现有的载人火星任务方案解决可行性方面的问题。自 1972 年 Apollo 项目中止以来，大量的火星探测设计方案都是从工程角度进行设计，缺少技术性能、项目成本和运营等可行性的研究，本课题主要针对这些方面给出了解决方案。

参考文献

［1］ 吴伟仁，于登云，黄江川，等．太阳系边际探测研究［J］．中国科学：信息科学，
2019，49（1）：1-16.

［2］ 王赤，李晖，郭孝城．太阳系边际探测的重大科学问题//2019科学发展报告［M］．
北京：科学出版社，2020.

［3］ 王赤，李晖，郭孝城，等．太阳系边际探测项目的科学问题［J］．深空探测学报，
2020，7（6）：517-524.

［4］ 宗秋刚，任杰，何建森，等．从地球磁层到外日球层及远区域探测［J］．深空探测学
报，2020，7（6）：554-559.

［5］ 何建森，林荣，崔博，等．外日球层的宽能段离子及其与湍动的耦合作用［J］．深空
探测学报，2020，7（6）：574-583.

［6］ 王玲华，宗秋刚，任杰．太阳系边际的能量粒子探测［J］．深空探测学报，20207（6）：
567-573.

［7］ GUO X C，FLORINSKI V，WANG C. A global MHD simulation of outer heliosphere
including anomalous cosmic-rays，The Astrophysical Journal［J］. 2019，879（87）：1-10.

［8］ RICHARDSON J D，KASPER J C，WANG C，et al. Cool heliosheath plasma and
deceleration of the upstream solar wind at the termination shock. Nature［J］. 2008，
454（3）：63-66.

［9］ SODERBLOM L A，KIEFFER S W，BECKER T L，et al. Triton's geyser-like plumes:
discovery and basic characterization［J］. Science. 1990，250（4979）：410-415.

［10］ GOLDSTEIN H. Reusable thermal protection system development：A prospective［R］.
NASA，93N12448，1993.

［11］ JOHN C，FRANCESCO I. Thermal protection system of the Space Shuttle［R］. NASA
Contractor Report 4227，1989.

［12］ LETCHWORTH G. X-33 reusable launch vehicle demonstrator，spaceport and range［R］.
NASA，KSC-2011-232.

［13］ ARTHUR C GRANTZ. X-37B orbital test vehicle and derivatives［R］. AIAA，2011-
7315.

［14］ STEWART D A，LEISER D B，Lightweight TUFROC TPS for hypersonic vehicles［R］.
AIAA，2006-7945.

［15］ BUFFENOIR F，ZEPPA C，PICHON T，et al. Development and flight qualification of the C-SiC thermal protection systems for the IXV, Acta Astronautica［J］. 2016, 124: 85-89.

［16］ CIOETA M, DI VITA G, MARIA T S, et al. Design, qualification, manufacturing and integration of IXV ablative thermal protection system, Acta Astronautica［J］. 2016, 124: 90-101.

［17］ MADARAS E I, WINFREE W P, PROSSER W H, et al. Nondestructive evaluation for the Space Shuttle's wing leading edge［R］. AIAA, 2005-3630.

［18］ ROTH D J, JACOBSON N S, RAUSER R W, et al. Nondestructive evaluation (NDE) for characterizing oxidation damage in cracked reinforced Carbon-Carbon［J］. International Journal of Applied Ceramic Technology, 2010, 7（5）: 652-661.

［19］ 马世俊, 唐玉华, 朱安文, 等. 空间核动力的进展［M］. 北京: 中国宇航出版社, 2019.

［20］ 苏著亭, 杨继材, 柯国土. 空间核动力［M］. 上海: 上海交通大学出版社, 2015.

［21］ 马世俊, 杜辉, 周继时, 等. 核动力航天器发展历程［J］. 中国航天, 2014（5）: 4.

［22］ 胡古, 赵守智. 空间核反应堆电源技术概览［J］. 深空探测学报, 2017, 4（5）: 14.

［23］ 朱安文, 刘磊, 马世俊, 等. 空间核动力在深空探测中的应用及发展综述［J］. 深空探测学报, 2017, 4（5）: 8.

［24］ 卢秉恒. 增材制造技术——现状与未来［J］. 中国机械工程, 2020, 31（01）: 19-23.

［25］ 郭崇岭, 陈传志, 陈金宝, 等. 空间光学望远镜在轨建造中的结构机构技术［J］. 宇航学报, 2022, 43（2）: 158-166.

［26］ 丁继锋, 高峰, 钟小平, 等. 在轨建造中的关键力学问题［J］. 中国科学: 物理学 力学 天文学, 2019, 49（02）: 54-61.

［27］ MA X F, LI T J, MA J Y, et al. Recent Advances in Space-Deployable Structures in China［J］. Engineering, 2022, 17: 207-219.

［28］ SACCO E, MOON S K. Additive manufacturing for space: status and promises［J］. The International Journal of Advanced Manufacturing Technology, 2019, 105（10）: 4123-4146.

［29］ XUE Z H, LIU J G, WU C C, et al. Review of in-space assembly technologies［J］. Chinese Journal of Aeronautics, 2020, 34（11）: 21-47.

［30］ 郭吉丰, 王班, 谭春林, 等. 空间非合作目标物柔性捕获技术进展［J］. 宇航学报, 2020, 41（2）: 125-135.

［31］ MARSHALL H K. Survey of space debris reduction methods［C］. In: AIAA Space 2009 Conference & Exposition, Pasadena, California, Sepetember 2009: 14-17.

［32］ ESA's fragmentation database. Space debris by the numbers［EB/OL］.［2022-07-11］. https://fragmentation. esoc. esa. int/.

[33] 李怡勇，王卫杰，李智，等．空间碎片清除［M］．北京：国防工业出版社，2014.

[34] 张景瑞，杨科莹，李林澄，等．空间碎片研究导论［M］．北京：北京理工大学出版社，2021.

[35] 刘华伟，刘永健，谭春林，等．空间碎片移除的关键技术分析与建议［J］．航天器工程，2017，26（2）：105-113.

[36] 陈小前．航天器在轨服务技术［M］．北京：中国宇航出版社，2009.

[37] PENG X, ABBEL P, et al. DeepMimc：example-guided deep reinforcement learning of physics-based character skills［J］. ACM Transactions on Graphics，2017，37（4）：1-14.

[38] 王勇，解永春，等．基于学习的空间机器人自主加注控制系统［C］．第 41 届中国控制会议，合肥，2022.

[39] SCHAAL S, ATKESON C G. Learning control in robotics［J］. IEEE Robotics & Automation Magazine，2010，17（2）：20-29.

[40] FINN C, ABBEEL P, LEVINE S. Model-agnostic meta-learning for fast adaptation of deep networks［C］. Proceedings of the 34th International Conference on Machine Learning-Volume 70. JMLR. org，2017：1126-1135.

[41] 童传琛，娄德仓，预冷技术在涡轮冲压组合动力中的应用［J］．燃气涡轮试验与研究，2013，26（6）：21-26.

[42] 乞征，牛文，李文杰，叶蕾．云霄塔空天飞行器 D1 方案研究［J］．战术导弹技术，2015，（2）：7-11.

[43] 张国成，姚彦龙，王慧．美国两级入轨水平起降可重复使用空天运载器发展综述［J］．飞机设计，2018，38（2）：1-6.

[44] 彭小波，组合循环动力技术在天地往返领域的发展与应用［J］．导弹与航天运载技术，2013，（1）：78-82.

[45] BARRY M HELLMAN. Two Stage to Orbit Conceptual Vehicle Designs using the SABRE Engine，AIAA 5320，2016.

[46] MARK HEMPSELL, ROGER LONGSTAFF. SKYLON users' manual. Reaction Engine Limited，2014.

[47] RUDRANARAYAN MUKHERJEEA, NICHOLAS SIEGLERB, HARLEY THRONSONC. The Future of Space Astronomy will be Built：Results from the In-Space Astronomical Telescope （iSAT）Assembly Design Study［C］. 70th International Astronautical Congress（IAC），Washington D. C.，21-25 October 2019.

[48] 刘宏，蒋再男，刘业超．机械臂技术发展综述［J］．载人航天，2015，21（5）：435-443.

[49] LYNN M BOWMAN, W KEITH BELVIN, ERIK E KOMENDERA, JOHN T DORSEY, BILL R DOGGETT. In-space assembly application and technology for NASA's future science observatory and platform missions［C］. Proc. SPIE，Space Telescopes

and Instrumentation 2018：Optical，Infrared，and Millimeter Wave，Vol. 1069826：1-16.

［50］ 王明明，罗建军，袁建平，王嘉文，等 . 空间在轨装配技术综述［J］. 航空学报，2021，42（1）：1-10.

［51］ RONALD S POLIDAN，W K BELVIN，M A GREENHOUSE，J M GRUNSFELD，J GUIDI，H A MACEWEN，R M MUKHERJEE，B M PETERSON，B B REED，N SIEGLER，H A THRONSON. Servicing and assembly：enabling the most ambitious future space observatories［C］. Proc. SPIE，Space Telescopes and Instrumentation 2018：Optical，Infrared，and Millimeter Wave，Vol. 1069825：1-5.

［52］ HARLEY THRONSON，BRADLEY M PETERSONB，MATTHEW GREENHOUSEA，HOWARD MACEWENC，RUDRANARAYAN et al. Human space flight and future major space astrophysics missions：servicing and assembly［C］. Proc. SPIE，UV/Optical/IR Space Telescopes and Instruments：Innovative Technologies and Concepts VIII. Vol. 10398：1-4.

［53］ 汪春霆，翟立君，卢宁宁，等 . 卫星通信与 5G 融合关键技术与应用［J］. 国际太空，2018（6）：11-16.

［54］ DENG R，DI B，CHEN S，et al. Ultra-dense LEO satellite offloading for terrestrial networks：how much to pay the satellite operator？［J］. IEEE Transactions on Wireless Communications，2020，10（19）：6240-6254.

［55］ 裴郁杉，张忠皓，王婷婷 . 空天地一体化通信网络发展愿景与挑战［J］. 邮电设计技术，2020（4）：20-25.

［56］ 翟立君，潘沐铭，汪春霆 . 卫星 5G 技术的发展和展望［J］. 天地一体化信息网络，2021，2（1）：1-9.

［57］ 徐晖，缪德山，康绍莉，等 . 面向天地融合的卫星网络架构和传输关键技术［J］. 天地一体化信息网络，2020，1（2）：2-10.

［58］ FELLI M. Very long baseline interferometry：Techniques and Applications ［M］. Stuhr：Springer，2014.

［59］ 汤普森，等 . 射电天文的干涉测量与合成孔径［M］. 李靖，等，译 . 北京：科学出版社，2021.

［60］ 朱新颖，李春来，张洪波 . 深空 VLBI 技术综述及我国的现状和发展 ［J］. 宇航学报，2010，31（8）：1893-1899.

［61］ THORNTON L，BORDER S. Radiometric tracking techniques for deep space navigation［M］. Pasadena：Jet Propulsion Laboratory Publication，2003.

［62］ 周智敏，陆必应，宋千 . 航天无线电测控原理与系统 ［M］. 北京：电子工业出版社，2008.

［63］ SCHOU J，BOGART R S. Flows and horizontal displacements from ring diagrams ［J］. The Astrophysical Journal，1998，504（2）：131.

［64］ ZHAO J，BOGART R S，KOSOVICHEV A G，et al. Detection of equatorward meridional flow and evidence of double-cell meridional circulation inside the Sun［J］. The Astrophysical Journal Letters，2013，774（2）：29.

［65］ BÖNING V G A. Inferences of the deep solar meridional flow［J］. Ph. D. Thesis，2017.

［66］ BUMBA V，KLECZEK J . Basic Mechanisms of Solar Activity［M］. Springer Netherlands，2013.

［67］ JAVARAIAH J. Long-term variations in the north-south asymmetry of solar activity and solar cycle prediction，III：Prediction for the amplitude of solar cycle 25［J］. New Astronomy，2015，34：54-64.

［68］ DAVE R，CEN R，OSTRIKER J P，et al. Baryons in the Warm-Hot Intergalactic Medium［J］. Astrophysical Journal，2001，552（2）：473.

［69］ CEN R，OSTRIKER J P. Cosmic Chemical Evolution［J］. The Astrophysical Journal，1999，519（2）：L109-L113.

［70］ 李成 . 科学家谈天文学重要方向星系的演化［J］. 科学观察，2020（2）：6.

［71］ ZAPPACOSTA L，MANNUCCI F，MAIOLINO R，et al. Warm-hot intergalactic baryons revealed［J］. Astronomy & Astrophysics，2012，394（1）.

［72］ SOMMER-LARSEN J. Where Are the "Missing" Galactic Baryons?［J］. The Astrophysical Journal，2006，644（1）：L1.

［73］ NICASTRO F，MATHUR S，ELVIS M. Missing Baryons and the Warm-Hot Intergalactic Medium［J］. 2007.

［74］ FUKUGITA M，HOGAN C J，PEEBLES P. The Cosmic Baryon Budget［J］. Astrophysical Journal，1998，503（2）：518-530.

［75］ RICHTER P，SAVAGE B D，TRIPP T M，et al. Searching for the Missing Baryons in the Warm-hot Intergalactic Medium［J］. 2004.

［76］ LIM S H，MO H J，WANG H，et al. Exploring the thermal energy contents of the intergalactic mediumwith the Sunyaev-Zeldovich effect［J］. Monthly Notices of the Royal Astronomical Society，2018（3）：3.

［77］ International Space exploration coordination Group. The Global Exploration Roadmap. Jan. 2018.

［78］ SYDNEY D，ANDREW O，KOKI H，et al. An independent assessment of the technical feasibility of the Mars One mission plan-Updated analysis［J］. Acta Astronautica 120（2016）：192-228.

［79］ 中国科学院 . 中国学科发展战略·载人深空探测［M］. 北京：科学出版社，2016.

［80］ NASA. NASA's Plan for Sustained Lunar Exploration and Development ［EB/OL］.［2020-04-02］. https：//www. nasa. gov/sites/default/files/atoms/files/a_sustained_lunar_presence_nspc_report4220final. pdf.

［81］ 冯德强，张策，姜文君，等．地外人工光合成装置研制与试验［J］．中国空间科学技术，2020，40（6）：13-22.

［82］ 王超，张晓静，姚伟．月球极区水冰资源原位开发利用研究进展［J］．深空探测学报（中英文），2020，7（3）：241-247.

［83］ 张月，等．空间红外天文望远镜低温制冷技术综述［J］．航天返回与遥感，2013（5）：46-55.

［84］ 陈国邦．最新低温制冷技［M］．北京：机械工业出版社，2003.

［85］ 甘智华，王博，等．空间液氦温区机械式制冷技术发展现状及趋势［J］．浙江大学学报，2012（12）：2160-2177.

［86］ HINES D C，HAMMEL H B，LUNINE J I，et al. The James Webb Space Telescope：Solar System Science［C］. American Astronomical Society Meeting Abstracts. 2013，221.

［87］ 朱建炳．空间深空探测低温制冷技术发展［J］．航天返回与遥感，2010（6）：39-45.

［88］ 张楠，孙慧娟．低温液体火箭发动机重复使用技术分析［J］．火箭推进，2020，46（6）：1-12.

［89］ 龙乐豪，王国庆，吴胜宝，等．我国重复使用航天运输系统发展现状及展望［J］．国际太空，2019（9）：4-10.

［90］ 胡冬生，刘楠，刘丙利，等．美国重复使用运载火箭发展分析［J］．国际太空，2020（12）：38-45.

［91］ 郑大勇，颜勇，孙纪国．液氧甲烷发动机重复使用关键技术发展研究［J］．导弹与航天运载技术，2018（2）：31-35.

［92］ 张振臻，陈晖，高玉闪，等．液体火箭发动机故障诊断技术综述［J］．推进技术，2022，43（6）：210345. 1- 200668. 19.

［93］ PERKINS L J，LOGAN B G，ZIMMERMAN G B，et al. The application of compressed magnetic fields to the ignition and thermonuclear burn of inertial confinement fusion targets［R］. Physics of Plasmas，2013（20）.

［94］ ZHENG J，QIN J，LU K，et al. Recent progress in Chinese fusion research based on superconducting tokamak configuration［J］. The Innovation，2022，003（004）：61-73.

［95］ LIU N，WANG L，YUAN S，et al. Impedance matching system using triple liquid stub tuners for high-power ion cyclotron resonance heating in EAST tokamak［J］. Review of Scientific Instruments，2022，93（4）：1-9.

［96］ MIERNIK J，ADAMS R，CASSIBRY J，et al. Fusion propulsion z-pinch engine concept，NASA TP-2012-002875［R］. Washington：NASA，2012.

［97］ MICHEAL P，STEPHANIE T，TOSEF R，et al. Direct fusion drive for advanced space missions［R］. Plainsboro：Princeton Satellite Systems，Inc，2014.

［98］ WILLIAMS C H, DZINSKI L A, BOROWSKI S K, et al. Nuclear fusion propulsion［C］. 37th AIAA/ASME/SAE/ASEE Joint Propulsion Conference. Salt Lake City：AIAA, 2001.

［99］ 蔡国飙, 徐大军. 高超声速飞行器技术［M］. 北京：科学出版社, 2012.

［100］ 吴颖川, 贺元元, 贺伟, 等. 吸气式高超声速飞行器机体推进一体化技术研究进展［J］. 航空学报, 2015, 36（001）：245-260.

［101］ R DALE REED. Wingless Flight：The Lifting Body Story［R］. NASA-SP-4220. 1997.

［102］ DAVY J J, THIMOTHY N, JOY N, et al. Skylon Space Plane［J］. International Journal of Engineering and Science, 2016, 6（4）：71-77.

［103］ RODI P. Vortex lift waverider configurations［C］//50th AIAA Aerospace Sciences Meeting Including The New Horizons Forum And Aerospace Exposition. 2012：1238.

［104］ LIU C Z, LIU R J, MENG X F, BAI P. Experimental Investigation on Off-Design Performances of Double-Swept Waverider［J］, AIAA Journal. 2023. 1（Published on line）.

［105］ LIU C Z, MENG X F, BAI P. Design and Analysis of Double Swept Waverider with Wing Dihedral［J］. AIAA Journal. 2022, 60（4）：2075-2084.

［106］ LIU C Z, LIU Q, BAI P, ZHOU W J. Planform-customized Waverider Design Integrating with Vortex Effect［J］. Aerospace Science and Technology, 2019, 53（3）：438-443.

［107］ 张志成. 再入体表面脉动压力环境的分析与预测［D］. 长沙：国防科技大学, 2002.

［108］ 赵瑞, 荣吉利, 任方, 等. 一种改进的跨声速旋成体壁面脉动压力经验预测公式［J］. 宇航学报, 2016, 37（10）：1179-1184.

［109］ DUPONT P, HADDAD C, DEBIEVE J. Space and time organization in a shock-induced separated boundary layers［J］. Journal of Fluid Mechanics, 2006, 559：255-277.

［110］ 刘振皓, 任方. 航天飞行器脉动压力数值计算方法综述［J］. 强度与环境, 2013（6）：45-50.

［111］ ADLER M C, GAITONDE D V. Unsteadiness in swept-compression-ramp shock/turbulent-boundary-layer interactions［C］. 55th AIAA Aerospace Sciences Meeting. 2017：0987.

［112］ CHINSUK HONG, KU-KYUN SHIN. Modeling of wall pressure fluctuations for finite element structural analysis［J］. Journal of Sound and Vibration, 2010, 329（2010）：1673-1685.

［113］ 孙晓洁, 王学锋, 刘院省, 等. 地球同步轨道星地量子信道特性研究［J］. 宇航学报, 2021, 42（7）：934-938.

［114］ 张天宇, 褚鑫, 莫小范, 等. 用于量子保密通信系统的偏振控制算法研究［J］. 导

航与控制，2014，13（3）：9-13.

［115］ WANG X F，SUN X J，LIU Y X，et al. Transmission of photonic polarization states from geosynchronous Earth orbit satellite to the ground［J］. Quantum Engineering，2021，3（3）：1-6.

［116］ DEQUAL D，VALLINE G，BACCO D，et al. Experimental single-photon exchange along a space link of 7000 km［J］. Physical review A，2016，93：010301.

［117］ CALDERARO L，AGNESI C，DEQUAL D，et al. Toward quantum communication from global navigation satellite system［J］. Quantum Science and Technology，2019，4：015012.

［118］ 王鹏鹏，任筱强. 空间太阳能电站高低压混合供电系统设计［J］. 航天器工程，2014，23（6）：36-40.

［119］ PATEL M R. Spacecraft power systems［M］. CRC press，2004.

［120］ 侯欣宾，王立，李庆民，等. 空间太阳能电站高压大功率电力传输关键技术综述［J］. 电工技术学报，2018，33（14）：3385-3395.

［121］ 李盛涛，李国倡. 空间介质充放电研究现状及展望［J］. 科学通报，2017，62（10）：990-1003.

［122］ 刘治钢，朱立颖，张晓峰，等. 空间太阳能电站统一调度设计及电能管理分析［J］. 宇航学报，2018，39（12）：9.

［123］ GERALD P J. Antimatter-based propulsion for exoplanet exploration［J］. Nuclear Technology，2022，208（sup1）：S107-S112.

［124］ NASA Technical Reports Server. Radioisotope positron propulsion［EB/OL］. ［2019-05-10］. https：//ntrs. nasa. gov/citations/20190018063.

［125］ MIKE M. Testing quantised inertia on emdrives with dielectrics［J］. Europhysics Letters，2017，118（3）：34003.

［126］ HEIDI F，JAMES F W. New experimental results for Mach Effect Gravitation Assist （MEGA）drives［C］// AIAA Propulsion and Energy Forum，2019.

［127］ YOSHINARI M. Astrophysical field drive propulsion—its conceptual design for development［J］. American Journal of Engineering Research，2021，10（8）：301-310.

［128］ ERIK W L. Hyper-fast positive energy warp drives［C］// 16th Marcel Grossmann Meeting，2021.

［129］ CHRISTIANSEN J L. Five thousand exoplanets at the NASA Exoplanet Archive［J］. Nature Astronomy，2022，6（5）：516-519.

［130］ GILLON M，TRIAUD A H M J，DEMORY B O，et al. Seven temperate terrestrial planets around the nearby ultracool dwarf star TRAPPIST-1［J］. Nature，2017，542（7642）：456-460.

［131］ BEICHMAN C, BENNEKE B, KNUTSON H, et al. Observations of transiting exoplanets with the James Webb Space Telescope （JWST） ［J］. Publications of the Astronomical Society of the Pacific, 2014, 126（946）: 1134.

［132］ Quanz S P, Absil O, Benz W, et al. Atmospheric characterization of terrestrial exoplanets in the mid-infrared: biosignatures, habitability, and diversity ［J］. Experimental astronomy, 2021: 1-25.

［133］ JIA FEIDA, et al. "Mission Design of an Aperture-Synthetic Interferometer System for Space-Based Exoplanet Exploration." ［J］. Space: Science & Technology 2022（2022）.

［134］ 包为民, 汪小卫. 航班化航天运输系统发展展望[J]. 宇航总体技术, 2021, 5(3): 1-6.

［135］ 龙乐豪, 蔡巧言, 等. 重复使用航天运输系统发展与展望［J］. 科技导报, 2018, 36（10）: 84-92.

［136］ 鲁宇, 蔡巧言, 等. 临近空间与重复使用技术研究［J］. 导弹与航天运载技术, 2018（3）: 1-9.

［137］ 杨开, 才满瑞. 蓝色起源公司"新谢泼德"飞行器及其未来发展分析［J］. 国际太空, 2018（7）: 69-71.

［138］ 张涛, 马婷婷, 等. 世界航天拉开亚轨道商业太空飞行大幕[J]. 中国航天, 2021(9): 22-26.

［139］ REPORT ON NEAR-EARTH OBJECT IMPACT THREAT EMERGENCY PROTOCOLS, https: //trumpwhitehouse. archives. gov/wp-content/uploads/2021/01/NEO-Impact-Threat-Protocols-Jan2021. pdf, 2021.

［140］ NEO Surveyor Investigation Team. NEO Detection and The Future of Planetary Defense［C］. 7th IAA Planetary Defense Conference, 2021.

［141］ THOMAS STATLER. Overview of the DART mission 7 months to launch, 7th IAA Planetary Defense Conference, 2021.

［142］ ARAKAWA1 M, WADA K, OGAWA K, et al. Artificial impact crater on Ryugu formed in the gravity dominated regime［C］. 7th IAA Planetary Defense Conference, 2021.

［143］ https: //cneos. jpl. nasa. gov/stats/.

［144］ PATRICK MICHEL. The ESA Hera mission: planetary defenseand science return［C］. 7th IAA Planetary Defense Conference, 2021.

［145］ 姚颖方, 张策, 吴聪萍, 等. 地外人工光合成材料研究进展［J］. 材料科学与工艺, 2020, 28（3）: 14-23.

［146］ YANG L, ZHANG C, YU X, et al. Extraterrestrial artificial photosynthetic materials for in-situ resource utilization［J］. National Science Review, 2021, 8（8）: nwab104.

［147］ HECHT M，HOFFMAN J，RAPP D，et al. Mars Oxygen ISRU Experiment（MOXIE）
　　　　［J］. Space Science Reviews，2021，217（1）：1-76.

［148］ FENG D，JIANG W，ZHANG C，et al. A Membrane Reactor with Microchannels for
　　　　Carbon Dioxide Reduction in Extraterrestrial Space［J］. Catalysts，2022，12（1）：3.

［149］ YAO Y，WANG L，ZHU X，et al. Extraterrestrial photosynthesis by Chang'E-5 lunar
　　　　soil［J］. Joule，2022，6（5）：1008-1014.

［150］ RODENBECK C T，JAFFE P I，et al. Microwave and Millimeter Wave Power Beaming
　　　　［J］. IEEE Journal of Microwaves，2021，1（1）：229-259.

［151］ SHINAHARA N. 电波无线能量传输技术研究与进展［M］. 董士伟，李小军，等译.
　　　　北京：电子工业出版社，2021.

［152］ 杨士中. 微波功率传输的研究［J］. 空间电子技术，2018，2：1-7.

［153］ 黄卡玛，陈星，刘长军. 微波无线能量传输原理与技术［M］. 北京：科学出版社，
　　　　2021：11-36.

［154］ 侯欣宾，王立，张兴华，等. 多旋转关节空间太阳能电站概念方案设计［J］. 宇航学报，
　　　　2015，36（11）：1332-1338.

［155］ 董亚洲. 微波无线能量传输中的天线技术研究［D］. 西安：西北工业大学，2022.

［156］ 郑永春，欧阳自远，王世杰，等. 月壤的物理和机械性质［J］. 矿物岩石，
　　　　2004，24（4）：14-19.

［157］ ISACHENKOV M，CHUGUNOV S，AKHATOV I，et al. Regolith-based additive
　　　　manufacturing for sustainable development of lunar infrastructure-an overview［J］.
　　　　Acta Astronautica，2021，180：650-678.

［158］ KHOSHNEVIS B，BODIFORD M P，BURKS K H，et al. Lunar Contour Crafting：
　　　　A Novel Technique for ISRU-Based Habitat Development［C］// 43rd AIAA Aerospace
　　　　Sciences Meeting and Exhibit，2005.

［159］ CESARETTI G，DINI E，KESTELIER X D，et al. Building components for an outpost
　　　　on the lunar soil by means of a novel 3D printing technology［J］. Acta Actronautica，
　　　　2014，93：430-450.

［160］ HOWE A S，WILCOX B，MCQUIN C，et al. Faxing structures to the moon：freeform
　　　　additive construction system（FACS）［C］// AIAA SPACE 2013 Conference and
　　　　Exposition，2013.

［161］ ZHANG H，ZHANG X，ZHANG G，et al. Size，morphology，and composition of
　　　　lunar samples returned by Chang'E-5 mission［J］. Science China Physics，Mechanics
　　　　& Astronomy，2022，65（2）：229511.

［162］ 包为民. 航天飞行器控制技术研究现状与发展趋势［J］. 自动化学报，2013，39（6）：6.

［163］ 包为民. 航天智能控制技术让运载火箭"会学习"［J］. 航空学报，2021，42（11）：
　　　　10.

［164］ 马卫华，禹春梅，路坤锋，等．"会学习"运载火箭的制导控制技术［J］．航天控制，2020，38（2）：6.

［165］ 禹春梅，栾天娇．人工智能与航天装备技术的发展展望［J］．中国航天，2021（2）：14-19.

［166］ 张惠平，路坤锋，曹玉腾．人工智能技术在"会学习"运载火箭的应用现状和发展展望［J］．中国航天，2021（2）：9-13.

［167］ 国务院．新一代人工智能发展规划［R］．国发［2017］35 号，2017.

［168］ WANG J，REN Z，HAN B，et al. Towards understanding cooperative multi-agent Q-learning with value factorization［J］. arXiv：2006. 00587，2021.

［169］ MICHELUCCI P, DICKINSON J L. The power of crowds: Combining humans and machines can help tackle increasingly hard problems［J］. Science, 2016, 351（6268）：32-33.

［170］ YUN K, CHOI C, ALIMO R, et al. Multi-agent motion planning using deep learning for space applications［J］. arXiv：2010. 07935，2020.

［171］ BAIRD D. NASA explores artificial intelligence for space communications［R］. NASA's Space Communications and Navigation Program Office，2017.

［172］ GENC S, MALLYA S, BODAPATI S, et al. Zero-shot reinforcement learning with deep attention convolutional neural networks［J］. arXiv：2001. 00605，2020.

［173］ EFTIMIADES N. Small satellites：The implications for national security［R］. Atlantic Council, Scowcroft Center for Strategy and Security，2022.

［174］ 龙乐豪．液体弹道导弹与运载火箭系列丛书总体设计（上册）［M］．北京：宇航出版社，1989.

［175］ 俞小彬．基于多普勒雷达资料确定南昌昌北高空风特征研究［J］．江西能源，2009（2）：24-26.

［176］ 张明，杜裕，廖雪萍．基于探空秒级数据的鄂西南高空风特征分析［J］．气象研究与应用，2018，39（1）：85-90.

［177］ DALE L JOHNSON, WILLIAM W VAUGHAN. The Wind Environment Interactions Relative to Launch Vehicle Design［J］. Journal of Aerospace Technology Management，2020，12（1029）：1-13.

［178］ MOHAMED M RAGAB. Buffet Loads Prediction for a Launch Vehicle and Comparison to Flight Data［J］. Journal of Spacecraft And Rockets，1992，29（6）：849-855.